量子情報理論

第3版

佐川弘幸／吉田宣章 著

丸善出版

第3版のはじめに

　ここ数年量子情報の分野はさらなる進展をして，新しい展開を迎えている．一つは，従来と異なる考え方による量子コンピュータの開発である．量子コンピューティングと呼ばれているものは，従来量子ゲート方式（量子回路型）に限られていた．しかし，ここ数年量子アニーリング方式と呼ばれる新しい考え方による量子コンピュータの開発が急速に進展した．量子ゲート方式コンピュータは素因数分解，データ探索，量子暗号等のアルゴリズムが量子力学の原理に基づき確立されている．一方，量子アニーリング方式では巡回セールスマン問題等の組合せ最適化処理を高速で実行することが可能になる．ここ10年量子ゲート方式コンピュータのビット数，解ける問題の大きさを表す指標の大きさは，ほとんど増加していない．一方，量子アニーリングコンピュータは2011年にカナダのベンチャー企業 D-Wave Systems により世界初の商用アニーリングマシンが開発され，その後，2013年，2015年，2017年と，ビット数が倍々で増加し，現在は2016ビットまで増加している．また，2019年には理化学研究所を中心にしたチームにより量子ゲート方式の課題であった，電子スピン系量子ビットの量子状態を攪乱することのない非破壊測定に成功したというニュースも伝わっている．

　この第3版では，新しい展開を見せている量子コンピュータの分野の中でも特に注目されている量子アニーリング方式の基礎的な考え方を第10章として加えた．また第2版への読者からの意見で，わかりづらいと指摘のあった部分の修正も行った．さらに講義の際に用いた新しい演習問題もいくつか加えた．この改訂により，読者の方が，令和時代の社会に大きな影響力を持

ちかつ注目されるであろう，量子情報また量子コンピュータの分野に新しく興味を持たれ，さらに知識を深められることを願っています．

2019 年 9 月

佐川弘幸

吉田宣章

第2版のはじめに

　本書の初版は，2003年にシュプリンガー・ジャパンの「スーパーラーニングシリーズ」の1冊として出版され，幸いにも国内外で好評を持って受け入れていただいた．2007年には，大連理工大学出版社から中国語版も出版され，韓国語版，英語版も近々出版される予定である．この第2版から，「スーパーラーニングシリーズ」を離れて，より広い理工学の分野の学生や研究者の方々に読んでいただくために，本のスタイルを改訂し内容も加筆し，またいくつかの修正も行った．第2版では，特にここ数年に急速な進歩を遂げている量子通信の分野での，レーザー光を用いた4光子の"からみあった"状態，GHZ（Greenburger-Horne-Zeilinger）状態による量子通信，量子スワッピングを第2章に書き加えた．また，第1章，第2章，第6章の図の一部を多色刷りとするなど，より理解度を高めるための工夫を加えた．このような修正により本書の特徴である self-contained な内容を発展させ，より強化させることができたと思う．この教科書により，多くの理工系の学生や研究者の方々がコンピュータ理工学の最先端の分野である量子情報に親しむと共に，さらに知識を深めていただくことを願っている．この本のもう一つの特徴として，特に量子情報と物理学との関連を強調して書いてある．量子力学の不確定性関係や状態の重ね合わせ等の基本原理が，巧みに本質的な形で量子計算機や量子通信の仕組みに生かされていることは驚異でもある．また暗号理論が，整数論の数々の定理の見事な応用になっていることにも注目すべきであろう．このように量子情報の科学は，今まで大学の研究室の奥深く孤高を保っていた学問を広く一般に公開し，高度な技術を伴う応用にも発展を促し

たという意味でも大きな意義があると思う．

　この本の出版を勧めてくださり，またおりに触れ激励して下さった國井利泰元会津大学学長，東京大学名誉教授に感謝します．また，この本の中国語版のために翻訳を行って数々の助言を下さった，大連理工大学の宗鶴山教授にも感謝します．

2009 年 9 月

佐川弘幸
吉田宣章

はじめに

　現代社会においてのコンピュータの役割はますます重要になっている．過去10年のコンピュータの演算速度，記憶容量はほぼムーアの法則に従って，3年ごとに4倍程度に増加している．10年前の生活と現在の生活における我々とコンピュータとの関わりは，想像をはるかに超えて密接になっている．しかし，このようなコンピュータ工学の発展にもかかわらず，コンピュータの原理に対する考え方は過去40年間変わっていない．20年後のコンピュータハードウェアはどうなっているのだろうか．コンピュータの基本的な記憶素子は1個1個の原子や分子になり，もはや現在のコンピュータ理論は使えない物理的装置の出現が予想されている．また通信手段，暗号理論，データ検索においても量子力学の原理に基づく理論による新しい電脳世界が構築されつつある．このような21世紀以降のコンピュータの世界を記述する理論として，量子情報理論が脚光をあびている．すでに量子コンピュータを利用することにより大きな数の因数分解に対する画期的なアルゴリズムが開発され，実験に成功している．また，2粒子の強く相関した"もつれ（entanglement）"を利用した量子通信の実験や，盗聴者が決して破ることのできない量子暗号コードも提案されている．

　量子情報理論の基本になっているのは量子力学の原理である．トランジスタや集積回路の原理ももちろん量子力学であるが，量子情報理論ではアルゴリズムに量子力学の原理，法則を導入する点が本質的な違いである．つまり，0と1の2進法からなる（古典）ビットの考えを，量子力学の波動関数の重ね合わせを用いて複素数を含む量子ビットに拡張する．つまり，整数から実数

と位相を含む複素数空間の多次元世界へビットが拡張されることになる．量子ビットが量子コンピュータの基本素子となり，量子計算を可能にする．また，量子通信にはEPR光子対と呼ばれる"もつれた"状態が用いられる．このEPR光子対は，アインシュタインが量子力学の確率解釈の反論のために考案したのであるが，逆に量子力学の確率解釈や遠隔作用の考えを確立することになったのは皮肉とも言える．

この本では，量子力学の基本的な考え方から出発して量子情報理論の仕組み，アルゴリズムを記述することを目指した．必ずしも，数理の厳密性にこだわらず，基本的な考え方を理解できるように具体性を持たせ，self-containedな内容を心がけた．この教科書は量子力学の基礎を学んだ学部3年以上および大学院の博士前期課程の学生を対象としている．この本が量子情報理論の想像を超えた未知の世界への扉を開くきっかけになれれば幸いである．21世紀のコンピュータや情報通信の世界では，量子力学の概念が単に"思考実験（Gedanken Experiment）"としてだけでなく，新しい未知の可能性を開く基本原理となっている．

self-containedな内容を心がけたことから，量子情報理論の理解に必要な量子力学の知識や情報理論の基礎に第1章，第3章が当てられている．これらの章は量子力学の基礎的概念や情報理論の基礎をすでに履修した学生は飛ばしてよい．第2章と第4章以降が量子情報理論の中核部分である．量子コンピュータの物理的装置の取り組みは第9章に与えられている．また，暗号理論等で用いられる整数論の基礎知識が第10章に付録として与えられている．

最後に，この本のLaTeXの作製に全面的に協力してくれた会津大学の吉野大志君，整数論の基礎に関してコメントをいただいた会津大学の渡部繁氏に感謝します．

2003年2月

佐川弘幸

吉田宣章

目　次

第 3 版のはじめに　　　　　　　　　　　　　　　　　　　　　　　　　*i*

第 2 版のはじめに　　　　　　　　　　　　　　　　　　　　　　　　　*iii*

はじめに　　　　　　　　　　　　　　　　　　　　　　　　　　　　　*v*

第 1 章　量子力学の基礎　　　　　　　　　　　　　　　　　　　　　*1*
  1.1　状態ベクトル ． ． ． ． ． ． ． ． ． ． ． ． ． ． ． ． ． ． ．　*2*
  1.2　状態ベクトルの時間変化 ． ． ． ． ． ． ． ． ． ． ． ． ．　*4*
  1.3　交換関係と不確定性関係 ． ． ． ． ． ． ． ． ． ． ． ． ．　*8*
  1.4　スピン 1/2 の量子状態 ． ． ． ． ． ． ． ． ． ． ． ． ． ．　*10*
  1.5　量子ビット ． ． ． ． ． ． ． ． ． ． ． ． ． ． ． ． ． ． ．　*16*
  1.6　角運動量，スピンと回転 ． ． ． ． ． ． ． ． ． ． ． ． ．　*17*
  1.7　演習問題 ．　*24*

第 2 章　EPR 対と観測問題　　　　　　　　　　　　　　　　　　　　*27*
  2.1　EPR 対 ．　*27*
  2.2　量子状態の伝達 ． ． ． ． ． ． ． ． ． ． ． ． ． ． ． ． ．　*29*
  2.3　アインシュタインの量子力学の局所原理 ． ． ． ． ． ．　*31*
  2.4　相関した 2 粒子の測定と隠れた変数理論 ． ． ． ． ． ．　*36*
      2.4.1　CHSH 不等式 ． ． ． ． ． ． ． ． ． ． ． ． ． ．　*36*
      2.4.2　古典的相関と量子的相関—核分裂の場合— ． ．　*41*
  2.5　光子対による EPR 実験 ． ． ． ． ． ． ． ． ． ． ． ． ． ．　*44*
  2.6　4 光子 GHZ 状態 ． ． ． ． ． ． ． ． ． ． ． ． ． ． ． ． ．　*49*
  2.7　演習問題 ．　*52*

第 3 章　古典的コンピュータ　　　　　　　　　　　　　　　　　　　*53*
  3.1　論理回路 ．　*53*

viii　目　次

- 3.2　順序回路とメモリ 59
- 3.3　ノイマン型コンピュータ 63
- 3.4　チューリング機械 64
- 3.5　計算可能性と計算の複雑さ 69
  - 3.5.1　四則演算 71
  - 3.5.2　因数分解と素数判定 72
  - 3.5.3　組合せの問題 73
  - 3.5.4　計算の複雑さと計算量 76
- 3.6　演習問題 77

第 4 章　量子ゲート　79
- 4.1　基本的量子ゲート 80
- 4.2　制御演算ゲート 86
- 4.3　量子チューリング機械 93
- 4.4　量子フーリエ変換（3 ビットの場合） 93
- 4.5　演習問題 98

第 5 章　情報・通信の理論　101
- 5.1　エントロピー 101
  - 5.1.1　情報量の定義 101
  - 5.1.2　シャノンのエントロピー 102
  - 5.1.3　情報の符号化 104
  - 5.1.4　フォン・ノイマンのエントロピー 108
- 5.2　通信における情報量 108
  - 5.2.1　雑音と通信路容量 108
  - 5.2.2　ハミング距離 110
  - 5.2.3　シャノンの定理 112
- 5.3　演習問題 115

第 6 章　量子計算　117
- 6.1　量子ビットと量子レジスタ 118
- 6.2　ドイチュ–ジョザ（Deutsch–Josza）のアルゴリズム 121
- 6.3　ショアの因数分解のアルゴリズム 123
- 6.4　n ビットの量子フーリエ変換 127
- 6.5　量子位相計算と位数（order）検索アルゴリズム 129
- 6.6　合同式指数計算 138
- 6.7　演習問題 140

第 7 章　量子暗号　141
- 7.1　秘密鍵暗号 141
- 7.2　「ワンタイム・パッド」暗号 143

7.3	公開鍵暗号	*144*
7.4	量子鍵分配	*150*
	7.4.1　非クローン定理	*150*
	7.4.2　BB84 プロトコル	*151*
	7.4.3　B92 プロトコル	*157*
	7.4.4　E91 プロトコル	*159*
7.5	演習問題	*164*

第 8 章　量子検索アルゴリズム　　*167*

8.1	オラクル関数	*168*
8.2	量子オラクル	*168*
8.3	演習問題	*178*

第 9 章　量子コンピュータの設計　　*181*

9.1	核磁気共鳴コンピュータ	*183*
	9.1.1　核磁気共鳴コンピュータ原理	*183*
	9.1.2　核磁気共鳴とスピン回転	*184*
	9.1.3　統計的扱い	*189*
	9.1.4　実際の計算例—因数分解の量子計算実験	*192*
9.2	イオントラップコンピュータ	*197*
	9.2.1　原理	*197*
	9.2.2　イオントラップ	*197*
	9.2.3　計算法	*204*
	9.2.4　初期状態の達成	*206*
	9.2.5　計算結果の読み出し	*206*
	9.2.6　量子ゲートの例	*207*
9.3	量子ドットコンピュータ	*209*
	9.3.1　原理	*209*
9.4	光子コンピュータ	*216*
9.5	演習問題	*217*

第10章　量子アニーリング　　*221*

10.1	量子アニーリングとは	*221*
10.2	量子アニーリングの定式化	*225*
	10.2.1　ハミルトニアン H_0, H_1 が時間に依存しない場合	*225*
	10.2.2　時間依存ハミルトニアンの初期基底状態の時間変化	*228*
	10.2.3　断熱条件	*231*
10.3	量子検索問題	*233*
10.4	イジングモデル	*235*
	10.4.1　イジングモデルとは	*235*
	10.4.2　量子コンピュータへの応用	*238*

　　　　10.4.3　量子アニーリングによる最適化法 *238*
　　　　10.4.4　巡回セールスマン問題（TSP）への応用 *240*
　　10.5　量子アニーリングコンピュータの仕組み *246*
　　　　10.5.1　量子アニーリングにおけるパラメータ制御 *247*
　　　　10.5.2　ハードウエアの構成 *249*
　　10.6　演習問題 *250*

付　録　*251*

　　A　整数論の基礎知識 *251*
　　　　A.1　合同式 *251*
　　　　A.2　オイラーの定理（フェルマーの小定理） *255*
　　　　A.3　ユークリッドの互除法 *258*
　　　　A.4　ディオファントスの方程式（不定方程式） *260*
　　　　A.5　中国式剰余定理 *262*
　　B　連分数展開 *264*

演習問題　解答　*269*

　　第 1 章 *269*
　　第 2 章 *272*
　　第 3 章 *274*
　　第 4 章 *275*
　　第 5 章 *279*
　　第 6 章 *280*
　　第 7 章 *283*
　　第 8 章 *284*
　　第 9 章 *287*
　　第 10 章 *292*

参考文献　*295*

索　引　*297*

第1章
量子力学の基礎

　ミクロな世界での粒子の運動は粒子性と波動性の2種の性質を示すことがわかっている．光は回折や干渉を示すことから波の性質を持つとともに，光電効果や黒体輻射は光の粒子性によってのみ理解することができる．このミクロな世界の**2重性**は光のみならず，電子や陽子，中性子とすべての粒子に共通した性質である．このことから，ミクロな世界の運動は，波の性質を持つ波動関数 ψ が粒子の存在確率を与えるという統計的な解釈によって理解されると結論づけられた．これがボーア（N. Bohr）を中心に発展した量子力学のコペンハーゲン解釈と呼ばれる考え方である．一方，アインシュタイン（A. Einstein）はこの**確率的解釈**に「神様はサイコロを振らない」と反対し，自然の法則がニュートン力学のように決定論的であるべきと主張し続け，生涯受け入れることはなかった．現在でも，確率的な解釈ゆえに，量子力学は未完成な理論であるとも考えられているが，ミクロの世界の現象はすべて量子力学のコペンハーゲン解釈により理解できており，現実的な困難は発生していない．一方，アインシュタインの決定論的考えをさらに発展させたのが量子力学の「隠れた変数理論」で，局所実在論とも呼ばれる．この理論も又，多くのミクロの現象を確率的解釈を用いないで説明することができる．アインシュタインとボーアの確率論と決定論という一見，形而上学的な論争を観測可能な定量的な問題に発展させたのがベル（J. S. Bell）で，彼の不等式はコペンハーゲン流の量子力学の考え方と隠れた変数理論の対立を決着させた

と言っても過言ではないだろう．この 2 つの考え方は単に観測の問題にとどまらず，量子情報理論にも大きなインパクトを持っており，量子テレポーテーションという革新的な考え方としてその特徴を顕著に示すこととなった．

1.1 状態ベクトル

ミクロな粒子の 3 次元空間での運動を表す波動関数 ψ は座標ベクトル $\mathbf{r} = (x, y, z)$ と時間 t の関数として $\psi(\mathbf{r}, t)$ と表される．また，粒子の量子状態はとびとびの角運動量 $\mathbf{l}$ やスピン角運動量 $\mathbf{s}$ を持つので，粒子はそれらの量子数でも区別される．波動関数 ψ は**確率振幅**とも呼ばれ，その絶対値の 2 乗

$$|\psi(\mathbf{r}, t)|^2 = \psi^*(\mathbf{r}, t)\psi(\mathbf{r}, t) \tag{1.1}$$

は，全空間での積分が 1 に規格化されているとき，ある時間 t，ある位置 $\mathbf{r}$ における粒子の確率密度を与える．ここで ψ^* は ψ の複素共役である．また**波動関数 ψ** は，ベクトル空間での**ケット・ベクトル**

$$|\psi\rangle \tag{1.2}$$

という記号でも表される．このケット・ベクトルという記号 $|\psi\rangle$ はディラック (P. A. M. Dirac) により考案されたもので状態ベクトルとも呼ばれる．これは n 次元の複素数の列ベクトルとして

$$|\psi\rangle = \begin{pmatrix} a_1 \\ a_2 \\ \vdots \\ a_n \end{pmatrix} \tag{1.3}$$

としても表すことができる．$a_1, a_2, \cdots, a_n$ はそれぞれ座標ベクトル $\mathbf{r}$，時間 t やスピン $\mathbf{s}$ の関数であるが，量子情報理論ではスピンの自由度が最も重要になる．この記号を用いると量子力学的な 2 つの状態 ψ, ϕ の**重ね合わせの状態**は 2 つのケット・ベクトル $|\psi\rangle, |\phi\rangle$ の線型結合として

$$c_1|\psi\rangle + c_2|\phi\rangle \tag{1.4}$$

と表される．ここで c_1 と c_2 は複素数である．ケット・ベクトルに対して**複素共役**なベクトルが**ブラ・ベクトル**と呼ばれ，n 次元の複素数の行ベクトル

$$\langle\psi| = (|\psi\rangle)^\dagger = (a_1^*, a_2^*, \cdots, a_n^*) \tag{1.5}$$

で表される．また，波動関数は規格化条件

$$\langle\psi|\psi\rangle = 1 \tag{1.6}$$

を満たしている．

n 次元ベクトル空間での**単位行列 I** は，任意の完全系をなす基底ベクトル $|i\rangle$ を用いて

$$\mathbf{I} = \sum_i |i\rangle\langle i| \tag{1.7}$$

と表すことができ，状態 $|\psi\rangle$ は

$$|\psi\rangle = \sum_i |i\rangle\langle i|\psi\rangle \tag{1.8}$$

と基底ベクトル $|i\rangle$ の線型結合としても表される．ここで基底ベクトル $|i\rangle$, $|j\rangle$ は規格化直交条件

$$\langle i|j\rangle = \delta_{i,j} \tag{1.9}$$

を満たしている．単位行列は行ベクトルと列ベクトルのテンソル積であるから，n 行 n 列の行列になる．

観測にかかるさまざまな物理量は座標 $\mathbf{r}$ や運動量 $\mathbf{p}$ の関数として表される．この $\mathbf{r}$ や $\mathbf{p}$ は，波動関数に作用する**演算子**と呼ばれる．任意の物理量 A の**期待値**または**平均値**は A を演算子と考えて

$$\langle A\rangle \equiv \langle\psi|A|\psi\rangle = \int \psi^*(\mathbf{r},t)A\psi(\mathbf{r},t)d\mathbf{r} \tag{1.10}$$

の形で表される．物理量 A の測定値は実数でなければならないから，古典力学では $A = A^*$ の条件が満たされている．この条件は量子力学では A の期待値 $\langle A\rangle$ が実数であると表される．2 つの状態ベクトル $|\psi_1\rangle$, $|\psi_2\rangle$ の間の行列要素に対しては

$$\langle\psi_2|A|\psi_1\rangle = \langle\psi_1|A|\psi_2\rangle^* \tag{1.11}$$

が A が物理量である条件となる．任意の演算子 A に対して**エルミート共役**の演算子 $A^\dagger$ は

$$\langle\psi_1|A^\dagger|\psi_2\rangle = \langle\psi_2|A|\psi_1\rangle^* \tag{1.12}$$

で定義され，A と $A^\dagger$ は互いにエルミート共役であるという．特に $A^\dagger = A$ のとき A を**エルミート演算子**といい，その期待値が実数になるのは (1.12) 式より明らかである．つまり，演算子として実数を拡張したのがエルミート演算子であり，複素共役に対応するのがエルミート共役である．量子力学では物理量はすべてエルミート演算子で表される．

1.2 状態ベクトルの時間変化

波動関数 ψ の時間変化を決定する運動方程式はシュレディンガー方程式と呼ばれ

$$i\hbar\frac{\partial\psi(\mathbf{r},t)}{\partial t} = H\psi(\mathbf{r},t) \tag{1.13}$$

で与えられる．ここで H はハミルトニアンで，運動エネルギーとポテンシャルエネルギーの和で表され，$\hbar$ は**プランク定数** h ($h = 6.63 \times 10^{-34}$ J$\cdot$s) から $\hbar = \frac{h}{2\pi}$ と定義されている．ハミルトニアンが時間に依存しない場合は，

$$\frac{d\psi(t)}{dt} = \lim_{\Delta t \to 0}\frac{\psi(t+\Delta t) - \psi(t)}{\Delta t} \tag{1.14}$$

に注目すると，(1.13) 式から微小な時間 Δt に対して，波動関数の時間変化は

$$\psi(t+\Delta t) = \left(1 - \frac{iH\Delta t}{\hbar}\right)\psi(t) \tag{1.15}$$

と表すことができる．ここで，波動関数の時間発展を表す演算子 $U(\Delta t)$ を

$$U(\Delta t)\psi(t) = \psi(t+\Delta t) \tag{1.16}$$

と定義すると，

$$U(\Delta t) = \left(1 - \frac{iH\Delta t}{\hbar}\right) \tag{1.17}$$

と求まり，ハミルトニアン H はエルミート演算子で $H^\dagger = H$ だから $U(\Delta t)$ は Δt の 1 次のオーダーで

1.2 状態ベクトルの時間変化

$$U(\Delta t)U^\dagger(\Delta t) = \left(1 - \frac{iH\Delta t}{\hbar}\right)\left(1 + \frac{iH\Delta t}{\hbar}\right) \cong 1 \qquad (1.18)$$

となり，ユニタリ演算子である．時間変化 $t+\Delta t$ を t' と書き換えて時間発展の演算子を

$$U(\Delta t) = U(t', t) \qquad (1.19)$$

と表そう．ここで $t' - t = \Delta t$ は微少な時間変化である．時間発展の演算子により，波動関数 ψ を $t_0 \to t = t_0 + \Delta t \to t' = t + \Delta t$ と時間発展させると

$$\begin{aligned}\psi(t') &= U(t',t)\psi(t) = U(t',t)U(t,t_0)\psi(t_0) \\ &= U(t',t_0)\psi(t_0)\end{aligned} \qquad (1.20)$$

から

$$U(t',t_0) = U(t',t)U(t,t_0) \qquad (1.21)$$

と，$U(t',t_0)$ は微少な時間発展の演算子の積として表される．さらに

$$U(t',t_0) = \left(1 - \frac{iH}{\hbar}\Delta t\right) U(t,t_0) \qquad (1.22)$$

から

$$\frac{U(t',t_0) - U(t,t_0)}{\Delta t} = -\frac{iH}{\hbar}U(t,t_0) \qquad (1.23)$$

となり，$\Delta t \to 0$ の極限で

$$\frac{1}{U(t,t_0)}\frac{dU(t,t_0)}{dt} = -\frac{iH}{\hbar} \qquad (1.24)$$

と表される．この両辺を積分すると

$$U(t,t_0) = e^{-\frac{i}{\hbar}H(t-t_0)} \qquad (1.25)$$

が求められる．ここで $U(t_0,t_0) = 1$ の規格化条件を用いた．t_1 から t_2 への有限な時間変化もこのユニタリ演算子 (1.25) を用いて

$$\psi(\mathbf{r},t_2) = U(t_2,t_1)\psi(\mathbf{r},t_1) \qquad (1.26)$$

と表すことができる．

ハミルトニアン H が時間に依存しないとき，ψ を時間に依存しない部分

$\phi(\mathbf{r})$ と時間に依存する部分 $f(t)$ の積で

$$\psi(\mathbf{r},t) = \phi(\mathbf{r})f(t) \tag{1.27}$$

と表すと,(1.13) 式から

$$i\hbar\phi(\mathbf{r})\frac{\partial f(t)}{\partial t} = H\phi(\mathbf{r})f(t) \tag{1.28}$$

となる.(1.28) 式を $\psi(\mathbf{r},t)$ で割ると

$$i\hbar\frac{1}{f(t)}\frac{\partial f(t)}{\partial t} = \frac{1}{\phi(\mathbf{r})}H\phi(\mathbf{r})\ (\equiv E) \tag{1.29}$$

となり,時間に依存する部分と位置に依存する部分が分離できて,あらゆる時間と位置で両者が一致するのは (1.29) 式の両辺が定数であるときのみである.この定数を E とおくと,$f(t)$ は積分できて

$$f(t) = e^{-i\frac{E}{\hbar}t} \tag{1.30}$$

と求めることができる.一方,位置に依存する $\phi(\mathbf{r})$ に対しては

$$H\phi(\mathbf{r}) = E\phi(\mathbf{r}) \tag{1.31}$$

となり,E はハミルトニアン H の固有値であり,$\phi(\mathbf{r})$ は固有状態を表していることがわかる.シュレディンガー方程式 (1.13) の解は,ハミルトニアンが時間に依存しないときは

$$\psi(\mathbf{r},t) = \phi(\mathbf{r})e^{\frac{-iEt}{\hbar}} \tag{1.32}$$

と空間部分と時間部分に分離できる.

一般にエネルギー E は,$\phi(\mathbf{r})$ が空間の有限な領域に局在するととびとびの不連続な値を取り,$\phi(\mathbf{r})$ が無限の領域に拡がると連続な値を取りえる.時間に依存しないハミルトニアンの固有状態を,エネルギー E を持つ**定常状態**と呼ぶ.このエネルギー E はハミルトニアンの固有値であるから下限が存在する.エネルギー最小の状態を**基底状態**,その他の状態を**励起状態**と呼び,エネルギーの低い方から第 1 励起,第 2 励起,… と呼ばれる.

原子や分子等の物理系が外から孤立していて,エネルギーの出し入れがない場合,系はエネルギーの一番低い基底状態にある.外から光等のエネルギー

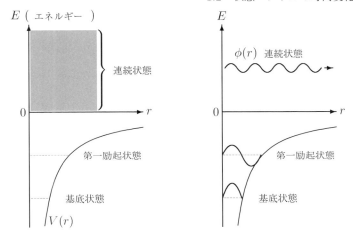

図 **1.1** エネルギー準位と波動関数

を与えると，系はエネルギーを受け取って励起状態に移行し，再びエネルギーを放出して基底状態に戻る．しかし，エネルギー準位間の遷移は，エネルギー保存則を満たすように起こるから外からのエネルギーが2つのエネルギー準位間のエネルギー差に等しいときのみ起こり，また放出されるエネルギーもエネルギー準位間のエネルギー差に等しいというエネルギーの選択則を満たす．このエネルギーの選択則が量子ビットを作るのに重要な役割を持つ．

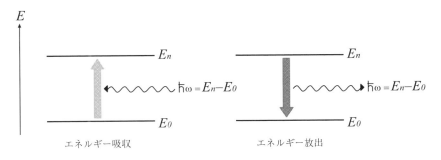

図 **1.2** 2つのエネルギー準位間のエネルギー吸収と放出におけるエネルギーの選択則

1.3 交換関係と不確定性関係

量子力学では運動を記述する位置 $\mathbf{r}$ と運動量 $\mathbf{p}$ は波動関数 $\psi(\mathbf{r},t)$ に対する演算子である．運動量演算子は微分演算子 $\boldsymbol{\nabla}$ により

$$\mathbf{p} = -i\hbar\boldsymbol{\nabla}$$

と表される．任意の2つの演算子 A, B に対して**交換関係**を

$$[A, B] = AB - BA \tag{1.33}$$

と定義すると，$\mathbf{r}$ と $\mathbf{p}$ に対しては

$$[x, p_x] = i\hbar, \quad [y, p_y] = i\hbar, \quad [z, p_z] = i\hbar \tag{1.34}$$

の関係が成立する．(1.34) 式の関係は**不可換**と呼ばれる．$\mathbf{r}$ と $\mathbf{p}$ の他の交換関係 $[x, y], [p_x, p_y], [y, p_x]$ 等はすべて 0 となり，**可換**であると呼ばれる．

▶ 例題 1.1 $[x, p_x] = i\hbar$ を証明せよ．

解 演算子 p_x は $p_x = \dfrac{\hbar}{i}\dfrac{\partial}{\partial x}$ と表されるから，交換関係 $[x, p_x]$ を波動関数 ψ に作用させると

$$\begin{aligned}[x, p_x]\psi &= (xp_x - p_x x)\psi \\ &= \frac{\hbar}{i}\left(x\frac{\partial}{\partial x}\psi - \frac{\partial}{\partial x}(x\psi)\right) = \frac{\hbar}{i}\left(x\frac{\partial}{\partial x}\psi - \psi - x\frac{\partial}{\partial x}\psi\right) \\ &= i\hbar\psi\end{aligned}$$

となり，$[x, p_x] = i\hbar$ が導かれる． □

2つの独立する演算子 A, B を考える．演算子 A のすべての固有状態 ψ が，同時に演算子 B の固有状態になっているとき演算子 A, B は可換であることを示してみよう．状態 ψ の A の固有値を a，B の固有値を b とすると

$$A\psi = a\psi, \quad B\psi = b\psi \tag{1.35}$$

であり，ψ に交換関係 $[A, B]$ を作用させると

$$[A, B]\psi = (AB - BA)\psi = (ab - ba)\psi = 0 \tag{1.36}$$

となり，$[A,B]=0$ であることがわかる．つまり，ψ が A,B の同時の固有状態であれば $[A,B]=0$ であり，逆に $[A,B]=0$ であれば A,B の同時の固有状態 ψ が存在する．

$A=x, B=p_x$ のような A,B が不可換の場合はどうだろうか．もし，ある状態 ψ が A,B の同時固有状態とすると $[A,B]\psi=0$ から $[A,B]=0$ が導かれ，$[A,B]=i\hbar$ と矛盾する．つまり位置 x と運動量 p_x の同時の固有状態は存在せず，位置と運動量が同時に一定値となる状態は存在しない．これは，x を決めれば p_x に大きなばらつき（不確定性）が生じ，p_x を決めれば x が大きくばらつき，その値が広く分布することを示している．この関係は位置と運動量の間の**不確定性関係**と呼ばれ，ハイゼンベルク（J. Heisenberg）により提唱された量子力学の最も基本的な原理の 1 つである．不確定性関係は，ある演算子の平均値からのずれを示す標準偏差 ΔA を

$$(\Delta A)^2 \equiv \langle (A-\langle A\rangle)^2\rangle = \langle A^2\rangle - \langle A\rangle^2 \tag{1.37}$$

と定義すると，位置と運動量に対しては

$$\Delta x \cdot \Delta p_x \geqq \frac{\hbar}{2}, \quad \Delta y \cdot \Delta p_y \geqq \frac{\hbar}{2}, \quad \Delta z \cdot \Delta p_z \geqq \frac{\hbar}{2} \tag{1.38}$$

と表される．

▶ 例題 1.2 2 つのエルミート演算子 A,B が交換関係 $[A,B]=i\hbar$ を満たすときハイゼンベルクの不確定性関係 $\Delta A \cdot \Delta B \geqq \hbar/2$ が成り立つことを示せ．

解 2 つのエルミート演算子 $A-\langle A\rangle$ と $B-\langle B\rangle$ を状態ベクトル $|\psi\rangle$ に作用させ，次のような新しいベクトル

$$|\tilde{\psi}\rangle = (A-\langle A\rangle)|\psi\rangle + i\lambda(B-\langle B\rangle)|\psi\rangle \tag{1.39}$$

を作る．ここで λ は任意の実数とする．この (1.39) 式の状態に対する複素共役なブラ・ベクトル $\langle\tilde{\psi}|$ は

$$\langle\tilde{\psi}| = (|\tilde{\psi}\rangle)^\dagger = \langle\psi|(A-\langle A\rangle) - i\lambda\langle\psi|(B-\langle B\rangle) \tag{1.40}$$

となり内積は

$$\langle\tilde{\psi}|\tilde{\psi}\rangle = \langle\psi|(A-\langle A\rangle)^2 + i\lambda[A,B] + \lambda^2(B-\langle B\rangle)^2|\psi\rangle \tag{1.41}$$

と求まる.ある状態ベクトルの内積は常に正または 0 だから,(1.41) 式は

$$\langle\tilde{\psi}|\tilde{\psi}\rangle = (\Delta A)^2 - \lambda\hbar + \lambda^2(\Delta B)^2 \geqq 0 \tag{1.42}$$

の関係を満たす.任意の λ に対して (1.42) 式が成り立つためには,(1.42) 式を λ に対する 2 次方程式と考えて,その判別式が負または 0 でなければならないので

$$\hbar^2 - 4(\Delta A)^2(\Delta B)^2 \leqq 0 \tag{1.43}$$

となり,不確定性関係

$$\Delta A \cdot \Delta B \geqq \frac{\hbar}{2} \tag{1.44}$$

が求められる. □

この不確定性関係は量子力学の観測問題に深く関わりを持っている.(1.44) 式はある測定により,位置を正確に決定しようとすると運動量に大きなゆらぎが発生し,運動量を正確に測定しようとすると位置に大きなゆらぎが生ずるという関係を定量的にプランク定数 $\hbar$ を用いて示している.つまり,位置や運動量の 1 つを観測により決定しようとすると,その系が観測により乱されて一方の観測量が決まらなくなる,ということを示している.プランク定数は $\hbar = 1.06 \times 10^{-34}$ J·s というごく小さな値であることからわかるように,この不確定性関係はミクロな世界特有の性質である.この不確定性関係による観測の問題は,量子情報理論の本質的な機構に深く関わってくる.

1.4 スピン 1/2 の量子状態

電子,陽子,中性子等の粒子はスピンまたはスピン角運動量と呼ばれる量子数を持っている.このスピンは粒子の自転による角運動量とも考えられるが,電子はミクロの世界でもほとんど大きさのない質点と考えられるから自転しているとは考えにくく,スピンは粒子に固有の自由度を表す量子数と考えたほうが自然である.ミクロの世界では軌道角運動量 l はとびとびの値を取り,プランク定数 $\hbar$ を単位として $l = n\hbar$ $(n = 0, 1, 2, \cdots)$ の値を取る.一方,スピン s は整数と半整数があり,電子,陽子,中性子等の物質の基本構

成粒子はすべて $s = 1/2 \times \hbar$ を持つ（これ以降は $\hbar$ を省略して $1/2$ とのみ表記する）．一般に角運動量 l を持つ状態には，$(2l+1)$ 個の自由度がある．この自由度は z-方向への角運動量の射影 m で区別され，m は 1 ずつ異なるとびとびの値

$$m = (-l, -l+1, \cdots, l-1, l) \tag{1.45}$$

のみ取ることができることに起因する．スピン $1/2$ の粒子を考えると，上向きと下向きのみで $m = \pm 1/2$ となるから自由度は 2 となる．つまり，スピン $1/2$ の状態は 2 成分のベクトルで表すことができる．z 軸方向を向いている状態（スピン上向き）$|\uparrow\rangle$ と z 軸と逆方向を向いている状態（スピン下向き）$|\downarrow\rangle$ を列ベクトル

$$|\uparrow\rangle = \begin{pmatrix} 1 \\ 0 \end{pmatrix}, \quad |\downarrow\rangle = \begin{pmatrix} 0 \\ 1 \end{pmatrix} \tag{1.46}$$

で表そう．スピン $1/2$ 粒子に対するスピン演算子 $\mathbf{s}$

$$\mathbf{s} = \frac{1}{2}\boldsymbol{\sigma} \tag{1.47}$$

は，2 個の状態 $|\uparrow\rangle$ と $|\downarrow\rangle$ の間を変換させる演算子と考えられるから，2 行 2 列の行列で

$$\sigma_x = \begin{pmatrix} 0 & 1 \\ 1 & 0 \end{pmatrix}, \quad \sigma_y = \begin{pmatrix} 0 & -i \\ i & 0 \end{pmatrix}, \quad \sigma_z = \begin{pmatrix} 1 & 0 \\ 0 & -1 \end{pmatrix} \tag{1.48}$$

と書くことができる．この行列はドイツの物理学者パウリ（W. Pauli）により考案されたのでパウリの**スピン行列**と呼ばれる．パウリのスピン行列は

$$\sigma_x \sigma_y = -\sigma_y \sigma_x = i\sigma_z, \quad \sigma_y \sigma_z = -\sigma_z \sigma_y = i\sigma_x, \quad \sigma_z \sigma_x = -\sigma_x \sigma_z = i\sigma_y \tag{1.49}$$

の性質を持ち，交換関係

$$[\sigma_x, \sigma_y] = 2i\sigma_z, \quad [\sigma_y, \sigma_z] = 2i\sigma_x, \quad [\sigma_z, \sigma_x] = 2i\sigma_y \tag{1.50}$$

と反交換関係

$$\{\sigma_i, \sigma_j\} = \sigma_i \sigma_j + \sigma_j \sigma_i = 0 \quad (\text{if } i \neq j) \tag{1.51}$$

および
$$\sigma_i^2 = \begin{pmatrix} 1 & 0 \\ 0 & 1 \end{pmatrix} = \mathbf{1} \tag{1.52}$$

の関係式を満たす．(1.50) 式の交換関係は

$$[s_x, s_y] = is_z, \quad [s_y, s_z] = is_x, \quad [s_z, s_x] = is_y \tag{1.53}$$

とも表される．また，スピン上向き，下向きのケットベクトルが (1.46) 式で表されるので，ケットベクトルとブラベクトルのテンソル積が

$$|\uparrow\rangle\langle\uparrow| = \begin{pmatrix} 1 \\ 0 \end{pmatrix}\begin{pmatrix} 1 & 0 \end{pmatrix} = \begin{pmatrix} 1 & 0 \\ 0 & 0 \end{pmatrix}, \quad |\uparrow\rangle\langle\downarrow| = \begin{pmatrix} 1 \\ 0 \end{pmatrix}\begin{pmatrix} 0 & 1 \end{pmatrix} = \begin{pmatrix} 0 & 1 \\ 0 & 0 \end{pmatrix},$$
$$|\downarrow\rangle\langle\uparrow| = \begin{pmatrix} 0 \\ 1 \end{pmatrix}\begin{pmatrix} 1 & 0 \end{pmatrix} = \begin{pmatrix} 0 & 0 \\ 1 & 0 \end{pmatrix}, \quad |\downarrow\rangle\langle\downarrow| = \begin{pmatrix} 0 \\ 1 \end{pmatrix}\begin{pmatrix} 0 & 1 \end{pmatrix} = \begin{pmatrix} 0 & 0 \\ 0 & 1 \end{pmatrix}$$
$$\tag{1.54}$$

と 2 行 2 列のベクトルで表されることから，(1.48) 式のスピン演算子は，

$$\begin{aligned}\sigma_x &= |\uparrow\rangle\langle\downarrow| + |\downarrow\rangle\langle\uparrow|, \\ \sigma_y &= -i(|\uparrow\rangle\langle\downarrow| - |\downarrow\rangle\langle\uparrow|), \\ \sigma_z &= (|\uparrow\rangle\langle\uparrow| - |\downarrow\rangle\langle\downarrow|)\end{aligned} \tag{1.55}$$

とケットベクトルとブラベクトルのテンソル積で書き下すこともできる．(1.48) 式のスピン演算子 $\mathbf{s}$ の大きさは

$$\mathbf{s}^2 = s(s+1) = \frac{1}{4}(\sigma_x^2 + \sigma_y^2 + \sigma_z^2) = \frac{3}{4} = \frac{1}{2}\left(\frac{1}{2} + 1\right) \tag{1.56}$$

から確かに 1/2 であることがわかる[注1]．また，z 方向の向きは

$$s_z|\uparrow\rangle = \frac{1}{2}\begin{pmatrix} 1 & 0 \\ 0 & -1 \end{pmatrix}\begin{pmatrix} 1 \\ 0 \end{pmatrix} = \frac{1}{2}\begin{pmatrix} 1 \\ 0 \end{pmatrix},$$

注1 量子力学的状態は，ゆらぎの効果を持ち角運動量 l を持つ状態の角運動量演算子 $\mathbf{l} = \mathbf{r} \times \mathbf{p}$ の 2 乗に対する固有値は

$$\mathbf{l}^2|lm\rangle = l(l+1)|lm\rangle$$

となる．厳密には角運動量の大きさは $\sqrt{l(l+1)}$ であるが，通常は l を大きさと呼ぶ．

$$s_z|\downarrow\rangle = \frac{1}{2}\begin{pmatrix} 1 & 0 \\ 0 & -1 \end{pmatrix}\begin{pmatrix} 0 \\ 1 \end{pmatrix} = -\frac{1}{2}\begin{pmatrix} 0 \\ 1 \end{pmatrix} \tag{1.57}$$

となり，$|\uparrow\rangle$ は z 軸の正の方向，$|\downarrow\rangle$ は z 軸の負の方向を向いていることが示される．一般のスピンベクトルは

$$|\psi\rangle = a|\uparrow\rangle + b|\downarrow\rangle = \begin{pmatrix} a \\ b \end{pmatrix} \tag{1.58}$$

と表され，この状態はスピン上向きの確率 $|a|^2$，下向きの確率 $|b|^2$ で見出される．

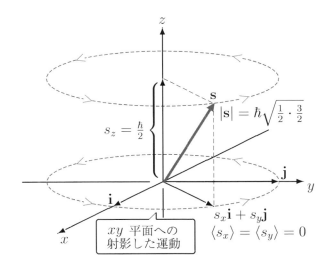

図 **1.3** スピン $1/2 \times \hbar$ 粒子の上向き $|\uparrow\rangle$ 状態．$\mathbf{i}, \mathbf{j}$ はそれぞれ x, y 方向の単位ベクトルを表す．

▶ 例題 1.3 スピン s_x の固有状態を $\mathbf{s}^2$，s_z の固有状態 $|\uparrow\rangle$ および $|\downarrow\rangle$ を用いて表せ．

[解] s_x の $\pm 1/2$ の固有値を持つ固有状態をそれぞれ $|\uparrow_x\rangle, |\downarrow_x\rangle$ とし,(1.46)式の s_z の固有状態 $|\uparrow_z\rangle, |\downarrow_z\rangle$ と書くことにする.まず

$$|\uparrow_x\rangle = a|\uparrow_z\rangle + b|\downarrow_z\rangle = \begin{pmatrix} a \\ b \end{pmatrix} \tag{1.59}$$

と表すと,規格化条件から

$$\langle _x\uparrow | \uparrow_x\rangle = |a|^2 + |b|^2 = 1 \tag{1.60}$$

となり,

$$\sigma_x|\uparrow_x\rangle = |\uparrow_x\rangle \tag{1.61}$$

から

$$\begin{pmatrix} 0 & 1 \\ 1 & 0 \end{pmatrix} \begin{pmatrix} a \\ b \end{pmatrix} = \begin{pmatrix} b \\ a \end{pmatrix} = \begin{pmatrix} a \\ b \end{pmatrix} \tag{1.62}$$

つまり

$$a = b \tag{1.63}$$

が求まる.a を正の実数とすると,x 方向の上向きの状態は

$$|\uparrow_x\rangle = \frac{1}{\sqrt{2}}\{|\uparrow_z\rangle + |\downarrow_z\rangle\} \tag{1.64}$$

と表される.また,$|\downarrow_x\rangle$ に対しては

$$\sigma_x|\downarrow_x\rangle = -|\downarrow_x\rangle \tag{1.65}$$

から

$$\begin{pmatrix} 0 & 1 \\ 1 & 0 \end{pmatrix} \begin{pmatrix} a' \\ b' \end{pmatrix} = \begin{pmatrix} b' \\ a' \end{pmatrix} = -\begin{pmatrix} a' \\ b' \end{pmatrix} \tag{1.66}$$

となり

$$a' = -b' \tag{1.67}$$

の条件が求まる.a' を正の実数とすると

$$|\downarrow_x\rangle = \frac{1}{\sqrt{2}}\{|\uparrow_z\rangle - |\downarrow_z\rangle\} \tag{1.68}$$

となる．(1.64) と (1.68) 式は直交条件

$$\langle \uparrow_x | \downarrow_x \rangle = 0 \tag{1.69}$$

も満たしていることがわかる．

s_y に対する $\pm 1/2$ の固有状態も同様に求めることができて

$$|\uparrow_y\rangle = \frac{1}{\sqrt{2}}\{|\uparrow_z\rangle + i|\downarrow_z\rangle\}, \quad |\downarrow_y\rangle = \frac{1}{\sqrt{2}}\{|\uparrow_z\rangle - i|\downarrow_z\rangle\} \tag{1.70}$$

と表すことができる．これらの x,y 軸方向のスピンの固有状態は (1.110) 式で導かれるスピン回転の演算子を用いて

$$|\uparrow_x\rangle = D_y^s\left(\frac{\pi}{2}\right)|\uparrow_z\rangle, \quad |\downarrow_x\rangle = D_y^s\left(-\frac{\pi}{2}\right)|\uparrow_z\rangle \tag{1.71}$$

$$|\uparrow_y\rangle = D_x^s\left(-\frac{\pi}{2}\right)|\uparrow_z\rangle, \quad |\downarrow_y\rangle = D_x^s\left(\frac{\pi}{2}\right)|\uparrow_z\rangle \tag{1.72}$$

と表すこともできる． □

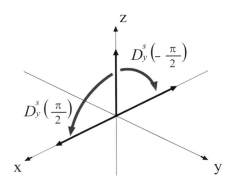

図 **1.4** z 軸方向のスピン固有状態 $|\uparrow_z\rangle$ と y 軸のまわりの $\pm\pi/2$ の回転

▶ 例題 1.4 σ と可換な任意のベクトル演算子 $\mathbf{a}$ と $\mathbf{b}$ に対して

$$(\boldsymbol{\sigma} \cdot \mathbf{a})(\boldsymbol{\sigma} \cdot \mathbf{b}) = (\mathbf{a} \cdot \mathbf{b}) + i(\mathbf{a} \times \mathbf{b}) \cdot \boldsymbol{\sigma} \tag{1.73}$$

となることを示せ．

解 (1.73) 式は

$$
\begin{aligned}
(\boldsymbol{\sigma}\cdot\mathbf{a})(\boldsymbol{\sigma}\cdot\mathbf{b}) &= \sum_{i,j=(x,y,z)} \sigma_i a_i \sigma_j b_j \\
&= \sum_{i=(x,y,z)} \sigma_i^2 a_i b_i + \sum_{i\neq j} \sigma_i \sigma_j a_i b_j \\
&= \sum_{i=(x,y,z)} a_i b_i + \sigma_x \sigma_y (a_x b_y - a_y b_x) + \sigma_z \sigma_x (a_z b_x - a_x b_z) \\
&\quad + \sigma_y \sigma_z (a_y b_z - a_z b_y) \\
&= (\mathbf{a}\cdot\mathbf{b}) + i\sigma_z [\mathbf{a}\times\mathbf{b}]_z + i\sigma_y [\mathbf{a}\times\mathbf{b}]_y + i\sigma_x [\mathbf{a}\times\mathbf{b}]_x
\end{aligned}
$$

から (1.73) 式が導かれる．ここでは (1.49) 式の $\sigma_x \sigma_y = -\sigma_y \sigma_x = i\sigma_z$, $\sigma_z \sigma_x = -\sigma_x \sigma_z = i\sigma_y$, $\sigma_y \sigma_z = -\sigma_z \sigma_y = i\sigma_x$ を用いた．$\mathbf{a}$ と $\boldsymbol{\sigma}$, $\mathbf{b}$ と $\boldsymbol{\sigma}$ は可換であるが，$\mathbf{a}$ と $\mathbf{b}$ は可換でない場合でも (1.73) 式は成り立つ． □

1.5 量子ビット

古典的コンピュータでの情報の単位はビット（古典ビット）と呼ばれ 0 または 1 で表される．量子コンピュータではこれに対応するのが**量子ビット**（qubit）で情報の単位は 2 つの量子状態の線型結合で表される．たとえば，スピン 1/2 の粒子を量子ビットとして用いる場合は 0 と 1 を

$$|0\rangle = |\uparrow\rangle = \begin{pmatrix} 1 \\ 0 \end{pmatrix}, \quad |1\rangle = |\downarrow\rangle = \begin{pmatrix} 0 \\ 1 \end{pmatrix} \tag{1.74}$$

とスピン上向きと下向きの状態に割り当て，一般の量子ビットは

$$|\psi\rangle = a|0\rangle + b|1\rangle \tag{1.75}$$

と表される．(1.75) 式が 1 量子ビットの状態で，n 量子ビットは (1.75) 式の n 個の直積で

$$|\Psi\rangle = |\psi\rangle_1|\psi\rangle_2\cdots|\psi\rangle_n = |1,2,\cdots,n\rangle \tag{1.76}$$

と書くことができる．

量子ビットは光子の偏光を用いても表すことができ，縦偏光 $|\updownarrow\rangle$，横偏光 $|\leftrightarrow\rangle$ の直線偏光状態を

$$|0\rangle = |\updownarrow\rangle, \quad |1\rangle = |\leftrightarrow\rangle \tag{1.77}$$

と 0 と 1 のビットに割り当てる．2 つの直線偏光状態を重ね合わせた状態

$$|\psi\rangle = a|\updownarrow\rangle + b|\leftrightarrow\rangle \tag{1.78}$$

の係数 a と b を適当に選ぶと，$+45°$ と $-45°$ の対角線方向に直線偏光した

$$|\nearrow\rangle = \frac{1}{\sqrt{2}}\{|\updownarrow\rangle + |\leftrightarrow\rangle\}, \tag{1.79}$$

$$|\searrow\rangle = \frac{1}{\sqrt{2}}\{|\updownarrow\rangle - |\leftrightarrow\rangle\} \tag{1.80}$$

の光子状態や，右回り円偏光状態（時計回り）

$$|R\rangle = \frac{1}{\sqrt{2}}\{|\updownarrow\rangle + i|\leftrightarrow\rangle\} \tag{1.81}$$

と左回り円偏光状態（反時計回り）

$$|L\rangle = \frac{1}{\sqrt{2}}\{|\updownarrow\rangle - i|\leftrightarrow\rangle\} \tag{1.82}$$

の光子状態を作ることができ，これらの状態を用いて量子ビットを表すこともできる．(1.81), (1.82) 式の**円偏光状態**は光子の進行方向に角運動量が量子化されており，(1.81) 式の右回り状態は角運動量の成分は -1 （ヘリシティー，$h = -1$），(1.82) 式の左回り状態は角運動量の成分は $+1$（ヘリシティー，$h = +1$）を持つ（第 1 章演習問題 [6] 参照）．

1.6　角運動量，スピンと回転

波動関数 $\psi(x,y,z)$ を 3 次元空間で回転させることを考える．波動関数の回転を考える場合，2 つの方法がある．1 つは座標軸を回転させる方法であり，もう 1 つは波動関数自体を回転させる方法である．ここでは，後者の波

18 第 1 章 量子力学の基礎

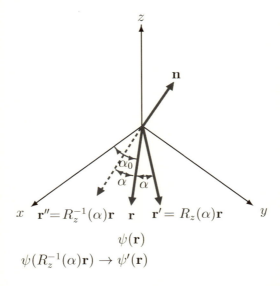

図 **1.5** 位置ベクトル $\mathbf{r}$ の回転と波動関数 $\psi(\mathbf{r})$ の回転．$\mathbf{n}$ は任意の方向の単位ベクトル．

動関数を回転させる方法をとる．まず，xy 平面に x 軸と角度 α_0 をなすベクトル $\mathbf{r} = (x, y, 0) = (r\cos\alpha_0, r\sin\alpha_0, 0)$ を z 軸のまわりに α だけ回転させてみよう．回転後のベクトル $\mathbf{r}' = (x', y', z')$ は

$$\begin{aligned}\mathbf{r}' &= (r\cos(\alpha+\alpha_0), r\sin(\alpha+\alpha_0), 0) \\ &= (\cos\alpha\, x - \sin\alpha\, y, \sin\alpha\, x + \cos\alpha\, y, 0)\end{aligned} \quad (1.83)$$

から

$$\begin{pmatrix} x' \\ y' \\ z' \end{pmatrix} = \begin{pmatrix} \cos\alpha & -\sin\alpha & 0 \\ \sin\alpha & \cos\alpha & 0 \\ 0 & 0 & 1 \end{pmatrix} \begin{pmatrix} x \\ y \\ z \end{pmatrix} \quad (1.84)$$

と求めることができる．z 軸のまわりの角度 α の回転を $R_z(\alpha)$ と表すと

1.6 角運動量，スピンと回転   **19**

$$R_z(\alpha) = \begin{pmatrix} \cos\alpha & -\sin\alpha & 0 \\ \sin\alpha & \cos\alpha & 0 \\ 0 & 0 & 1 \end{pmatrix} \tag{1.85}$$

となり，そのエルミート共役の演算子は

$$R_z^\dagger(\alpha) = \begin{pmatrix} \cos\alpha & \sin\alpha & 0 \\ -\sin\alpha & \cos\alpha & 0 \\ 0 & 0 & 1 \end{pmatrix} \tag{1.86}$$

となることから，

$$R_z^\dagger(\alpha) R_z(\alpha) = \begin{pmatrix} 1 & 0 & 0 \\ 0 & 1 & 0 \\ 0 & 0 & 1 \end{pmatrix} = \mathbf{1} \tag{1.87}$$

となり，$R_z^\dagger(\alpha) = R_z^{-1}(\alpha)$ で $R_z(\alpha)$ はユニタリ演算子であることが示される．x 軸，y 軸のまわりの回転も同様に

$$R_x(\alpha) = \begin{pmatrix} 1 & 0 & 0 \\ 0 & \cos\alpha & -\sin\alpha \\ 0 & \sin\alpha & \cos\alpha \end{pmatrix}, \tag{1.88}$$

$$R_y(\alpha) = \begin{pmatrix} \cos\alpha & 0 & \sin\alpha \\ 0 & 1 & 0 \\ -\sin\alpha & 0 & \cos\alpha \end{pmatrix} \tag{1.89}$$

と表される．x 軸のまわりの α_x，y 軸のまわりの α_y，z 軸のまわりの α_z の回転を連続して行うには

$$R(\alpha_x, \alpha_y, \alpha_z) = R_z(\alpha_z) R_y(\alpha_y) R_x(\alpha_x) \tag{1.90}$$

の回転演算子をベクトル $\mathbf{r}$ に作用させれば実行できる．

波動関数 $\psi(\mathbf{r})$ の回転は座標の回転と明確に区別する必要がある．波動関数の回転をある演算子 $D(\alpha)$ を用いて

$$\psi'(\mathbf{r}) = D(\alpha)\psi(\mathbf{r}) \tag{1.91}$$

と表そう．波動関数の内積はスカラー量でこの変換によって不変だから

$$\langle \psi' | \psi' \rangle = \langle \psi | D^\dagger(\alpha) D(\alpha) | \psi \rangle = \langle \psi | \psi \rangle \tag{1.92}$$

となり,

$$D^\dagger(\alpha) D(\alpha) = 1 \tag{1.93}$$

が導かれ, 回転の演算子 $D(\alpha)$ はユニタリ演算子であることがわかる. 波動関数を z 軸のまわりに α だけ回転させると, 波動関数全体が $\mathbf{r}' = R_z(\alpha)\mathbf{r}$ だけ回転する. これは, 回転前に $\mathbf{r}'' = R_z^{-1}(\alpha)\mathbf{r}$ の位置の波動関数が $\mathbf{r}$ の位置に移動することである. つまり,

$$\psi'(\mathbf{r}) = D_z(\alpha)\psi(\mathbf{r}) = \psi(R_z^{-1}(\alpha)\mathbf{r}) \tag{1.94}$$

となる. 座標軸の回転と波動関数の回転は, 位置 $\mathbf{r}$ に関しては反対方向の回転になることに注意する必要がある. すると, (1.94) 式から

$$\psi'(\mathbf{r}) = \psi(x\cos\alpha + y\sin\alpha, -x\sin\alpha + y\cos\alpha, z) \tag{1.95}$$

となり, α を微小な回転 $d\alpha$ として $d\alpha$ の一次の近似で ψ をテイラー展開すると

$$\begin{aligned}
D_z(d\alpha)\psi(x,y,z) &\approx \psi(x + yd\alpha, -xd\alpha + y, z) \\
&\approx \psi(x,y,z) + \left(y\frac{\partial\psi}{\partial x} - x\frac{\partial\psi}{\partial y}\right)d\alpha \\
&= (1 - il_z d\alpha)\psi
\end{aligned} \tag{1.96}$$

が導かれる. ここで l_z は z 方向の**軌道角運動量演算子**で

$$l_z = xp_y - yp_x = -i\left(x\frac{\partial}{\partial y} - y\frac{\partial}{\partial x}\right) \tag{1.97}$$

と表される (ここでは $\hbar = 1$ とした). 同様に, x, y 方向の軌道角運動量演算子は

$$l_x = yp_z - zp_y = -i\left(y\frac{\partial}{\partial z} - z\frac{\partial}{\partial y}\right), \tag{1.98}$$

$$l_y = zp_x - xp_z = -i\left(z\frac{\partial}{\partial x} - x\frac{\partial}{\partial z}\right) \tag{1.99}$$

と表され, スピン演算子 $\mathbf{s}$ に対する (1.53) 式と同様な交換関係

$$[l_x, l_y] = il_z, \quad [l_y, l_z] = il_x, \quad [l_z, l_x] = il_y \tag{1.100}$$

を満たす.

(1.96) 式から微小な回転の演算子は
$$D_z(d\alpha) = 1 - il_z d\alpha \tag{1.101}$$
と求められることがわかった．有限な角度の回転は微小な回転の重ね合わせで得られるから
$$D_z(\alpha + d\alpha) = D_z(d\alpha)D_z(\alpha) \tag{1.102}$$
が成り立つ．(1.102) 式に (1.101) 式を用いると
$$D_z(\alpha + d\alpha) = (1 - il_z d\alpha)D_z(\alpha) \tag{1.103}$$
より，$d\alpha$ が微小な変化の極限で
$$\frac{D_z(\alpha + d\alpha) - D_z(\alpha)}{d\alpha} = \frac{dD_z(\alpha)}{d\alpha} = -il_z D_z(\alpha) \tag{1.104}$$
の微分方程式が得られる．この式を積分し，$D_z(0) = 1$ を用いると
$$D_z(\alpha) = e^{-il_z \alpha} D_z(0) = e^{-il_z \alpha} \tag{1.105}$$
が求められる．この式は図 1.5 の 3 次元空間の単位ベクトル $\hat{\mathbf{n}}$ で示される任意の方向のまわりの角度 α の回転にも拡張できて
$$D(\alpha) = e^{-i\mathbf{l}\cdot\hat{\mathbf{n}}\alpha} \tag{1.106}$$
と表される．回転に対してスピン角運動量も軌道角運動量と同じ性質を持つので，スピン波動関数に対する i 軸方向のまわりの座標軸の回転の演算子は
$$D_i^s(\alpha) = e^{-is_i \alpha} = e^{-i\sigma_i \alpha/2} \tag{1.107}$$
となる．ここでスピン関数 σ_i の偶奇性
$$\sigma_i^{2n} = \mathbf{1}, \quad \sigma_i^{2n+1} = \sigma_i \tag{1.108}$$
と指数関数の展開公式
$$e^{-ix} = \sum_{n=0}^{\infty} \frac{(-ix)^n}{n!} = \sum_{n=0}^{\infty} (-)^n \frac{x^{2n}}{(2n)!} - i\sum_{n=0}^{\infty} (-)^n \frac{x^{2n+1}}{(2n+1)!} \tag{1.109}$$
に注目すると，
$$D_i^s(\alpha) = \cos\left(\frac{\alpha}{2}\right)\mathbf{1} - i\sin\left(\frac{\alpha}{2}\right)\sigma_i \tag{1.110}$$

という関係が得られる．

(1.107)式がスピン1/2の状態 $|\psi\rangle$ を z 軸のまわりに α だけ回転させていることは次のようにして確かめることができる．回転後の状態を $|\psi'\rangle$ とすると

$$|\psi'\rangle = D_z^s(\alpha)|\psi\rangle \tag{1.111}$$

となる．この回転により，スピン演算 σ_x の $|\psi\rangle$ に対する期待値 $\langle\psi|\sigma_x|\psi\rangle$ は

$$\langle\psi'|\sigma_x|\psi'\rangle = \langle\psi|e^{i\sigma_z\alpha/2}\sigma_x e^{-i\sigma_z\alpha/2}|\psi\rangle \tag{1.112}$$

へと変化する．(1.112)式の σ_x を (1.55) 式のブラベクトルとケットベクトルのテンソル積で表すと

$$\begin{aligned}
e^{i\sigma_z\alpha/2}\sigma_x e^{-i\sigma_z\alpha/2} &= e^{i\sigma_z\alpha/2}\{|\uparrow\rangle\langle\downarrow| + |\downarrow\rangle\langle\uparrow|\}e^{-i\sigma_z\alpha/2} \\
&= e^{i\alpha/2}|\uparrow\rangle\langle\downarrow|e^{i\alpha/2} + e^{-i\alpha/2}|\downarrow\rangle\langle\uparrow|e^{-i\alpha/2} \\
&= \cos\alpha(|\uparrow\rangle\langle\downarrow| + |\downarrow\rangle\langle\uparrow|) + i\sin\alpha(|\uparrow\rangle\langle\downarrow| - |\downarrow\rangle\langle\uparrow|) \\
&= \cos\alpha\,\sigma_x - \sin\alpha\,\sigma_y \tag{1.113}
\end{aligned}$$

となり，(1.113)式の期待値は

$$\langle\psi'|\sigma_x|\psi'\rangle = \cos\alpha\langle\psi|\sigma_x|\psi\rangle - \sin\alpha\langle\psi|\sigma_y|\psi\rangle \tag{1.114}$$

と求められる．(1.114) 式は σ_x の期待値が，スピン 1/2 の状態の回転で，z 軸のまわりに α だけ回転したことを示している．(1.114) 式で $\alpha = \pi/2$ とすると

$$\langle\psi'|\sigma_x|\psi'\rangle = -\langle\psi|\sigma_y|\psi\rangle$$

となり，回転前の状態 $|\psi\rangle$ の $-\sigma_y$ の期待値が回転後の状態 $|\psi'\rangle$ の σ_x の期待値に等しいことが示されている．これは図 1.6 のように，状態の回転によるスピンの向きの変化として理解できる．一方，σ_z の期待値は，$[\sigma_z, e^{-i\sigma_z\alpha/2}] = 0$ より

$$\langle\psi'|\sigma_z|\psi'\rangle = \langle\psi|e^{i\sigma_z\alpha/2}\sigma_z e^{-i\sigma_z\alpha/2}|\psi\rangle = \langle\psi|\sigma_z|\psi\rangle \tag{1.115}$$

と変化しない．このように，回転の演算子 $D_z^s(\alpha)$ が，$|\psi\rangle$ を z 軸のまわりに α だけ回転させていることが示される．

1.6 角運動量，スピンと回転 **23**

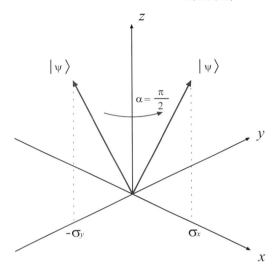

図 **1.6** 状態 $|\psi\rangle$ の z 軸まわりの $\alpha = \pi/2$ の回転

スピン $1/2$ の状態の特徴は $\alpha = 2\pi$ の回転に対して，状態が元に戻らないことである．

$$\begin{pmatrix} 1 & 0 \\ 0 & 1 \end{pmatrix} = |\uparrow\rangle\langle\uparrow| + |\downarrow\rangle\langle\downarrow| \tag{1.116}$$

を用いて，ケットベクトル $|\psi\rangle$ を

$$|\psi\rangle = |\uparrow\rangle\langle\uparrow|\psi\rangle + |\downarrow\rangle\langle\downarrow|\psi\rangle \tag{1.117}$$

と表す．この状態に $D_z^s(2\pi)$ を作用させると

$$\begin{aligned} |\psi'\rangle &= D_z^s(2\pi)|\psi\rangle = e^{-i\sigma_z\pi}|\uparrow\rangle\langle\uparrow|\psi\rangle + e^{-i\sigma_z\pi}|\downarrow\rangle\langle\downarrow|\psi\rangle \\ &= -(|\uparrow\rangle\langle\uparrow|\psi\rangle + |\downarrow\rangle\langle\downarrow|\psi\rangle) = -|\psi\rangle \end{aligned} \tag{1.118}$$

となり，2π の回転は $(-)$ の位相を与え，元の状態に戻るには 4π の回転が必要になる．これは，スピン $1/2$ の粒子の回転の特徴として知られている．

回転に対する (1.101) 式は時間発展の演算子 (1.17) 式の $U(\Delta t)$ と同じ形

をしていることに注意しよう．つまり，(1.17) 式のハミルトニアン H を l_z, Δt を $d\alpha$ に置き換えると (1.101) 式になる．このような類似性は，ガリレイ変換の演算子に対しても成り立つ一般性を持っている．

1.7 演習問題

[1] 光子対の直線偏光状態
$$|\Psi\rangle_{12} = \frac{1}{\sqrt{2}}\{|\updownarrow\rangle_1|\updownarrow\rangle_2 - |\leftrightarrow\rangle_1|\leftrightarrow\rangle_2\} \tag{1.119}$$
を円偏光状態 $|R\rangle$ と $|L\rangle$ を用いて表せ．

[2] スピン s_y の固有状態を s_z の固有状態 $|\uparrow_z\rangle$ と $|\downarrow_z\rangle$ を用いて表せ．

[3] スピン演算子 $\mathbf{s}$ の 2 乗 $\mathbf{s}^2$ と s_z が可換であることを示せ．

[4] スピン演算子
$$\begin{aligned}
\sigma_x &= |\uparrow\rangle\langle\downarrow| + |\downarrow\rangle\langle\uparrow|, \\
\sigma_y &= -i(|\uparrow\rangle\langle\downarrow| - |\downarrow\rangle\langle\uparrow|), \\
\sigma_z &= (|\uparrow\rangle\langle\uparrow| - |\downarrow\rangle\langle\downarrow|)
\end{aligned}$$
が (1.50) 式，(1.51) 式の交換関係を満たすことを示せ．

[5] 軌道角運動量演算子 l_x, l_y, l_z が (1.100) 式の交換関係を満たすことを示せ．

[6] xy 平面での円偏光状態
$$\begin{aligned}
|L\rangle &= \frac{1}{\sqrt{2}}\{|\updownarrow\rangle - i|\leftrightarrow\rangle\}, \\
|R\rangle &= \frac{1}{\sqrt{2}}\{|\updownarrow\rangle + i|\leftrightarrow\rangle\}
\end{aligned}$$
を (1.106) 式の演算子を用いて図 1.7 の z 軸のまわりに，$d\alpha$ $(d\alpha \ll 1)$ だけ回転させ，z 方向の角運動量成分 $l_z = \pm 1$ を持つことを示せ（ヘリシティー $h = (\mathbf{p}\cdot\mathbf{l})/\mathrm{p}= \pm 1$）．

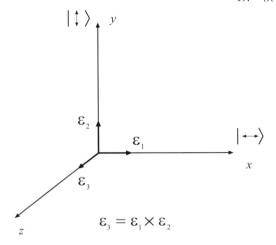

図 1.7　x, y, z 方向の単位ベクトル $\varepsilon_1, \varepsilon_2, \varepsilon_3$ と直線偏光状態 $|\leftrightarrow\rangle, |\updownarrow\rangle$

第 2 章
EPR 対と観測問題

　量子力学が作られた 1920 年頃，量子力学の確率的解釈をめぐってボーアとアインシュタインとの間に繰り広げられた論争は有名である．最終的にこの論争はボーアの全面的な勝利に終わり，彼の波動関数の確率的解釈や波と粒子の 2 重性はその後の多くの実験事実をすべて説明する．しかし，この論争でアインシュタイン，ポドルスキー，ローゼン（A. Einstein, B. Podolski, N. Rosen）によって提案された 2 個の相関している（entangled）粒子（EPR 対）による思考実験は，量子力学の確率的解釈，非局所性を否定しようとしたにもかかわらず，皮肉にも現在の量子通信や量子暗号の発展に大きな貢献をした．

2.1　EPR 対

　EPR 対とはスピン 1/2 の粒子の対または 2 個の偏極した光子の対の重ね合わせで作られる．この EPR という名前は Einstein, Podolski, Rosen のイニシャルから名付けられた．ここではボーム（D. Bohm）による思考実験を考える．2 つの電子や陽子等のスピン 1/2 の粒子が全スピン 0 の状態を作っているとする．全スピン $\mathbf{S} = \mathbf{s}_1 + \mathbf{s}_2$ の波動関数は (1.74) 式の上向きのスピンと下向きのスピン状態の重ね合わせとして

$$|S=0\rangle = \frac{1}{\sqrt{2}}\{|\uparrow\rangle_1|\downarrow\rangle_2 - |\downarrow\rangle_1|\uparrow\rangle_2\} \tag{2.1}$$

図 **2.1** EPR 対と尚子と一郎の観測するスピンの方向

と表される.

▶ 例題 2.1 式 (2.1) の 2 粒子の状態が全スピン $S=0$ を持つことを示せ.

解 2 粒子系のスピン演算子は

$$\mathbf{S}^2 = (\mathbf{s}_1+\mathbf{s}_2)^2 = \frac{1}{4}(\sigma_1^2+\sigma_2^2+2\sigma_1\sigma_2) = \frac{1}{4}(3+3+2\sigma_1\sigma_2) = \frac{1}{2}(3+\sigma_1\sigma_2) \quad (2.2)$$

と表される.ここでは (1.52) 式を用いた.2 つのスピンのスカラー積 $\boldsymbol{\sigma}_1\cdot\boldsymbol{\sigma}_2 = \sigma_{x1}\sigma_{x2} + \sigma_{y1}\sigma_{y2} + \sigma_{z1}\sigma_{z2}$ の (2.1) 式に対する期待値は

$$\sigma_x|\uparrow\rangle = |\downarrow\rangle, \quad \sigma_x|\downarrow\rangle = |\uparrow\rangle,$$
$$\sigma_y|\uparrow\rangle = i|\downarrow\rangle, \quad \sigma_y|\downarrow\rangle = -i|\uparrow\rangle,$$
$$\sigma_z|\uparrow\rangle = |\uparrow\rangle, \quad \sigma_z|\downarrow\rangle = -|\downarrow\rangle \quad (2.3)$$

なので,$\sigma_{x1}\sigma_{x2}, \sigma_{y1}\sigma_{y2}$ は非対角項, $\sigma_{z1}\sigma_{z2}$ は対角項のみが残り

$$\begin{aligned}\langle S=0|\boldsymbol{\sigma}_1\cdot\boldsymbol{\sigma}_2|S=0\rangle &= -\frac{2}{2}{}_1\langle\uparrow|{}_2\langle\downarrow|\{\sigma_{x1}\sigma_{x2}+\sigma_{y1}\sigma_{y2}\}|\downarrow\rangle_1|\uparrow\rangle_2 \\ &\quad + \frac{2}{2}{}_1\langle\uparrow|{}_2\langle\downarrow|\sigma_{z1}\sigma_{z2}|\uparrow\rangle_1|\downarrow\rangle_2 \\ &= -(1\cdot 1 - i\cdot i) + (1\cdot(-1)) = -3 \quad (2.4)\end{aligned}$$

と求まる.つまり,(2.2) 式は $\langle S=0|\mathbf{S}^2|S=0\rangle = 0$ となり,(2.1) の波動関数の全スピンはゼロである. □

このスピン $S=0$ の状態を尚子と一郎が互いに遠く離れた 2 点で観測する

としよう．尚子がスピン1のz成分を観測すると，上向きと下向きの成分が半分ずつ混じっているからスピンが上向きまたは下向きである確率はそれぞれ50%である．一郎がスピン2のz成分を観測すると全く同じ結果が得られる．しかし，尚子が上向きのスピンを観測したとしたら，一郎のスピンは100%下向きになっていなければならない．尚子と一郎が地球と月，または銀河の彼方に離れていても，このような遠隔作用，すなわち波動関数の収縮により相関が伝わるとするのが標準的な量子力学の解釈である．

この解釈に反対したのがアインシュタイン達で，量子力学的世界が確率的に見えるのは，未知のパラメーター（隠れた変数）が測定されていないからであると主張した．この論争は長い間，哲学的な概念上の問題として議論されたが，1964年にベル（J. S. Bell）により提案されたベルの不等式により観測可能な問題になり，理論の正否の決着がつくことになった．一方，EPR対の実験は情報の通信に対しての全く新しい手段を与えることになった．これは**量子通信**または**量子テレポーテーション**（quantum teleportation），**量子瞬間輸送**と呼ばれ，絡み合った2つの粒子を用いて情報を瞬時に伝えるという方法である．

2.2 量子状態の伝達

スピン上向きと下向きの状態の重ね合わせの量子状態

$$|\phi\rangle_1 = a|\uparrow\rangle_1 + b|\downarrow\rangle_1 = \begin{pmatrix} a \\ b \end{pmatrix} \tag{2.5}$$

を，EPR対を用いて尚子から一郎へ伝えることを考えてみよう．伝えたい量子状態が1の指標で，EPR対が2,3の指標を持つとすると，EPR対の波動関数は

$$|\Psi\rangle_{23} = \sqrt{\frac{1}{2}}\{|\uparrow\rangle_2|\downarrow\rangle_3 - |\downarrow\rangle_2|\uparrow\rangle_3\} \tag{2.6}$$

と書くことができる．EPR対のうち，2の粒子が尚子へ，3の粒子が一郎へ送られるとする．ここでEPR対は尚子が一郎に伝えたい情報は何も含んでいないことに注意しよう．次にϕとΨの状態を重ね合わせ，**ベル状態**（Bell state）と呼ばれる2粒子系の完全系で分解することを考える．ベル状態は

30 第 2 章 EPR 対と観測問題

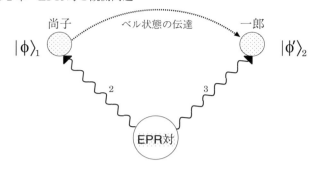

図 **2.2** 量子テレポーテーションとベル状態

$$|\Psi^{(\pm)}\rangle_{12} = \frac{1}{\sqrt{2}}\{|\uparrow\rangle_1|\downarrow\rangle_2 \pm |\downarrow\rangle_1|\uparrow\rangle_2\}, \tag{2.7}$$

$$|\Phi^{(\pm)}\rangle_{12} = \frac{1}{\sqrt{2}}\{|\uparrow\rangle_1|\uparrow\rangle_2 \pm |\downarrow\rangle_1|\downarrow\rangle_2\} \tag{2.8}$$

の 4 種類である．EPR 対は $|\Psi^{(-)}\rangle$ に対応している．ϕ と Ψ の重ね合わせの 3 粒子状態はこのベル状態を用いて

$$|\Psi\rangle_{123} = |\phi\rangle_1|\Psi\rangle_{23} = \frac{1}{2}\Big[|\Psi^{(-)}\rangle_{12}(-a|\uparrow\rangle_3 - b|\downarrow\rangle_3) + |\Psi^{(+)}\rangle_{12}(-a|\uparrow\rangle_3 + b|\downarrow\rangle_3) \\ + |\Phi^{(-)}\rangle_{12}(a|\downarrow\rangle_3 + b|\uparrow\rangle_3) + |\Phi^{(+)}\rangle_{12}(a|\downarrow\rangle_3 - b|\uparrow\rangle_3)\Big] \tag{2.9}$$

と表すことができる．(2.9) 式は，尚子が 2 つの粒子を測定した場合，4 つのベル状態は等しい確率で観測されることを示している．ここで注目すべきことは，尚子がベル状態の 1 つを観測すると一郎が観測する 3 番目の粒子の状態はその瞬間に決定されてしまうことである．この状態は表 2.1 にまとめてあるように，それぞれが尚子が伝えようとした状態と関連している．尚子が $\Psi^{(-)}_{12}$ 状態を観測した場合，一郎には尚子の状態が -1 の位相を除いてそのまま伝わる．それ以外の場合は，$\sigma_x, \sigma_y, \sigma_z$ で変換された状態になっている．このように，尚子が一郎に伝えたい量子情報は瞬時に伝わり，これは**量子テレポーテーション**と呼ばれる．尚子がベル状態のどれか 1 つを観測したと一郎に伝えれば，一郎は $1, \sigma_x, \sigma_y, \sigma_z$ の 1 つを用いて適当な変換を行い，尚子か

表 2.1 尚子の観測したベル状態と一郎に伝わった情報の関係

尚子	一郎
$\Psi_{12}^{(-)}$	$-a\|\uparrow\rangle_3 - b\|\downarrow\rangle_3 = -\begin{pmatrix} a \\ b \end{pmatrix}_3$
$\Psi_{12}^{(+)}$	$-a\|\uparrow\rangle_3 + b\|\downarrow\rangle_3 = \begin{pmatrix} -a \\ b \end{pmatrix}_3 = -\sigma_z \begin{pmatrix} a \\ b \end{pmatrix}_3$
$\Phi_{12}^{(-)}$	$b\|\uparrow\rangle_3 + a\|\downarrow\rangle_3 = \begin{pmatrix} b \\ a \end{pmatrix}_3 = \sigma_x \begin{pmatrix} a \\ b \end{pmatrix}_3$
$\Phi_{12}^{(+)}$	$-b\|\uparrow\rangle_3 + a\|\downarrow\rangle_3 = \begin{pmatrix} -b \\ a \end{pmatrix}_3 = -i\sigma_y \begin{pmatrix} a \\ b \end{pmatrix}_3$

らの情報を再現できる．しかし，尚子の手元には彼女が最初に持っていた情報は残らず，秘密も保たれることになる．このように EPR 対を用いた量子テレポーテーションは迅速にしかも安全に情報を伝える手段として大きな可能性を秘めている．量子テレポーテーションの実験は偏光した光子対を用いて 1990 年代に行われ，2 点間での情報の量子力学的手段による伝達が実験で確認されている．

2.3 アインシュタインの量子力学の局所原理

アインシュタインのミクロの世界の物理現象に対する基本的な考え方は局所原理である．それは「一郎の観測する物理現象は，空間的に離れた尚子の観測には依存しない」という考え方である．これが隠れた変数理論の基本的な考え方である．具体的に隠れた変数理論が，スピン 1/2 の粒子の観測結果をどのように記述するか考えてみよう．スピンの向きを z と x 方向で測定することにする．この理論によると，スピンの z 成分と x 成分は同時に測定できるとしても，スピンが z 軸の + の方向を向いているときに，s_x の成分は + と - の方向に向いている確率が同じであるとする考え方である．s_x の向

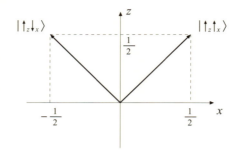

図 2.3 隠れた変数理論によるスピンの向き

きを隠れた変数として扱うと，$|\uparrow\rangle_z$ の状態は

$$|\uparrow_z\rangle_{\text{HV}} = \int_{-\frac{1}{2}}^{\frac{1}{2}} |\uparrow_z, \lambda\rangle w(\lambda) d\lambda \tag{2.10}$$

のように表される．ここで HV は隠れた変数 (hidden variable) の略であり，$w(\lambda)$ は重みの関数である．隠れた変数を s_x の $+$ と $-$ の状態だけで表すとすると

$$|\uparrow_z\rangle_{\text{HV}} = \frac{1}{\sqrt{2}}\{|\uparrow_z\uparrow_x\rangle + |\uparrow_z\downarrow_x\rangle\} \tag{2.11}$$

となり，σ_z と σ_x に対して

$$\langle\uparrow_z |\sigma_z| \uparrow_z\rangle_{\text{HV}} = \frac{1}{2} + \frac{1}{2} = 1, \tag{2.12}$$

$$\langle\uparrow_z |\sigma_x| \uparrow_z\rangle_{\text{HV}} = \frac{1}{2} - \frac{1}{2} = 0 \tag{2.13}$$

を与える．この結果は量子力学の $|\uparrow_z\rangle_{\text{QM}}$ の波動関数が (1.64) 式と (1.68) 式の σ_x の固有状態を用いて

$$|\uparrow_z\rangle_{\text{QM}} = \frac{1}{\sqrt{2}}\{|\uparrow_x\rangle + |\downarrow_x\rangle\} \tag{2.14}$$

と表せ，

$$\langle\uparrow_z |\sigma_z| \uparrow_z\rangle_{\text{QM}} = 1, \tag{2.15}$$

$$\langle\uparrow_z |\sigma_x| \uparrow_z\rangle_{\text{QM}} = \frac{1}{2}(1-1) = 0 \tag{2.16}$$

2.3 アインシュタインの量子力学の局所原理

となることから，HV と QM の結果は完全に一致している．ここで QM は quantum mechanics の略である．

この隠れた変数理論を (2.6) 式と同じ $S=0$ の 2 粒子対に応用してみよう．この場合，全スピン S が 0 であるので，スピン 1 とスピン 2 は z 方向および x 方向において，それぞれ反対方向を向いていなければならない．その組合せは

$$|\Psi\rangle_{\mathrm{HV}} = \frac{1}{2}\{|\uparrow_z\uparrow_x\rangle_1|\downarrow_z\downarrow_x\rangle_2 + |\uparrow_z\downarrow_x\rangle_1|\downarrow_z\uparrow_x\rangle_2 \\ -|\downarrow_z\uparrow_x\rangle_1|\uparrow_z\downarrow_x\rangle_2 - |\downarrow_z\downarrow_x\rangle_1|\uparrow_z\uparrow_x\rangle_2\} \tag{2.17}$$

と表され，それぞれの状態が 25% ずつの確率で含まれている．(2.17) 式の状態は 1 の粒子の z 方向のスピンが + なら 2 の粒子は −，1 の粒子の z 方向のスピンが − なら 2 の粒子は + となり，量子力学の $S=0$ の状態の結果と完全に一致する．しかしここで注意すべき点は，すべての状態で x 方向のスピンの向きが，観測されるかされないかに関わらず，決定されていることである．

1 粒子の場合は，隠れた変数理論が量子力学の確率解釈と同じ結果を与えていた．2 粒子系の (2.17) 式で与えられる状態を考えてみよう．いま，スピンの測定方向として xz 平面上の 3 つの単位ベクトル $\mathbf{a}, \mathbf{b}, \mathbf{c}$ の方向を考える．それぞれの方向での測定によりスピンの向きは + か − を取るとし，2 つのベクトル $\mathbf{a}$ と $\mathbf{b}$，$\mathbf{a}$ と $\mathbf{c}$ および $\mathbf{c}$ と $\mathbf{b}$ 方向で 1 番目の粒子と 2 番目の粒子が ++ を観測する確率を計算してみよう．

表 2.2 に 2 粒子対のスピンを測定したときの，$\mathbf{a}, \mathbf{b}, \mathbf{c}$ 方向のスピンの向きの可能な組合せが示されている．第 1 列の確率 C_1 の結果は，粒子 1 を $\mathbf{a}$ 方向で測定すれば +1，$\mathbf{b}, \mathbf{c}$ 方向で測定しても +1 の値を持つ場合を示している．全スピンが 0 になるためには，粒子 2 は必然的に，$\mathbf{a}, \mathbf{b}, \mathbf{c}$ 方向で −1 になる．測定結果は表 2.2 の 8 つの組合せのどれかに必ず属することになる．尚子が 1 の粒子を $\mathbf{a}$ 方向で観測し，一郎が 2 の粒子を $\mathbf{b}$ 方向で観測し，どちらも正の値を得る確率は

$$P(\uparrow_a, \uparrow_b) = C_3 + C_4 \tag{2.18}$$

34　第 2 章　EPR 対と観測問題

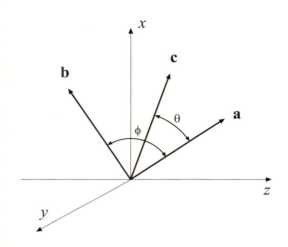

図 2.4　xz 平面に置かれた **a**, **b**, **c** 方向の 3 つの測定器

表 2.2　隠れた変数理論による 2 粒子対の **a**, **b**, **c** 方向によるスピン測定の可能な組合せ

観測者	尚子	一郎
確率	粒子 1	粒子 2
C_1	$\uparrow_a \uparrow_b \uparrow_c$	$\downarrow_a \downarrow_b \downarrow_c$
C_2	$\uparrow_a \uparrow_b \downarrow_c$	$\downarrow_a \downarrow_b \uparrow_c$
C_3	$\uparrow_a \downarrow_b \uparrow_c$	$\downarrow_a \uparrow_b \downarrow_c$
C_4	$\uparrow_a \downarrow_b \downarrow_c$	$\downarrow_a \uparrow_b \uparrow_c$
C_5	$\downarrow_a \uparrow_b \uparrow_c$	$\uparrow_a \downarrow_b \downarrow_c$
C_6	$\downarrow_a \uparrow_b \downarrow_c$	$\uparrow_a \downarrow_b \uparrow_c$
C_7	$\downarrow_a \downarrow_b \uparrow_c$	$\uparrow_a \uparrow_b \downarrow_c$
C_8	$\downarrow_a \downarrow_b \downarrow_c$	$\uparrow_a \uparrow_b \uparrow_c$

また，**a** と **c** 方向で観測し，それぞれ正の値を与える確率は

$$P(\uparrow_a, \uparrow_c) = C_2 + C_4 \tag{2.19}$$

であり，**c** と **b** 方向では

$$P(\uparrow_c, \uparrow_b) = C_3 + C_7 \tag{2.20}$$

となる．それぞれの確率 P は正であるから，(2.18),(2.19),(2.20) 式から

$$P(\uparrow_a, \uparrow_b) \leqq P(\uparrow_a, \uparrow_c) + P(\uparrow_c, \uparrow_b) \tag{2.21}$$

は明らかである．(2.21) 式は**ベルの不等式**と呼ばれる．

この不等式を 2 粒子が $S=0$ の対になっている量子状態で考えてみよう．まず (2.21) 式の $P(\uparrow_a, \uparrow_b)$ の確率を計算する．1 の粒子がベクトル **a** の + 方向なら 2 の粒子は必ず − の方向である．**b** 方向の $|\downarrow_b\rangle$ の状態は y 軸のまわりの角度 $-\phi$ の回転により **a** 方向の $|\downarrow_a\rangle$ の状態になる．(1.110) 式を用いると

$$
\begin{aligned}
|\downarrow_a\rangle_2 &= D_y^s(-\phi)|\downarrow_b\rangle_2 \\
&= \left\{ \cos\left(-\frac{\phi}{2}\right) - i\sin\left(-\frac{\phi}{2}\right) \begin{pmatrix} 0 & -i \\ i & 0 \end{pmatrix} \right\} \begin{pmatrix} 0 \\ 1 \end{pmatrix}_2 \\
&= \left\{ \cos\left(\frac{\phi}{2}\right)|\downarrow_b\rangle_2 + \sin\left(\frac{\phi}{2}\right)|\uparrow_b\rangle_2 \right\}
\end{aligned}
\tag{2.22}
$$

が求まる．つまり **b** 方向で + のスピンを観測する確率は

$$|\langle\uparrow_b|\downarrow_a\rangle_2|^2 = \sin^2\left(\frac{\phi}{2}\right) \tag{2.23}$$

となり，**a** と **b** で ++ を測定する確率は

$$P(\uparrow_a, \uparrow_b) = \sin^2\left(\frac{\phi}{2}\right) \tag{2.24}$$

と，ベクトル **a** と **b** のなす角 ϕ により表される．同様に

$$P(\uparrow_a, \uparrow_c) = \sin^2\left(\frac{\theta}{2}\right), \tag{2.25}$$

$$P(\uparrow_c, \uparrow_b) = \sin^2\left(\frac{(\phi-\theta)}{2}\right) \tag{2.26}$$

36 第 2 章 EPR 対と観測問題

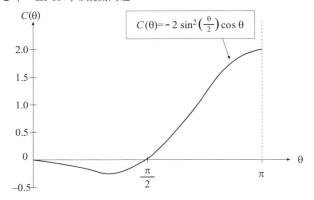

図 2.5 量子力学の観測によるベルの不等式の破れ．$C(\theta) < 0$ の領域 $0 < \theta < \pi/2$ でベルの不等式が破れている．

が導かれる．ベルの不等式 (2.21) からは，θ と ϕ の関数

$$\begin{aligned}C(\phi,\theta) &\equiv P(\uparrow_a,\uparrow_c) + P(\uparrow_c,\uparrow_b) - P(\uparrow_a,\uparrow_b) \\ &= \sin^2\left(\frac{\theta}{2}\right) + \sin^2\left(\frac{(\phi-\theta)}{2}\right) - \sin^2\left(\frac{\phi}{2}\right)\end{aligned} \quad (2.27)$$

が常に正であることが求められる．簡単のために $\phi = 2\theta$ とすると (2.27) 式は

$$C(\phi = 2\theta, \theta) = -2\sin^2\left(\frac{\theta}{2}\right)\cos\theta \quad (2.28)$$

となる．(2.28) 式は明らかに $0 < \theta < \pi/2$ では負になるので，ベルの不等式が破れていることがわかる．最大の破れは $\theta = \pi/3$ で $C(\theta = \pi/3) = -0.25$ となる．

2.4 相関した 2 粒子の測定と隠れた変数理論
2.4.1 CHSH 不等式

　量子力学の隠れた変数理論は統計的な，確率解釈と対立する考えで，量子力学には観測されていない**隠れた変数**が存在し，その変数が物理現象を決定するという考えである．たとえば，第 2.3 節での z 方向のスピン測定に関す

2.4 相関した2粒子の測定と隠れた変数理論

る x 方向のスピンの向きがその隠れた変数に対応する．この理論は，たとえば2粒子系において1つの粒子の測定結果がもう1つの測定に影響を与える遠隔作用は存在せずに，それぞれの位置でどの粒子も隠れた変数 λ の決まった値を持っているという局所的な立場に立っている．そして粒子が λ の値を持つ確率が $\rho(\lambda)$ で与えられ，確率密度 $\rho(\lambda)$ (≥ 0) は規格化条件

$$\int \rho(\lambda) d\lambda = 1 \tag{2.29}$$

を満たしている．この $\rho(\lambda)$ は (2.10) 式の重みの関数 $w(\lambda)$ とは $\rho(\lambda) = |w(\lambda)|^2$ の関係にある．

隠れた変数理論の立場から，全スピン $S=0$ を持つ (2.1) 式で表される EPR 対のスピンの遠く離れた場所での観測による相関を考えてみる．図 2.6 のように，尚子と一郎が反対方向で単位ベクトル $\mathbf{a}$ と $\mathbf{b}$ の方向に置かれた測定装置で，粒子のスピンの向きを観測した結果を A, B とする．この A, B は隠れた変数 λ と，それぞれの測定方向 $\mathbf{a}, \mathbf{b}$ に依存するから $A(\mathbf{a}, \lambda), B(\mathbf{b}, \lambda)$ と書くことにする．A, B はスピンの演算子 $\boldsymbol{\sigma}$ の向きを観測することにすると，最大値は 1，最小値は -1 となり

$$|A(\mathbf{a}, \lambda)| \leq 1, \quad |B(\mathbf{b}, \lambda)| \leq 1 \tag{2.30}$$

の条件を満たしている．局所的に隠れた変数理論による，測定 A, B の相関は

$$E_{\mathrm{HV}}(\mathbf{a}, \mathbf{b}) = \int A(\mathbf{a}, \lambda) B(\mathbf{b}, \lambda) \rho(\lambda) d\lambda \tag{2.31}$$

と書ける．4つの測定方向を $\mathbf{a}, \mathbf{a}', \mathbf{b}, \mathbf{b}'$ とするとこの相関には，CHSH の不等式

$$S_{\mathrm{HV}} \equiv |E(\mathbf{a}, \mathbf{b}) - E(\mathbf{a}, \mathbf{b}')| + |E(\mathbf{a}', \mathbf{b}') + E(\mathbf{a}', \mathbf{b})| \leq 2 \tag{2.32}$$

が成り立つ．(2.32) 式は **CHSH 不等式** (Clauser, Horne, Shimony, Holt 不等式) [注2]と呼ばれる，ベルの不等式の一種である．

▶ 例題 2.2 CHSH 不等式を証明せよ．

[注2] J. F. Clauser, M. A. Horne, A. Shimony and R. A. Holt, *Phys. Rev. Lett.* **23**, 880 (1969),

J. F. Clauser and M. A. Horne, *Phys. Rev.* **D10**, 526 (1974).

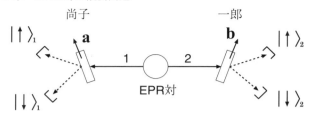

図 2.6 EPR 対の観測実験. 全スピン $S=0$ の 2 つのスピン 1/2 の粒子（または異なった偏光を持つ 2 つの粒子対）を尚子と一郎がそれぞれ **a** と **b** の方向に配置された磁場（光子の場合は偏光計器）により，スピンの方向を分離し測定する.

[解] ここでは隠れた変数 λ を省略して，$A(\mathbf{a},\lambda)$, $B(\mathbf{b},\lambda)$ を $A(\mathbf{a})$, $B(\mathbf{b})$ と書くことにする．(2.32) 式の右辺第 1 項に注目する．この項に，次のような和が 0 になる 2 つの積分を $\pm$ の符号を付け加えて全体を書き換えると

$$|E(\mathbf{a},\mathbf{b}) - E(\mathbf{a},\mathbf{b}')|$$
$$= \left| \int A(\mathbf{a})B(\mathbf{b})\rho(\lambda)d\lambda - \int A(\mathbf{a})B(\mathbf{b}')\rho(\lambda)d\lambda \right.$$
$$\left. \pm \left[\int A(\mathbf{a})B(\mathbf{b})A(\mathbf{a}')B(\mathbf{b}')\rho(\lambda)d\lambda - \int A(\mathbf{a})B(\mathbf{b}')A(\mathbf{a}')B(\mathbf{b})\rho(\lambda)d\lambda \right] \right|$$
$$= \left| \int A(\mathbf{a})B(\mathbf{b})(1 \pm A(\mathbf{a}')B(\mathbf{b}'))\rho(\lambda)d\lambda - \int A(\mathbf{a})B(\mathbf{b}')(1 \pm A(\mathbf{a}')B(\mathbf{b}))\rho(\lambda)d\lambda \right|$$
$$\leqq \int |A(\mathbf{a})B(\mathbf{b})|(1 \pm A(\mathbf{a}')B(\mathbf{b}'))\rho(\lambda)d\lambda + \int |A(\mathbf{a})B(\mathbf{b}')|(1 \pm A(\mathbf{a}')B(\mathbf{b}))\rho(\lambda)d\lambda$$
(2.33)

となる．(2.33) 式を導くのに不等式 $|a-b| \leqq |a| + |b|$ と，(2.30) 式から導かれる $|AB| \leqq 1$ より

$$|1 \pm AB| = 1 \pm AB \tag{2.34}$$

となる関係が成り立っていることを用いた．さらに，(2.33) 式は $|AB| \leqq 1$ から

$$|E(\mathbf{a},\mathbf{b}) - E(\mathbf{a},\mathbf{b}')| \leqq \int (1 \pm A(\mathbf{a}')B(\mathbf{b}'))\rho(\lambda)d\lambda + \int (1 \pm A(\mathbf{a}')B(\mathbf{b}))\rho(\lambda)d\lambda$$

$$= 2 \pm (E(\mathbf{a'}, \mathbf{b'}) + E(\mathbf{a'}, \mathbf{b})) \tag{2.35}$$

となり，(2.35) 式の右辺第 2 項を左辺に移行すると

$$|E(\mathbf{a}, \mathbf{b}) - E(\mathbf{a}, \mathbf{b'})| \pm (E(\mathbf{a'}, \mathbf{b'}) + E(\mathbf{a'}, \mathbf{b}))$$
$$\leqq |E(\mathbf{a}, \mathbf{b}) - E(\mathbf{a}, \mathbf{b'})| + |E(\mathbf{a'}, \mathbf{b'}) + E(\mathbf{a'}, \mathbf{b})| \leqq 2 \tag{2.36}$$

と，(2.32) 式の CHSH 不等式が導かれる．以上の CHSH 不等式の導出には，量子力学的な確率解釈や 2 粒子の相関に関する物理的概念や情報は全く含まれていないことに注意しよう． □

量子力学の立場から 2 粒子系のスピンの観測を考えてみる．尚子と一郎が (2.1) 式の EPR 対

$$|\Psi\rangle_{12} = \frac{1}{\sqrt{2}} \{|\uparrow\rangle_1 |\downarrow\rangle_2 - |\downarrow\rangle_1 |\uparrow\rangle_2\} \tag{2.37}$$

のスピンの方向を単位ベクトル $\mathbf{a}$ と $\mathbf{b}$ の方向にそれぞれ観測したときの相関は

$$E(\mathbf{a}, \mathbf{b}) = \langle \Psi | (\boldsymbol{\sigma}_1 \cdot \mathbf{a})(\boldsymbol{\sigma}_2 \cdot \mathbf{b}) | \Psi \rangle_{12} \tag{2.38}$$

の期待値で表される．ここで，EPR 対の全スピンは $S = 0$ であるから

$$\mathbf{S} |\Psi\rangle_{12} = (\mathbf{s}_1 + \mathbf{s}_2) |\Psi\rangle_{12} = \frac{1}{2}(\boldsymbol{\sigma}_1 + \boldsymbol{\sigma}_2) |\Psi\rangle_{12} = 0 \tag{2.39}$$

となり

$$\boldsymbol{\sigma}_1 |\Psi\rangle_{12} = -\boldsymbol{\sigma}_2 |\Psi\rangle_{12} \tag{2.40}$$

が得られ，(2.38) 式は

$$E(\mathbf{a}, \mathbf{b}) = -\langle \Psi | (\boldsymbol{\sigma}_1 \cdot \mathbf{a})(\boldsymbol{\sigma}_1 \cdot \mathbf{b}) | \Psi \rangle_{12} \tag{2.41}$$

と表される．ここで例題 1.3 の (1.73) 式を用いると (2.41) 式は

$$E(\mathbf{a}, \mathbf{b}) = -\langle \Psi | (\mathbf{a} \cdot \mathbf{b}) + i(\mathbf{a} \times \mathbf{b}) \cdot \boldsymbol{\sigma}_1 | \Psi \rangle_{12} \tag{2.42}$$

となり，(2.42) 式の第 2 項は 1 番目の粒子のスピンのみの方向の測定であるから，その期待値は 0 となる．結局，量子力学では $\mathbf{a}$ と $\mathbf{b}$ 方向の観測結果

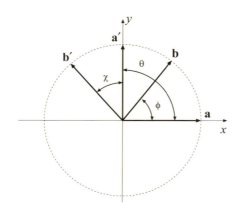

図 2.7 EPR 対のスピンの向きの 4 つの方向 $\mathbf{a}, \mathbf{b}, \mathbf{a}', \mathbf{b}'$ 方向での測定

では

$$E_{\text{QM}}(\mathbf{a}, \mathbf{b}) = -_{12}\langle\Psi|(\mathbf{a}\cdot\mathbf{b})|\Psi\rangle_{12} = -(\mathbf{a}\cdot\mathbf{b}) = -\cos\phi \quad (2.43)$$

が得られる.ここで,ϕ はベクトル $\mathbf{a}$ と $\mathbf{b}$ の作る角度である.

いま,尚子は $\mathbf{a}$ と $\mathbf{a}'$ の測定器を持ち,一郎は $\mathbf{b}$ と $\mathbf{b}'$ の測定器を持っている.図 2.7 のように 4 つの測定器の方向を決め,$\mathbf{a}$ と $\mathbf{b}$ の間を ϕ,$\mathbf{a}$ と $\mathbf{a}'$ の間を θ,$\mathbf{a}'$ と $\mathbf{b}'$ の間を χ とすると,CHSH 不等式に対して量子力学的な観測は

$$\begin{aligned} S_{\text{QM}} &= |E(\mathbf{a},\mathbf{b}) - E(\mathbf{a},\mathbf{b}')| + |E(\mathbf{a}',\mathbf{b}') + E(\mathbf{a}',\mathbf{b})| \\ &= |\cos\phi - \cos(\theta+\chi)| + |\cos\chi + \cos(\theta-\phi)| \end{aligned} \quad (2.44)$$

を与える.ここで,$\mathbf{a},\ \mathbf{b},\ \mathbf{a}',\ \mathbf{b}'$ を $\pi/4$ の等間隔で配置すると

$$S_{\text{QM}} = \cos\left(\frac{\pi}{4}\right) - \cos\left(\frac{3\pi}{4}\right) + \cos\left(\frac{\pi}{4}\right) + \cos\left(\frac{\pi}{4}\right) = 2\sqrt{2} > 2 \quad (2.45)$$

となり,CHSH 不等式が破れていることがわかる.

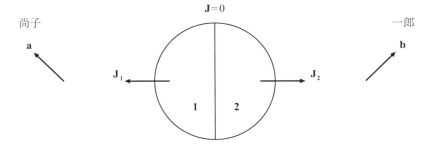

図 2.8 原子核の分裂により 2 つの破片が角運動量 $\mathbf{J}_1$ と $\mathbf{J}_2$ を持ち，反対方向に飛ぶ．尚子は破片 1 を $\mathbf{a}$ 方向の測定器で，一郎は $\mathbf{b}$ 方向の測定器で破片 2 を測定する．

2.4.2　古典的相関と量子的相関—核分裂の場合—

ベルの不等式は，2 つの事象の間の相関の一般論で物理の理論の原理とは全く独立に求められた不等式である．つまり，局所原理が正しいとしたときの遠く離れた事象の相関の上限を与える関係である．この不等式が量子力学的な相関によって破れていることは，まさに驚くべき事実であろう．局所原理から 2 つの事象の相関を原子核の核分裂の場合について具体的に考察してみよう．

図 2.8 のように角運動量 $\mathbf{J} = 0$ の原子核が核分裂により，$\mathbf{J}_1$ と $\mathbf{J}_2$ の角運動量を持つ 2 つの破片になって反対の方向に飛んでいったとする．このとき角運動量保存則から $\mathbf{J} = \mathbf{J}_1 + \mathbf{J}_2 = 0$ であるから，$\mathbf{J}_1$ と $\mathbf{J}_2$ の大きさは同じで（$J_1 = J_2$），符号が反対になる（$\mathbf{J}_1 = -\mathbf{J}_2$）．$J_1 = J_2 = 1/2$ とすれば，2 つの破片は一種の EPR 対と考えることができる．

尚子は第 1 の破片の角運動量を $\mathbf{a}$ 方向の測定器で観測し，一郎は第 2 の破片の角運動量を $\mathbf{b}$ 方向の測定器で観測する．観測結果の + か − かの符号だけに注目し，それぞれ a, b とすると，定義により

$$a \equiv \mathrm{sign}(\mathbf{a} \cdot \mathbf{J}_1) = \mathrm{sign}(\mathbf{a} \cdot \boldsymbol{\sigma}_1) = \pm 1, \tag{2.46}$$

$$b \equiv \mathrm{sign}(\mathbf{b} \cdot \mathbf{J}_2) = \mathrm{sign}(\mathbf{b} \cdot \boldsymbol{\sigma}_2) = \pm 1 \tag{2.47}$$

の 2 つの値のみとなる．この測定を M 回行って i 番目の結果を a_i, b_i とする

と，それぞれの平均値は

$$E_a = \sum_{i=1}^{M} a_i/M, \quad E_b = \sum_{i=1}^{M} b_i/M \tag{2.48}$$

と定義できる．2つの破片の $\mathbf{J}_1$ と $\mathbf{J}_2$ はそれぞれ任意の方向を向いているので，何回も観測を繰り返し，M が十分大きくなると，その平均値は

$$E_a \to 0, \quad E_b \to 0 \qquad (M \to \infty) \tag{2.49}$$

となり，ゼロになる．一方，a_i と b_i の相関

$$E_{ab} = \sum_{i=1}^{M} a_i b_i / M \tag{2.50}$$

はどうなるだろうか．もし，$\mathbf{a}$ と $\mathbf{b}$ が平行とすると $\mathbf{J}_1$ と $\mathbf{J}_2$ は反平行なので，$a_i = 1$ なら必ず $b_i = -1$ であり，$a_i = -1$ なら必ず $b_i = 1$ となる．よって，この場合

$$E_{ab} = -1 \tag{2.51}$$

と完全な反相関が表れる．$\mathbf{a}$ と $\mathbf{b}$ が角度 θ の傾きを持つ場合の相関を求めてみよう．図 2.9 のように球の中心に $\mathbf{a}$ と $\mathbf{b}$ の原点を取り，球の北極の方向を $\mathbf{a}$ として，$\mathbf{b}$ は $\mathbf{a}$ から θ だけ傾いているとした．

北極方向を $\mathbf{a}$ として，$\mathbf{b}$ は θ だけ傾いているとし，球の中心で $\mathbf{a}$ と $\mathbf{b}$ に垂直な平面で球を分割した断面図がある（図 2.9）．$\mathbf{a}$ の球では $\mathbf{J}_1$ が北半球を向けば $a = +1$（赤の半円の領域），南半球を向けば $a = -1$ となる．$\mathbf{b}$ を北極方向とする球では $\mathbf{J}_2$ が南半球を向けば $b = +1$（青の半円の領域），北半球を向けば $b = -1$ となる．図 2.9 の断面図で考えると ab が $+1$ になるのは赤と青の重なった部分（$+1 \times +1$）と白い部分（-1×-1）で，赤と青の部分は -1 の相関になる．よって，相関係数として，

$$E_{ab} = \frac{(2\theta - (2\pi - 2\theta))}{2\pi} = \frac{2\theta}{\pi} - 1 \tag{2.52}$$

が得られる．この結果は，量子力学によるスピン 1/2 の粒子のスピンの向きの相関 (2.43) 式

$$E_{\mathrm{QM}}(\mathbf{a}, \mathbf{b}) = -\mathbf{a} \cdot \mathbf{b} = -\cos\theta \tag{2.53}$$

2.4 相関した2粒子の測定と隠れた変数理論　　43

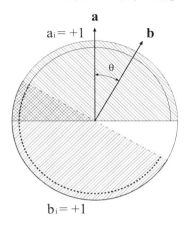

図 2.9　北極方向を $\mathbf{a}$ として，$\mathbf{b}$ は θ だけ傾いているとし，球の中心で $\mathbf{a}$ と $\mathbf{b}$ に垂直な平面で球を分割した断面図．$\mathbf{a}$ の球では $\mathbf{J}_1$ が北半球を向けば $a = +1$（▨の半円の領域），南半球を向けば $a = -1$ となる．$\mathbf{b}$ の球では $\mathbf{J}_2$ が南半球を向けば $b = +1$（▨の半円の領域），北半球を向けば $b = -1$ となる．

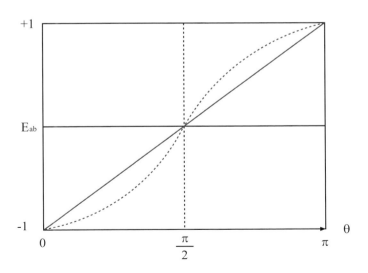

図 2.10　$\mathbf{a}, \mathbf{b}$ 方向の 2 つの測定器による EPR 対の測定の相関関数 E_{ab}．古典的結果 (2.52) 式は実線で，量子力学的結果 (2.53) 式は破線で示されている．

44 第2章 EPR対と観測問題

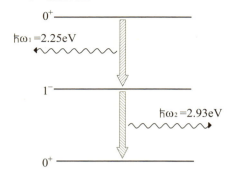

図 2.11 Ca 原子の励起状態から放出される光子対．2つの光子は $0^+ \to 1^- \to 0^+$ の遷移から全スピン $S = 0$ で同時に反対方向に放射される．

とは，明らかに異なっている（図 2.10）．

図 2.10 の結果は量子力学的相関は常に古典的相関より強いことを示している．

2.5 光子対による EPR 実験

スピン 1/2 の粒子対による EPR 実験は陽子と陽子による散乱実験で可能である．現在，多くの EPR 実験は原子の励起状態から放射される光子対によって行われている．光子のスピンは 1 であるが，質量が 0 であるためにスピンの向きは光子の運動量の向きに平行か反平行の向きしか許されない．光子のスピンの向きは 2 つの方向しか取れないので量子状態は 2 つであり，スピン 1/2 の粒子と同様に EPR 対を作ることができる．

光子が x 方向に偏光している状態を $|H\rangle$，y 方向に偏光している状態を $|V\rangle$ とする．この 2 つの状態は直線偏光している状態と呼ばれ

$$|V\rangle = |\updownarrow\rangle, \tag{2.54}$$

$$|H\rangle = |\leftrightarrow\rangle \tag{2.55}$$

という，ケットベクトルで表される．この直線偏光の 2 つの状態の重ね合わせで，進行方向から見て右回りの円偏光

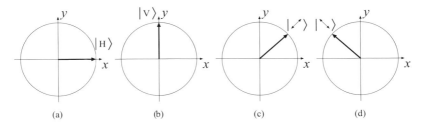

図 2.12 光子の 4 種類の直線偏光状態：(a) 横方向，(b) 縦方向，(c) +45° の対角線方向，(d) −45° の対角線方向．

$$|R\rangle = \frac{1}{\sqrt{2}}\{|V\rangle + i|H\rangle\} \tag{2.56}$$

と，左回りの偏光状態

$$|L\rangle = \frac{1}{\sqrt{2}}\{|V\rangle - i|H\rangle\} \tag{2.57}$$

が作られる．

▶ 例題 2.3　運動量 k，角振動数 ω で z 方向に伝播している平面波

$$\phi^{\pm}(\mathbf{r},t) = \phi_0\{\varepsilon_2 \pm i\varepsilon_1\}e^{i(kz-\omega t)} \tag{2.58}$$

の xy 平面での回転方向を求めよ．ここで，ε_1, ε_2 はそれぞれ x, y 方向のベクトルで $\varepsilon_1 = |\leftrightarrow\rangle, \varepsilon_2 = |\updownarrow\rangle$ の直線偏光を表すものとする．

解　(2.58) 式の波動関数の実数部分を考える．x, y 成分は

$$\phi_x^{\pm}(z,t) = \mp\phi_0\sin(kz-\omega t), \tag{2.59}$$
$$\phi_y^{\pm}(z,t) = \phi_0\cos(kz-\omega t) \tag{2.60}$$

となる．kz を一定にして，波動関数を z の + の方向から見ると ϕ^+ は時計回り（右回り），ϕ^- は反時計回り（左回り）に回転している．ϕ^+ は円偏光状態 $|R\rangle$ に ϕ^- は $|L\rangle$ に対応する[注3]．　□

[注3] 電磁波の量子論では，スピンが運動方向に平行な状態（ヘリシティー $h=+1$）を右手系の状態，反平行な状態（ヘリシティー $h=-1$）を左手系の状態と呼ぶ．それゆえ，光学での平面波の描像とは逆に，ϕ^+ ($h=-1$) を左偏光状態，ϕ^- ($h=+1$) を右偏光状態と呼ぶ．

46 第2章 EPR対と観測問題

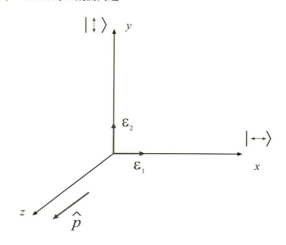

図 **2.13** 光子の偏光方向 $\varepsilon_1, \varepsilon_2$ と進行方向 $\hat{p}$

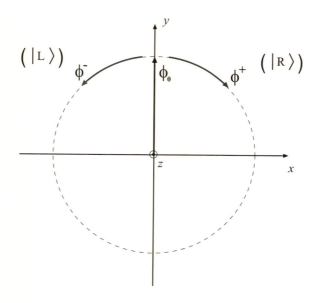

図 **2.14** 円偏光状態の回転方向

2.5 光子対による EPR 実験

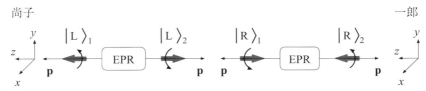

図 2.15 EPR 対の進行方向とスピンの向き．光子 1 は尚子の方向へ，光子 2 は一郎の方向へ進む．左円偏光状態 $|L\rangle$ はスピンが進行方向と平行であり，右円偏光状態 $|R\rangle$ はスピンが進行方向と反平行になっている．

光子の運動量方向の単位ベクトル $\hat{p}$ は，直線偏光状態 $|H\rangle$, $|V\rangle$ 方向の単位ベクトルを ε_1 と ε_2 とすると，そのベクトル積により

$$\hat{p} = \varepsilon_1 \times \varepsilon_2 \tag{2.61}$$

と与えられる．円偏光状態はヘリシティーと呼ばれる光子の運動量の方向に対するスピン $\bm{S}(S=1)$ の向き，$h = (\bm{S}\cdot\hat{p})$ が ± 1 の値を持つことが知られている．左回り円偏光状態 $|L\rangle$ は $h=1$ で，進行方向に平行であり，右回り円偏光状態 $|R\rangle$ は $h=-1$ を持ち，進行方向と反平行である．

図 2.11 のような $0^+ \to 1^- \to 0^+$ の遷移による同時の光子対の放出は，始状態の角運動量が 0，終状態の角運動量も 0 なので，光子対の状態は全スピン S が 0 でなければならない．2 つの光子は R または L の円偏光を持ち，反対方向に放出されるとすると，その重ね合わせの状態は

$$|\Psi\rangle_{12} = \frac{1}{\sqrt{2}}\{|R\rangle_1|R\rangle_2 + |L\rangle_1|L\rangle_2\} \tag{2.62}$$

と表される．EPR 対の光子の運動量の方向が反対なので $|R\rangle_1$ と $|R\rangle_2$, $|L\rangle_1$ と $|L\rangle_2$ の状態は図 2.15 に示されているように反対方向を向いており，全スピンは 0 になっている．(2.62) の状態は直線偏光の状態を用いると

$$|\Psi\rangle_{12} = \frac{1}{\sqrt{2}}\{|V\rangle_1|V\rangle_2 - |H\rangle_1|H\rangle_2\} \tag{2.63}$$

と表すことができる．この直線偏光の状態を図 2.15 のように尚子と一郎が反対方向で観測する．尚子は x 軸から ϕ_1 の角度に置かれた偏光器を用い，一郎は図 2.16 の $\bar{x}$ 軸から $\bar{\phi}_2$ の角度に置かれた偏光器を用いる．ここで尚子と一

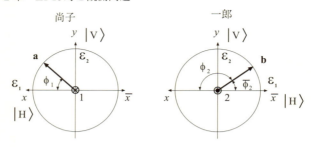

図 2.16 尚子と一郎の偏光器．光子 1 の運動量ベクトル **p** は紙面の表から裏へ (⊗)，光子 2 は裏から表への方向 (⊙) を向いている．$|V\rangle$ 方向を y 軸に固定すると，$|H\rangle$ 方向は光子 1 と 2 では反対方向になる．

郎が観測する光子の運動量ベクトルが反対なので $|V\rangle$ を y 方向に取ると $|H\rangle$ の方向が 1 と 2 の測定器では x と $\bar{x}$ 方向と反対になる．

光子のスピンが 1 なので，その波動関数は 3 成分のベクトルで表され，3 次元空間の座標ベクトルと同じ性質を持つ．光子の偏光方向を図 2.16 のように **a** と **b** の方向を向いた偏光器で測定する．ベクトル **a** の x 軸からの角度を ϕ_1，ベクトル **b** の $\bar{x}$ からの傾きを $\bar{\phi}_2$ とする．光子の H と V 方向と運動量ベクトル **p** は右手系の x,y,z 座標に対応することに注意しよう．**a** 方向の偏光器では図 2.16 から明らかに

$$|H_a\rangle = \cos\phi_1 |H\rangle_1 + \sin\phi_1 |V\rangle_1, \tag{2.64}$$

$$|V_a\rangle = -\sin\phi_1 |H\rangle_1 + \cos\phi_1 |V\rangle_1 \tag{2.65}$$

と表せる．同様に **b** 方向の偏光器では

$$|H_b\rangle = \cos\bar{\phi}_2 |H\rangle_2 + \sin\bar{\phi}_2 |V\rangle_2, \tag{2.66}$$

$$|V_b\rangle = -\sin\bar{\phi}_2 |H\rangle_2 + \cos\bar{\phi}_2 |V\rangle_2 \tag{2.67}$$

ϕ_1 と $\bar{\phi}_2$ 方向のベクトル **a** と **b** での光子対の測定の相関 $E(\mathbf{a},\mathbf{b})$ を考えよう．正の相関 $E_{\leftrightarrow\leftrightarrow}, E_{\updownarrow\updownarrow}$ と負の相関 $E_{\leftrightarrow\updownarrow}, E_{\updownarrow\leftrightarrow}$ から

$$E(\mathbf{a},\mathbf{b}) = E_{\leftrightarrow\leftrightarrow} + E_{\updownarrow\updownarrow} - E_{\leftrightarrow\updownarrow} - E_{\updownarrow\leftrightarrow} \tag{2.68}$$

と表される．(2.63) 式の EPR 対に対するそれぞれの相関は

$$E_{\leftrightarrow\leftrightarrow} = \langle\Psi|\{|H_a\rangle_1|H_b\rangle_2\,_1\langle H_a|_2\langle H_b|\}|\Psi\rangle_{12}$$
$$= \frac{1}{2}\cos^2(\phi_1+\bar{\phi}_2), \qquad (2.69)$$

$$E_{\updownarrow\updownarrow} = \langle\Psi|\{|V_a\rangle_1|V_b\rangle_2\,_1\langle V_a|_2\langle V_b|\}|\Psi\rangle_{12}$$
$$= \frac{1}{2}\cos^2(\phi_1+\bar{\phi}_2), \qquad (2.70)$$

$$E_{\leftrightarrow\updownarrow} = \langle\Psi|\{|H_a\rangle_1|V_b\rangle_2\,_1\langle H_a|_2\langle V_b|\}|\Psi\rangle_{12}$$
$$= \frac{1}{2}\sin^2(\phi_1+\bar{\phi}_2), \qquad (2.71)$$

$$E_{\updownarrow\leftrightarrow} = \langle\Psi|\{|V_a\rangle_1|H_b\rangle_2\,_1\langle V_a|_2\langle H_b|\}|\Psi\rangle_{12}$$
$$= \frac{1}{2}\sin^2(\phi_1+\bar{\phi}_2) \qquad (2.72)$$

と求められて，(2.68) 式は

$$E(\mathbf{a},\mathbf{b}) = \cos^2(\phi_1+\bar{\phi}_2) - \sin^2(\phi_1+\bar{\phi}_2) = \cos 2(\phi_1+\bar{\phi}_2) \qquad (2.73)$$

となる．x 軸からの傾き $\phi_2 = \pi - \bar{\phi}_2$ に注意すると，相関は

$$E(\mathbf{a},\mathbf{b}) = \cos(2(\phi_1-\phi_2)+2\pi) = \cos 2(\phi_1-\phi_2) \qquad (2.74)$$

となる．(2.43) 式のスピン 1/2 の粒子の相関に比べ，(2.74) 式では符号が正で角度が 2 倍になっていることがわかる．符号が正になるのは，光の EPR 対の偏光方向が同じことによる．角度が 2 倍になるのは，光子のスピンが 1 であるのに対して，(2.43) 式はスピンが 1/2 の粒子に対する相関であることによる．(2.74) 式の結果を用いれば，図 2.7 のように測定装置を配置することにより光によるベルの不等式の破れの実験を行うことができる．ただし，光による実験では測定器の方向 $\mathbf{a}$，$\mathbf{b}$，$\mathbf{a}'$，$\mathbf{b}'$ を $\pi/8$ 間隔で配置することにより，最大の破れを観測することができる．

2.6　4 光子 GHZ 状態

2 光子の絡み合った状態 EPR 対は，近年レーザー光線を用いることにより手軽に作れるようになった．さらに，3 光子，4 光子の絡み合った状態，Greenburger-Horne-Zeilinger（GHZ）状態が実現されている．この GHZ

状態は，EPR 対をさらに発展させた形での量子力学の非局所性や，より高度な量子通信手段としての**量子スワッピング**（entanglement swapping）を行うことで知られている．4 光子 GHZ 状態は 2 つの独立な EPR 対のテンソル積として

$$|\phi^i\rangle_{1234} = \frac{1}{\sqrt{2}}\{|H\rangle_1|V\rangle_2 - |V\rangle_1|H\rangle_2\} \otimes \frac{1}{\sqrt{2}}\{|H\rangle_3|V\rangle_4 - |V\rangle_3|H\rangle_4\} \quad (2.75)$$

と与えられる．$|H\rangle$, $|V\rangle$ はそれぞれ水平方向，垂直方向の偏光した光子である．2 つの 2 光子対の内のそれぞれの 1 個の光子は，図 2.17 のように**偏光ビームスプリッター**（polarized beam splitter, PBS）に進んでいく．PBS は H 偏光の光はそのまま通し，V 偏光の光は反射する．すると，図 2.17 のように測定器を配置して，2′ と 3′ の光子を同時測定すると結果は，$|H\rangle'_2|H\rangle'_3$ または $|V\rangle'_2|V\rangle'_3$ となり，2 光子とも同じ方向に偏光する．つまり，(2.75) 式の状態は，PBS により

$$|\phi^f\rangle_{1234} = \frac{1}{\sqrt{2}}\{|H\rangle_1|V\rangle_2|V\rangle_3|H\rangle_4 + |V\rangle_1|H\rangle_2|H\rangle_3|V\rangle_4\} \quad (2.76)$$

の状態に射影される．これは，図 2.17 の 4 つの測定器で，GHZ 状態の 4 つの光子の同時測定を行えば，H 偏光と V 偏光の 16 通りの組合せのうち HVVH と VHHV の 2 種類しか測定されないことを示している．この 4 光子 GHZ 状態の実験的測定は，2001 年に行われ非常に良い精度で，つまり他の状態に比べ 200 倍の強さで HVVH，VHHV の状態のみが観測された[注4]．

この HVVH，VHHV の状態の観測は確かに 4 光子の絡み合った状態の存在を実験的に検証している．しかし，位相の違う

$$|\psi^f\rangle_{1234} = \frac{1}{\sqrt{2}}\{|H\rangle_1|V\rangle_2|V\rangle_3|H\rangle_4 - |V\rangle_1|H\rangle_2|H\rangle_3|V\rangle_4\} \quad (2.77)$$

の状態も同じ結果を与えるから，この実験だけでは，完全に 4 光子 GHZ 状態の証明にはなっていない．この 2 つの状態は，斜めに偏光した状態

$$|45^+\rangle = \frac{1}{\sqrt{2}}\{|H\rangle + |V\rangle\} \quad (2.78)$$

$$|45^-\rangle = \frac{1}{\sqrt{2}}\{|H\rangle - |V\rangle\} \quad (2.79)$$

[注4] J-W. Pan, M. Daniell, S. Gasparoni, G. Weihs and A. Zeilinger, *Phys. Rev. Lett.* **86**, 4435 (2001).

2.6 4光子 GHZ 状態

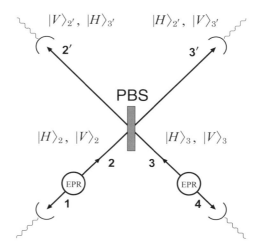

図 2.17 4光子の絡み合った GHZ 状態の観測. 2 個の EPR 対からの 2 光子 2, 3 が偏光ビームスプリッター (PBS) を通して $2'$, $3'$ の光子として観測される.

を導入することにより区別できる. $|\phi^f>$ を (2.78) 式と (2.79) 式で表すと, 4つの光子は偶数個の+状態を持つ. 一方, $|\psi^f>$ には+の状態は奇数個含まれる. このことから, 図 2.17 の 4 つの測定器を, 斜め偏光状態を観測するように設定しておいて, 同時測定すれば $|\phi^f>$ と $|\psi^f>$ を区別できる. この斜め偏光状態の測定の 1 つとして, $|++++>$ と $|+++->$ の同時測定が行われ, 結果として前者 $|++++>$ 状態が観測結果の大部分をしめることが実験的に確認された.

この 4 光子 GHZ 状態は, 量子移行, 絡み合った状態の swapping という重要な作用を示している. つまり, 4 光子 GHZ 状態 (2.75) 式を, (2.7) 式, (2.8) 式と同様のベル状態

$$|\Psi^{(\pm)}\rangle_{12} = \frac{1}{\sqrt{2}}\{|H\rangle_1|V\rangle_2 \pm |V\rangle_1|H\rangle_2\} \tag{2.80}$$

と

$$|\Phi^{(\pm)}\rangle_{12} = \frac{1}{\sqrt{2}}\{|H\rangle_1|H\rangle_2 \pm |V\rangle_1|V\rangle_2\} \tag{2.81}$$

で書き表すと,

$$|\psi^i\rangle_{1234} = \frac{1}{2}\{|\Psi^{(+)}\rangle_{14}|\Psi^{(+)}\rangle_{23} - |\Psi^{(-)}\rangle_{14}|\Psi^{(-)}\rangle_{23}$$
$$- |\Phi^{(+)}\rangle_{14}|\Phi^{(+)}\rangle_{23} + |\Phi^{(-)}\rangle_{14}|\Phi^{(-)}\rangle_{23}\} \tag{2.82}$$

と書き換えることができる．もし，2と3の光子を1つのベル状態に射影し測定することができれば，これは1と4の光子も同じベル状態に射影できることを意味する．つまり，図2.17から明らかなように，1と4の光子は全く相互作用することなしに，2と3の光子を通して絡み合った状態を形成するという，量子力学の非局所性を表している．これは，2の情報が4へ，または3の情報が1へ，というスワッピングによる情報伝達に他ならない．最初の実験で，(2.76)式の $|\phi^f\rangle$ に射影したことは，23と14のEPR対が $|\Phi^{(\pm)}\rangle$ のどちらかに射影されたことになる．さらに2番目の実験で，23の光子が++状態のとき，14の光子も++状態になることは，ベル状態が

$$|\Phi^{(+)}\rangle = \frac{1}{\sqrt{2}}\{|++\rangle + |--\rangle\}, \tag{2.83}$$

$$|\Phi^{(-)}\rangle = \frac{1}{\sqrt{2}}\{|+-\rangle + |-+\rangle\} \tag{2.84}$$

と変換できることから $|\Phi^{(+)}\rangle$ を観測したことになる．このように，上記の2つの実験はまさにこの絡み合った状態のスワッピングを，ベル状態の1つ $|\Phi^{(+)}\rangle$ を観測することにより検証している．4光子GHZ状態の観測は，量子力学の非局所性を明確に検証するとともに，絡み合った状態のスワッピングという情報伝達の新しい可能性の扉を開いた画期的な実験である．

2.7 演習問題

[1] $$|\Psi^{(+)}\rangle = \frac{1}{\sqrt{2}}\{|\uparrow\rangle_1|\downarrow\rangle_2 + |\downarrow\rangle_1|\uparrow\rangle_2\}$$

の状態は全スピン $S=1$ を持つことを示せ．

[2] (2.5)式と(2.6)式から(2.9)式を求めよ．

[3] 核分裂より求まった相関関係(2.52)式

$$E = \frac{2\theta}{\pi} - 1$$

がCHSH不等式を満たすことを示せ．

第3章
古典的コンピュータ

　現在使われているほとんどのコンピュータでは，半導体の集積回路（integrated circuit, IC）が使われている．半導体とは条件によって導体となったり絶縁体となったりするので，電流を通したり切ったりする高速のスイッチとして働く．もちろん半導体の動作も量子力学に基づいているが，個々の原子や分子の状態を論理回路として使っているわけではないので，量子コンピュータとは呼ばないで，普通は古典的コンピュータと呼ばれる．古典的コンピュータの内部ではデータの値は電圧の高低，電流の有無，磁極の向きなどで表されるが，普通，それらを抽象的に2つの論理値0と1で表す．古典的コンピュータの数理的なモデルとしてチューリング機械がある．このチューリング機械を用いることにより，解くべき問題の計算可能性や計算量を知ることができる．

3.1　論理回路

　古典的コンピュータは，論理値0と1を組み合わせてデータを入力し，結果としてふたたび論理値0と1の組合せで，目的のものを出力するように設計されている．0と1の演算は論理演算と呼ばれ，演算はAND, OR, NOTと呼ばれる基本的な演算の組合せで構成される．0と1はまた**ブール値**と呼ばれ，このブール値を変数とする論理演算を**ブール代数**と呼ぶ．「正しい（真）」，

「正しくない（偽）」を判定できるものを**命題**と呼ぶが，その真，偽をそれぞれ 1 と 0 で表す．以下の論理演算の説明で，論理式 $A \cdot B$，$A + B$ などが用いられる．これらの記号は普通のかけ算や足し算と似ているが，意味が異なるので注意を要する．次に，論理演算の最も基本となる 3 つを挙げてみよう．ブール代数のすべての演算もこの 3 つの演算ですべて表現することができる．

- AND

    論理積ともいう．2 つの入力のうち両方が 1 のときのみ，演算結果が 1 となる．数式のように論理式で表される．演算記号は "·" で書かれる．この記号も，0 と 1 の演算結果も，普通の算術演算のかけ算と似ているが，表 3.1 で示されているように意味が異なっている．入力と出力の対応を明確に表すための表 3.1 を，**真理値表**と呼ぶ．

表 3.1　論理積（AND）の論理式と真理値表

論理式（定義）	真理値表		
$0 \cdot 0 = 0$	A	B	$A \cdot B$
$0 \cdot 1 = 0$	0	0	0
$1 \cdot 0 = 0$	0	1	0
$1 \cdot 1 = 1$	1	0	0
	1	1	1

表 3.2　AND の交換法則の確認

A	B	$A \cdot B$	$B \cdot A$
0	0	0	0
0	1	0	0
1	0	0	0
1	1	1	1

表 3.3　AND の結合法則

A	B	C	$A \cdot B$	$(A \cdot B) \cdot C$	$(B \cdot C)$	$A \cdot (B \cdot C)$
0	0	0	0	0	0	0
0	0	1	0	0	0	0
0	1	0	0	0	0	0
0	1	1	0	0	1	0
1	0	0	0	0	0	0
1	0	1	0	0	0	0
1	1	0	1	0	0	0
1	1	1	1	1	1	1

3.1 論理回路

表 3.4 論理和（OR）の論理式と真理値表

論理式（定義）
$0 + 0 = 0$
$0 + 1 = 1$
$1 + 0 = 1$
$1 + 1 = 1$

真理値表		
A	B	$A+B$
0	0	0
0	1	1
1	0	1
1	1	1

表 3.5 否定（NOT）の論理式と真理値表

論理式（定義）
$\overline{0} = 1$
$\overline{1} = 0$

真理値表	
A	$\overline{A}$
0	1
1	0

- OR 論理和ともいう．2 つの入力のうち少なくとも 1 つが 1 のとき，演算結果が 1 となる．OR 演算も，AND 演算同様に交換，結合法則 (表 3.3) を満たすことが確かめられる．

- NOT

  否定とも呼ばれる．入力は 1 つであり，演算結果は入力の逆の値とする．記号 $\overline{A}$ は A の否定を表す．

▶ **例題 3.1** AND 演算が交換法則，結合法則を満たすことを確認せよ．

[解] 交換法則については，すべての論理値 A と B について調べると，表 3.2 の真理値表のようになる．したがって，常に $A \cdot B = B \cdot A$ と確認できる．結合法則については，全部で 8 通りの入力があるが，表 3.3 のように，すべての場合について $(A \cdot B) \cdot C = A \cdot (B \cdot C)$ が確認できる． □

このような基本演算を組み合わせたものが論理演算である．それを回路として表現したものが**論理回路**であり，表 3.6 の回路記号を用いて図示される．図では，トランジスタ素子を使った回路の配線を考えていて，論理演算を実行する素子は**論理ゲート**（ゲート）と呼ばれる．論理回路には**組合せ回路**と**順序回路**の 2 種類がある．組合せ回路とは，単に入力だけで出力が決まる回路である．一方，順序回路は，過去の信号を記憶する機能を持ち（メモリ）現

第3章 古典的コンピュータ

表 3.6 論理ゲート

名前	演算記号	回路記号
AND（論理積）	$A \cdot B$	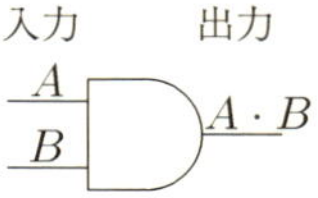
OR（論理和）	$A + B$	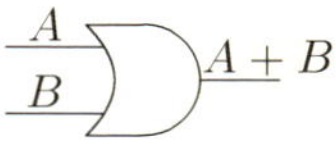
NOT（否定）	$\overline{A}$	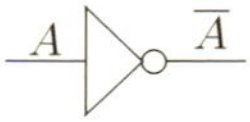
XOR（排他的論理和）	$A \oplus B$	

在の入力と過去の信号の組合せで出力が決定される．そのため，順序回路は組合せ回路に比べ一般に複雑な回路になる．

たとえば，入力 A と B から $C = \overline{A \cdot B}$ を求めて出力する組合せ回路は，図 3.1 のように AND と NOT の基本回路の組合せで表現される．もう 1 つの例として，**マルチプレクサ**（multiplexer）といわれる回路を図 3.2 に示す．これは複数の入力データの中から与えられたアドレスのものを選んで出力する回路である．すなわち，

* $A = 0$ のとき，入力 X の値を出力

* $A = 1$ のとき，入力 Y の値を出力

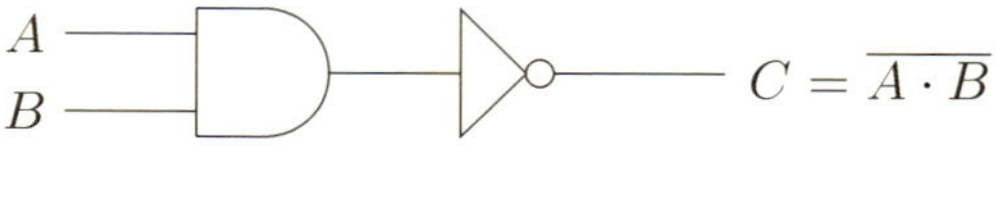

図 3.1 論理式 $C = \overline{A \cdot B}$ を実現する論理回路

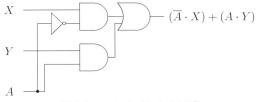

図 3.2 マルチプレクサ回路

のように，複数の入力データの中からアドレス A で指定された1つを選ぶ働きの回路である．基本的なゲートを組み合わせればいろいろなゲートができる．中でもよく使われるものに，XOR がある．

- **XOR 排他的論理和** （exclusive OR の略，EOR とも書かれる）ともいわれる．演算記号は $\oplus$ であり，算術演算の和 "+" と区別される．作用は表 3.7 で示される．

表 3.7 排他的論理和（XOR）の論理式と真理値表

論理式（定義）	真理値表		
	A	B	$A \oplus B$
$0 \oplus 0 = 0$	0	0	0
$0 \oplus 1 = 1$	0	1	1
$1 \oplus 0 = 1$	1	0	1
$1 \oplus 1 = 0$	1	1	0

XOR は算術演算の和の計算や，パリティチェックに出てくる．これは論理和と似ているが，2つの入力がともに1のときには演算結果が0となるというところが論理和と異なる．

▶ **例題 3.2** XOR の働きをする回路を，AND，OR，NOT の基本ゲートを組み合わせて設計せよ．

解 図 3.3 のようにすればよい． □

XOR 回路は，図 3.3 のように，基本ゲートを組み合わせて作られるが，よく出てくる回路なので，表 3.6 のような特有の回路記号がある．XOR 素子を使う具体的な回路の例として，足し算の回路（**加算器**）を取り上げる．図

58 第 3 章 古典的コンピュータ

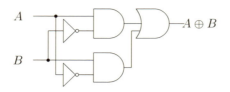

図 **3.3** XOR 回路

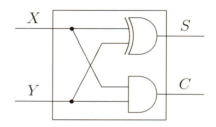

図 **3.4** 半加算器 (half adder) 回路

3.4 に示したものは，**半加算器** (half adder) と呼ばれるものである．さらに 2 ビット以上の足し算をするには，下からの桁上がりを考慮した**全加算器** (full adder) が必要となる．全加算器では，上がってきた入力を加えて入力が 3 ビットとなる．入力を X, Y, Z とすると，出力側の和 S と桁上がり (**carry**) C は

$$S = X \oplus Y \oplus Z,$$
$$C = (X \cdot Y) \oplus (Y \cdot Z) \oplus (Z \cdot X)$$

となる．なお，論理演算では結合法則が成り立つので，上の式では $\oplus$ を括弧なしで用いた．

　半加算器や全加算器を組み合わせて 3 ビットの加算器を作ってみよう．すなわち，3 ビットで表される 2 進表現の 2 つの整数

$$A = A_2 A_1 A_0,$$
$$B = B_2 B_1 B_0$$

を入力として，その和

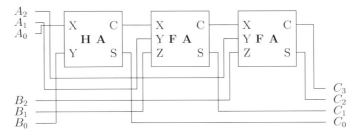

図 3.5 3 ビットの足し算回路（HA：半加算器；FA：全加算器）

$$C = A + B$$

を 2 進表現

$$C = C_3 C_2 C_1 C_0$$

で出力する足し算回路を設計する．これは図 3.5 のようにすればよい．半加算器と全加算器を複数組み合わせれば，一般に n ビットの加算器ができることになる．

3.2　順序回路とメモリ

第 3.1 節で考えたように，論理ゲートを組み合わせていけば，あらゆる種類の計算ができるだろうと察しがつく．しかし，いろいろな働きのゲートを実際に構築しようとすると，膨大な数のゲートが必要になってくる．たとえば

$$\sum_{j=1}^{1\,万} a_j \tag{3.1}$$

のような計算を考えてみる．ここで a_k はあらかじめ与えられた数値データである．この計算のためには 9999 回の足し算が必要である．つまり 9999 個の加算器を組み合わせた回路が必要であろう．

我々が普通に計算するように，ひとつひとつ順に足していけば，加算器は 1 個で足りる．そのためには途中結果を覚えておく素子が必要になる．記憶のための素子をつぎに挙げてみよう．

- レジスタ

60　第3章　古典的コンピュータ

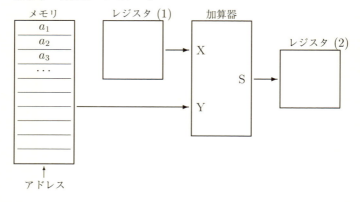

図 3.6 足し算．レジスタ (1) とメモリに入っている数を足し合わせて結果をレジスタ (2) に入れる．

コンピュータの中で，データや命令等を一時記憶させておく装置のこと．普通 CPU（中央処理装置）の中にいくつも置かれ，計算の過程で次々に内容が更新される．

- メモリ

  記憶装置のこと．上記レジスタも記憶装置であるが，特にメモリという場合，計算に必要な命令のセットを保存したり，計算過程での種々の数値等をたくさん保存しておく CPU の外側の記憶装置を指す．

- カウンタ

  パルスの個数を数える回路．入力される論理値が "0" から "1" に変わると出力される 2 進数が 1 つずつ増す．出力が，まえもって決められた最大値を越すと 0 に戻って繰り返す．指令により強制的に 0 に戻すこともできる．これを「リセット」という．

これらは，前述の簡単な組合せ論理回路に対して，順序回路と呼ばれる．これらを組み合わせて (3.1) 式の足し算の回路を作ってみよう．これは，次のように足し算と結果の移動という 2 段階（2 相）の過程の繰り返しで実行できる．

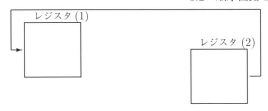

図 3.7　結果のレジスタ (2) からレジスタ (1) への転送

(1) 足し算

図 3.6 のように，今までの和 $X = \sum_{j<i-1} a_j$ がレジスタ (1) に入っているとして，それにメモリから新たに読み出した数 $Y = a_i$ を加え，結果をレジスタ (2) に入れる．

(2) 結果の移動

図 3.7 のように，レジスタ (2) に入っている足し算の結果をレジスタ (1) に送り，レジスタ (1) の中身を更新する．

この 2 つ段階を自動的に行うには，たとえば 図 3.8 のような回路にすればよい．パルスと書いたものは，図 3.9 のようなタイミングで論理パルスを発生する素子である．これは，「クロックパルス」とも呼ばれる．各レジスタは，パルス発生器から "1" の信号が来ているときだけ，データを更新するものとする．2 つの値が同時には "1" とならないようにパルスを発生させる．このように設計された回路で，(3.1) 式の和を計算する手順を示してみよう．

ステップ 1 :
　　最初に，メモリに a_i の値を記憶させ，レジスタ (1) とカウンタの値 "i" はリセットしてゼロにしておく．

ステップ 2 :
　　図 3.9 のようなパルスを開始する．

ステップ 3 :
　　パルス (1) が 1 のときに，カウンタを一つだけ進める ($i = i + 1$)．そして，レジスタ (1) から X を，メモリから $Y = a_i$ を呼び出し，加算器で $S = X + Y$ を計算する．

62   第3章　古典的コンピュータ

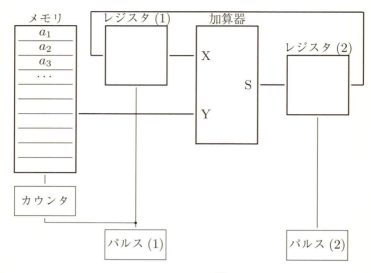

図 3.8　足し算を繰り返し，和 $\sum_{j=1}^{1万} a_j$ を求める回路

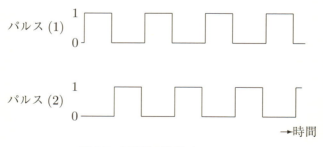

図 3.9　2種類の論理パルス

<u>ステップ 4</u>：

　　レジスタ (2) に S を記憶させる．

<u>ステップ 5</u>：

　　パルス (2) が1のときに，レジスタ (2) のデータをレジスタ (1) に転送する．

<u>ステップ 6</u>：

　　ステップ3から5までを，カウンタが1万になるまで繰り返し，1万

になったらパルスを止める.

ステップ7:
　レジスタ(1)に入っている数字が,求める和である.

このような手順で(3.1)式の計算を行うことができる.

　図3.8の回路は,足し算に特化されたもので別の種類のかけ算等の計算には,回路の配線を作り直さなければならない.実際,過去にはそのような計算機もあった.

　配線を変える代わりに,接続の仕方もメモリに入れておくこともできる.これは何をするのかという命令をメモリに入れておくことと同じになる.上記のようにデータも順番に読むとは限らないから,命令の形は典型的には

| 命令 | アドレス |

となる.ここで「命令」とは,メモリからデータを読んでレジスタに入れよとか,メモリから読んだ値を足し算せよとかいうようなものである.計算機の中では,ビット列で与えられ,それに従ってデータの経路が変わる.このように計算機の動きは

　　命令の読み出し→回路の切り替え→実行→命令の読み出し→···

のように進められる.計算の手順もプログラムとして与えられ,それに従ってコンピュータ自身が内部のスイッチを制御するようになっている.その1つが次に述べるノイマン型コンピュータである.

3.3　ノイマン型コンピュータ

　現在のほとんどのコンピュータは,記憶装置,制御装置,入出力装置を備えた図3.10のような構造を持つ.このような構造をノイマン型アーキテクチャという.

　記憶装置は制御命令一式(プログラム)とデータを記憶する.命令もビット列で,それが制御装置の論理回路に入ってゲートの入力を制御する.制御装置は **CPU**(central process unit,中央制御装置)と呼ばれ,論理演算や

64   第3章 古典的コンピュータ

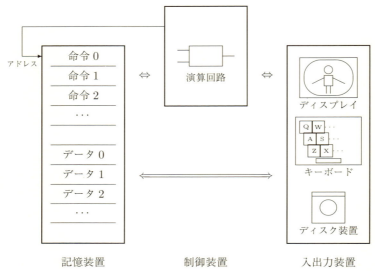

図 3.10   ノイマン型コンピュータ

算術演算の回路を持つ．クロックパルスにしたがって原則として命令を次々に読み込み，データの流れを制御し，演算を行う．もし「ジャンプ」せよという命令があれば，次のデータを読む代わりに指定された番地の命令に跳ぶ．ここで「命令」とは，たとえば，メモリのどこかに入っている数値を特定のレジスタに移動せよとか，別々のレジスタに入っている2つの数値を足して結果を別のレジスタへ入れよとかいうものである．具体的な制御には，たとえば前に挙げたマルチプレクサなどが利用される．入出力装置とはキーボードやディスクドライブ，ディスプレイ，プリンタ等のことである．

3.4 チューリング機械

問題がコンピュータで解くことが可能かどうか，また，原理的に可能としても，実行可能な時間内で答えが出るのかどうかを検討が必要である．もちろん個々のコンピュータのCPUの速度や構造にも依存するが，計算可能性を一

3.4 チューリング機械

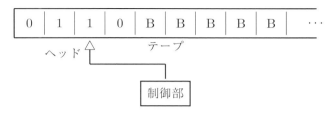

図 **3.11** チューリング機械

般的に評価するために考案されたのが**チューリング機械**（Turing machine）である．これは，コンピュータを抽象化した数学的なモデルとして考案された．最近は量子情報に基づいたチューリング機械も研究されているが，ここでは古典的なものについて概説する．

チューリング機械の構造は次のようである．無限に長い**テープ**を持ち，テープにはマス目が付いていて，各マス目には，あらかじめ決められた有限種の記号を書くことができる（図 3.11 参照．何も書かれていない空白のマス目（記号 B で示す）もある．**制御部**を持ち，これも $0, 1, 2, \cdots, n$ 等の有限個の状態を取る．左右に移動するヘッドによりテープのマス目の記号を読み書きする．

チューリング機械はテープの上に書かれた指示をヘッドが読むことにより，順々に作動する．つまり，ヘッドが読んでいるテープのマス目の記号と制御部の状態によって，次にテープに書き込む記号，制御部の次の状態，ヘッドの移動方向，機械の実行を停止する条件が，規則として決められている（図 3.12）．制御部の取りうる状態や，テープ記号の種類，規則は，チューリング機械で行う仕事に応じてあらかじめ決めておく．

計算をする機械の模型として考案されているものはチューリング機械が唯

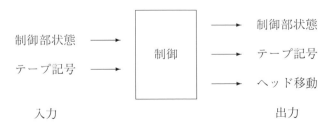

図 **3.12** チューリング機械の制御

一のものではなく，**RAM**（random access machine）と呼ばれる模型もある．これは入力用のテープと出力用のテープが決まっていて，入力用のテープは書き換えることができない．またヘッドの動く向きは右と決まっている．

　チューリング機械での，各ステップはコンピュータで実行可能な最小単位である．したがって，チューリング機械を使って記述されるアルゴリズムは実行可能である．さらには，同じ結果を出す異なるアルゴリズムを，チューリング機械を使って計算時間を比較することも可能である．これによって，同じ機能を持つアルゴリズムを比較し，有効なアルゴリズムかどうか判定することもできる．このように，チューリング機械は問題の計算可能性やアルゴリズムの有効性を判定するために広く用いられている．チューリング機械の動作は次のようになる．

1. 初期状態として，制御部の状態，ヘッドの位置が与えられる．

2. テープの初期状態として，左端を1番目とし，n 番目までのマス目に記号が書かれている．これがチューリング機械への入力に相当する．

3. 実行については，規則に従って自動的に進んでゆく．各ステップでは，そのときの制御部の状態，ヘッドが読んでいるテープ記号に応じて，制御部の状態を変え，マス目を書き換え，ヘッドを左右に移動する．

4. 制御部，テープがある条件を満たすと機械は停止する．

5. 停止後のテープの状態が，チューリング機械の出力となる．

▶ **例題 3.3**　テープの記号は 0 か 1 とする．入力テープの各マス目の記号を反転する機械を設計せよ．

解　たとえば次のような仕様にすればよい．

- 制御部の状態は 0 のみ．

- テープ記号は 0 か 1 か B の 3 種類．

- 制御規則は次の表に従う．

制御部状態	テープ記号		
	0	1	B
0	01R	00R	Halt

ここで，表の内部の数字と記号の3つ組みは，制御状態の書き換えとテープ記号の書き換え，それにヘッドの移動方向（R→ 右，L→ 左）を示す．制御部のHaltは停止を表す．

- 最初にヘッドはテープの左端にあるとする．

表の規則によって，入力時に1であったマス目は0に，0であったマス目は1に書き換えられ停止する．

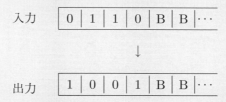

▶ 例題 3.4　テープの記号の列を右に1マスだけ移動させるチューリング機械を設計せよ．左端のマス目には0を入れよ．

解　たとえば，制御部の状態も $q=0$ と $q=1$ の2通り取れるようにして，読んだテープの記号を次のステップでテープ記号に書き込めばよい．

- 制御部の状態： $q = 0, 1$
- テープ記号：0か1かBの3種類
- 動作規則：　次の表に従う

制御部状態	テープ記号		
q	0	1	B
0	00R	10R	Halt
1	01R	11R	Halt

ここで，表の内部の数字と記号の3つ組みは，制御状態の書き換えとテープ記号の書き換え，それにヘッドの移動方向（R→ 右，L→ 左）を示す．制御部のHaltは停止を表す．

- 初期状態：$q = 0$でヘッドはテープ左端とする．

このチューリング機械では，制御部がメモリになり，順次テープの記号を右に1マス移動させ，Bを読んで止まる． □

▶ 例題 3.5 テープの記号を左に1マスだけシフトするチューリング機械を設計せよ．右端は0で補うとする．ヘッドは最初に左端にあるとせよ．

解 ヘッドは最初に左端にあるので，まず右端に移動すればよい．制御部の状態は (q_0, q_1) とする．q_0 はヘッドをテープ記号列右端に移動する間 0，移動したら 1 とする．q_1 はメモリとする．

- 2ビットの制御部の状態：(q_0, q_1) ただし，$q_i = 0, 1$ $(i = 0, 1)$
- テープ記号：0か1かBの3種類
- 動作規則：次の表に従う

制御部状態	テープ記号		
$(q_0 q_1)$	0	1	B
00	(00)0R	(00)1R	(10)BL
01	(01)0R	(01)1R	(10)BL
10	(10)0L	(11)0L	Halt
11	(10)1L	(11)1L	Halt

ここで，表の内部の3つの数字（2つは括弧の中）と1つの記号（RまたはL）の組は，2ビットの制御状態の書き換え（括弧の中の2つ）とテープ記号の書き換え，それにヘッドの移動方向（R→ 右，L→ 左）をそれぞれ示す．制御部のHaltは停止を表す．

- 初期状態として $(q_0 q_1) = (00)$ でヘッドをテープの左端に置く．

> 制御部は1ステップずつ進み，空白（B）のマス目に達する．そこで $q_0 = 1$ と状態を変え，それから左に，読んだマス目の記号を q_1 に覚えさせては進んで書いていけばよい．ヘッドが左端に到達して進めなくなったとき，表には入れなかったが，停止と考えておく．　□

チューリング機械の基本形はこのようなものであるが，チューリング機械の定義は文献ごとに異なっているといってもよく，テープが何本もあるもの，テープの左側も無限に長いもの，などもある．

制御部は，第3.1節で述べた論理回路で実現できる（図3.13）．

図 3.13　チューリング機械の制御部を実現する論理回路

以上では，制御部の規則はあらかじめ決まっていると考えてきた．しかし規則そのものも，テープのどこかに与えておくことも可能である．それが**万能チューリング機械**（universal Turing machine）で，ノイマン型コンピュータと呼ばれる現在の（古典的）コンピュータの数理モデルである．制御部の状態とヘッドの見ている記号が与えられても次の動作が一意的に与えられず，複数の可能性が定義されているチューリング機械も考えられている．これを**非決定性チューリング機械**（nondeterministic Turing machine）という．非決定性チューリング機械の動きは，各ステップの動作の選び方が何通りもあるので，各場合について次々に枝分かれしていく図で表される．量子ビットを用いる量子チューリング機械については第4章の量子ゲートで考えてみよう．

3.5　計算可能性と計算の複雑さ

コンピュータによる計算可能性と呼ばれる問題がある．これは与えられた問題がコンピュータで解けるかどうかという問題である．たとえば，数学の

命題がコンピュータで証明できるかどうかという問題である.「ある問題が解けるか，解けないか」また「ある定理が成り立つか，成り立たないか」決定する問題を**決定問題**という．ある決定問題が解けるとき，その問題は**計算可能**であるといい，解けないときは**計算可能でない**という．問題が計算可能であることを証明するのも難しいことがしばしばだが，解けないというのを証明するのはそれ以上に難しいことがある．有名な「フェルマーの最終定理」：

$$x^n + y^n = z^n \tag{3.2}$$

を満たす整数解は $n \geq 3$ に対しては存在しないという命題を証明するのに300年以上かかったことでも，その困難さがわかる[注5]．

チューリングによれば，コンピュータが計算可能な問題とはアルゴリズムを持つ問題で，かつ数量的に明確に定義されている問題である．原理的に計算可能な問題でも，それを解くために宇宙の年齢以上の時間を必要とするものや，宇宙中の全物質をメモリに使っても足りないものは，計算可能とは言い難い．チューリング機械への入力のデータの量を n として，その数が非常に大きいときにステップ数を基本とした計算量が n にどう依存するかが，計算可能性の指標として論じられる．

まず，データ量にどういう形で依存するかを論じるときに，よく"n の何乗のオーダー"という言い方が使われ，$O(n)$ のような記号で書かれる．たとえば，ある結果を得るためのステップ数が

$$3n(n-1) + 18n \log n$$

となった場合，計算量は $O(n^2)$ と書き，"n^2 のオーダー"であるという．これは，n が大きいとき，n^2 に比例する部分が最も大きくなるし，その前の3という比例係数は，普通，考慮に入れないからである．より厳密に言えば，十分に大きな定数 c を取れば計算量が必ず $cf(n)$ よりも小さくなるという，上限が抑えられるときに $O(f(n))$ という．一般に，問題が与えられても，計算量は解くための**アルゴリズム**に依存するので，計算量の問題はどのようなアルゴリズムが開発されているかによって結論が変わるので，未解決のものが多い．

[注5] 1995年にワイルズ（Andrew Wiles）により完全な証明が完成した．

次に，どんな問題がコンピュータで解けるか考えてみよう．

3.5.1 四則演算

簡単な例には整数の四則演算がある．2進法に基づく1ビットは10進法の $\log_{10} 2 \approx 0.3010$ 桁に相当する．以下では我々が慣れている10進の桁数で考えることもあるが，計算量の問題では2進法も10進法も本質的な相違はない．対応関係は

$$10 \text{ 進法 } 1 \text{ 桁} \approx 2 \text{ 進法 } 3.3 \text{ 桁} \equiv \text{情報 } 3.3 \text{ ビット}$$

または

$$\text{情報 } 1 \text{ ビット} \equiv 2 \text{ 進法 } 1 \text{ 桁} \approx 10 \text{ 進法 } 0.3 \text{ 桁}$$

となる．たとえば，100桁の整数を扱うには100個の数字が必要だから，50桁の整数よりもデータ量が2倍になる．

- n 桁整数同士の足し算と引き算

  縦書きの筆算のように考えると，2^0 の位，2^1 の位，…，2^{n-1} の位というように，桁上がりがあれば送りながら，位ごとに足し引きしていけばよいので，$O(n)$ でできる．しかし，チューリング機械のテープが1本のとき，加数と被加数の間で位ごとにヘッドの行き来が必要なので，$O(n)$ 倍かかって全体で $O(n^2)$ と考えることもできる．テープが，被加数用，加数用，和用と3本あればやはり $O(n)$ でできるし，ヘッドの移動はステップ数に数えない方式もある．いずれにしても多項式のオーダーでできる．

- n 桁整数同士のかけ算と割り算

  縦書きの筆算を考えると，どちらも $O(n^2)$ となる．なお，かけ算について，より巧妙な方法で，これよりも小さい，$O(n \log n \log n \log n)$ という n 依存性によってかけ算を行うアルゴリズムも知られている．

P 問題について

上記の四則演算等は，入力要素のデータ量 n の多項式（polynomial）時間で解くことができるので，**計算量**（computational complexity）の問題の分類上，**P 問題**と呼ばれる．また，連立一次方程式を解く問題も，係数や未知数の長さを固定して，未知数の個数を n とすると解を得るまでに必要な四則演算の回数は n の多項式により上限が与えられるので，P 問題となる．ただし，足し算，引き算の項で論じたように，チューリング機械でも，テープの本数によって，3 本あれば $O(n)$ で可能であるのに 1 本しかなかったら $O(n^2)$ かかったりする．したがって，P 問題か否かは，n の多項式で上限が抑えられるかどうかで決定し，n の何乗で抑えられるかは問われない．

なお，連立一次方程式を解く問題のような応用問題を考えるとき，係数や未知数のビット長を固定しておいて，未知数の個数 n に対して，解を得るまでに必要な加減乗除の回数を論じることがある．これも，ガウス消去法ならば $O(n^2)$ となるので，計算量の問題としては P 問題となる．

3.5.2 因数分解と素数判定

もし n 桁の整数 N なら，その約数を見つけるには，1 から始めて片っ端から $\sqrt{N}$ までの数で，N が割り切れるかどうか調べればよい．割り切れるものが 1 個もなかったら，N が素数ということがわかる．$N \approx 10^n$ であるから，$\sqrt{N} \approx 10^{n/2}$ 回の割り算が必要となる．割り算の手間も n に依存するが，少なくとも $O(10^{n/2}) \approx O(3.16^n)$ 以上になることは明らかである．もし 100 桁の数ならば，10^{50} 回くらい試すうちに，因数があれば見つかる．しかしそれではスーパーコンピュータで計算してもかかる時間が宇宙の年齢よりも長くなる可能性がある．実際は，量子計算の章で説明される，整数論を使った速いアルゴリズムがある．しかし，速いアルゴリズムを使っても，オーダーは，α を正定数として $O(\exp(\alpha n^{1/2}(\log_2 n)^{1/2}))$ となることが知られており，十分遅い．

計算の量をより厳密に規定するときに，問題を「決定問題」（decision problem）というよりは，むしろ条件を満たすかどうかという「判定問題」の形で

指定することがある．たとえば，「与えられた整数 N が素数であるかどうか判定せよ．」という問題がある．アルゴリズムは Yes か No かの判定を出して止まる．判定問題で素数かどうかという問いに No を出した場合，約数を見つけることは，また別の問題になる．

NP 問題について

　解を求めるために，指数関数的または，階乗などそれ以上の計算時間を必要とする問題，つまり多項式時間の解法が存在しない問題があるとする．しかし，解であるかどうかを確認することが多項式時間内で可能な問題を，**NP 問題**（nondeterministic polynomial time problems）と呼ぶ．前述の素数判定の問題がその 1 つと考えられている．多項式時間で上限が抑えらない場合，指数時間的問題と呼ばれる．必ずしも計算時間が n の指数関数に比例するわけではなく，n 階乗に比例する場合なども NP 問題に含まれる．なお，指数時間的と考えられている問題でも，もし多項式時間内で解けるアルゴリズムが発見されれば P 問題となる．実際，素数判定問題も含め，P 問題か NP 問題か不明な問題が多い．

　先に挙げた素数判定の問題は，「整数 N と，それよりも小さい l が与えられたとき，1 と l との間に N の約数が存在するかどうか判定せよ．」という問題に変形しても，決定問題になる．結果が Yes，すなわち約数が存在するとわかった場合，もし簡単に約数が見つかれば，最初の判定 Yes が正しかったことが，単純な割り算で確認できる．このように，確率的な方法で解の候補が見つかったときに，判定を出すことは多項式時間内で不可能でも，解であるかどうかを確認することが多項式時間内で可能な問題が NP 問題である．

3.5.3　組合せの問題

　いくつかの違ったルートの中の最短ルートの探索など，原理的にひとつひとつ探さなければならないと考えられる問題がある．たとえば，セールスマンがセールスのため 3 軒の家 A，B，C を 1 回ずつ訪ねて歩くというものである（図 3.14）．各家の間の距離は，

第3章 古典的コンピュータ

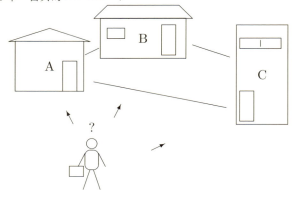

図 **3.14** 巡回セールスマン

	距離
AB 間	2 km
BC 間	3 km
CA 間	4 km

となっているとする．最初に訪れる家から最後に訪れる家までの距離が最小になるまわり方はどれか．この問題を解くには，全部のルートを調べて見ればよい．

	まわり方	距離
(1)	A-B-C	$2 + 3 = 5$ km
(2)	A-C-B	$4 + 3 = 7$ km
(3)	B-C-A	$3 + 4 = 7$ km
(4)	B-A-C	$2 + 4 = 6$ km
(5)	C-A-B	$4 + 2 = 6$ km
(6)	C-B-A	$3 + 2 = 5$ km

となり，(1) と (6) が最小距離ということがわかる．巡り方が6通りあるというのは，3 の順列が $3! = 6$ であることに対応している．

さて，同じ問題を少し大きくして，30軒を巡るとするとどうなるだろう．この場合巡り方は 30 の順列で $30! \approx 2.65 \times 10^{32}$ だけある．解を求めるには，全部の場合について距離の計算をしなければならない．たとえば1テラフロップスの高速のコンピュータを使って1秒間に 10^{12} 回程度の計算ができるとし

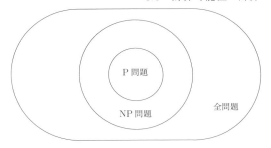

図 3.15　計算量の階層

ても，すべての場合について調べるには 2.65×10^{20} 秒すなわち 8.4×10^{12} 年かかることになる．現在の宇宙の年齢は 100 億年 $\approx 10^{10}$ 年の 100 兆倍くらいになる．30 軒の家を巡ること自体はまる一日あれば可能だが，最適なルートを見つけるための計算は，事実上，計算不可能といってよい．たとえ計算法を工夫して，同じルートを逆に行くのは省くとか，100 台のコンピュータを使うとかして，100 倍ぐらい速くなったとしても，焼け石に水にもならない．

　以上は「巡回セールスマン問題」と呼ばれている有名な問題の，最も簡単な表現のひとつで，巡る家の数が少し増えると，計算量が劇的に増えてしまい，事実上計算不可能となる．最適化された解や，それに近い解を見つける妥協的なアルゴリズムがいろいろと提案されているが，決定的なものは見つかっていない．

　問題の計算量の階層は図 3.15 で示すようになる．計算時間が多項式的に増加する解けることになっている P 問題は全問題のうちほんの一部である．NP 問題の外側にもいろいろな階層が定義されている．

NP 完全問題について

　NP 問題の中に，**NP 完全問題**（NP-complete problems）と呼ばれる一連の問題がある．それらは互いに多項式時間内で別の NP 完全問題に変換できる．また一般の NP 問題はすべて，NP 完全問題に帰着できることが知られている．もし NP 完全問題のうち一種類でも，多項式時間で解くアルゴリズムが存在すれば，その他の NP 問題もすべて解けることになる．代表的な NP 完全問題には

76　第3章　古典的コンピュータ

- ブール代数の "satisfying problem"（SAT）
- 巡回セールスマン問題
- ハミルトン閉路

などがある．巡回セールスマン問題を「与えられた距離内で巡る経路が存在するか」と修正すれば "決定問題" となる．

もし見つかった場合に確認が容易なことはわかる．非決定性チューリング機械で多項式時間内で解ければ決定性チューリング機械でも解けることは明らかである．したがって P 問題の集合は NP 問題の集合に含まれる．逆に NP 問題もすべて多項式時間のアルゴリズムが見つかるのではないかとの推測もある．もしそうだとすると，NP 問題の集合と P 問題の集合は一致することになる．すなわち

$$\text{P 問題の集合} = \text{NP 問題の集合}$$

NP 問題がすべて P 問題となるかという問題は「P=NP 問題」として知られているが，未だ解決されていない．

普通，P 問題は計算可能とされ，それ以外は入力の大きさがある程度大きくなると実際上計算不可能と考えられている．ところが古典的コンピュータでは計算不可能でも，量子コンピュータでは計算可能問題に属するものが見つかっている．特に，解を探すような問題では，1 ステップの間に何通りも試すので，指数関数的が多項式的になる．

3.5.4　計算の複雑さと計算量

計算の複雑さは，入力データ量 n への依存性により分類される．入力データ量に対して計算量がたかだか多項式的増加をするアルゴリズムが**有効なアルゴリズム**と呼ばれる．指数関数以上の速さで計算量が増加する場合，まとめて指数関数的と呼ばれる．図 3.16 に示すように，n が大きくなると，指数関数以上に依存する場合，計算量の増加が著しい．

3.6 演習問題

[1] 入力テープを 2 進法で整数として読んで，1 を足した結果を 2 進法でテープに出力するチューリング機械を設計せよ．

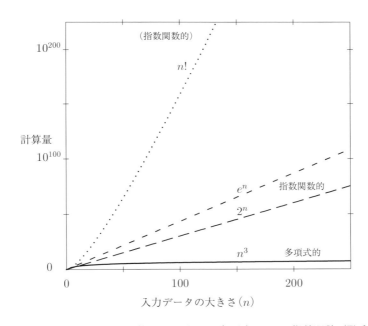

図 **3.16** データの長さ n と計算量の関係．P: 多項式，NP：指数関数（階乗）．

第3章 古典的コンピュータ

――――― パヤサの言い伝え（ヒンズー教の神の 2^n 発散の教え）―――――

2^n 発散の量の増加を用いた言い伝えがインドにある．

インドのケララ州にアンバッラプーザという街には，シュリー・クリシュナ寺院という有名な寺院があります．この寺院で毎日出されるお米と牛乳で作られる甘いプディング，パヤサム（パヤサ）はヒンズー教徒の間では有名ですが，この誕生については，量の指数関数的な増加に関係した神話的な言い伝えがあります．

その言い伝えによると，ある日クリシュナ神がその地域を支配していた王の宮廷に賢人の姿になって現れ，王にチャトゥランガという将棋の勝負を申し込みました．チャトゥランガが大好きだった王は喜んでその挑戦を受け入れましたが，あえなく賢人に負けてしまいました．勝った者が受け取る褒美を決めることになり，王は賢人に何が欲しいかと尋ねました．賢人は，自分は欲しいものは何粒かの米粒だけだと言いました．米粒の数はチャトゥランガの碁盤を使って決められ，ルールは次のようになりました．まず最初の日は一番初めの目に1粒置き，2日目は二番目の目に2粒，3日目は三番目の目に4粒，4日目は四番目に8粒というように，それぞれの目にその目の1つ前の目に置いた米粒の倍の数を置き，それを賢者が毎日取りに来るように決めました．チャトゥランガの碁盤は，8路なので，$8 \times 8 = 64$ 日間，この米粒を賢人は取りに来ることになりました．

その要求を聞いた王は，何と欲のない賢人だと思いました．王は碁盤の目に米粒を1日目は一粒というように順番に置いていきました．そして王はすぐに賢人の要求の本当の内容に気が付きました．20日目，二十番目の目では米粒の数は $2^{19} \approx 50$ 万粒に達してしまいました．米一粒が約 $0.02g$ なので，50万粒は約10キログラムになります．30日目には，$2^{29} \approx 5$ 億粒となり約10トン，40日目には $2^{39} \approx 5000$ 億粒，約1万トンとなり，50日目にはついに $2^{49} \approx 500$ 兆粒，約1000万トンとなり日本の1年間の米の生産量と同じぐらいになってしまいます．全部で六十四個ある碁盤の目をすべて埋めるには最終的に $2^{63} \approx 10^{19}$ 粒の米が必要という計算になります．これはとても払いきれません．

窮地に追い込まれた王を見た賢人は，自分の本当の姿（クリシュナ神）に戻り，王にこの借りを返す必要はないが，毎日シュリー・クリシュナ寺院を訪れる巡礼者に無料でパール・パヤサム（お米で作ったプディング）を振る舞うことを命じました．これが，現在まで続いているシュリー・クリシュナ寺院でパヤサムが振る舞われている言い伝えです．インドの神は遠い昔から指数的発散の数の増加の原理をよく知っていたわけです．

第4章
量子ゲート

　第1章の量子力学の基礎で述べたように，量子ビットは2つの固有状態を持つ量子状態に対応する．0か1かという2つの論理値は，電子や原子のスピンの向き，原子等の基底状態と励起状態，光子の通過する2つのスリットなどの物理状態に対応する．この章では，量子計算を構成する基本的な量子回路について述べる．

　量子コンピュータとは時間に依存したシュレディンガーの方程式に従う量子系をコンピュータとして使うものである．入力状態が時間経過して出力状態になる．シュレディンガーの方程式は時間反転可能であるので，その解である量子状態を量子回路として使う場合，可逆回路を基本としている．可逆ゲートでは，出力から入力を再現するためには，出力端子の数は入力端子の数以上でなければならないことは明らかである．また，量子コンピュータの特徴的なことは，論理値0と論理値1の"重ね合わせ"がありうるということである．また，古典的な論理回路では，AND等の素子には入力側の配線から入ってきた値が素子の中で処理されて，出力側に出ていった．それに対して，量子回路では必ずしも入力側と出力側の位置の区別がない．すなわち，ある入力状態にあるスピンが，磁場等による相互作用により，一定時間の後に出力状態に変わる，という仕組みになっている場合がある（図4.1）．

　以上のような点に注意しながら，基本的な量子論理回路を見ていく．

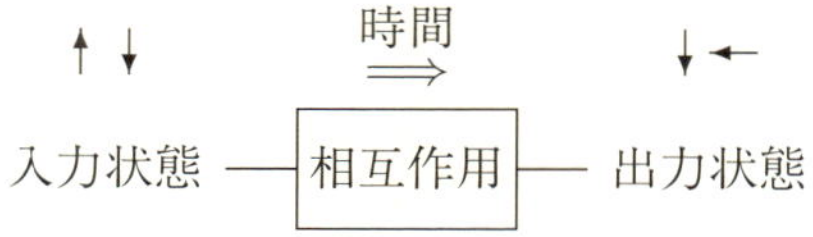

第4章 量子ゲート

```
      ↑ ↓        時間        ↓ ←
                  ⟹
   入力状態 ──┤相互作用├── 出力状態
```

図 **4.1** 量子ゲートの仕組み

4.1 基本的量子ゲート

状態は

$$|0\rangle = \begin{pmatrix} 1 \\ 0 \end{pmatrix}, \tag{4.1}$$

$$|1\rangle = \begin{pmatrix} 0 \\ 1 \end{pmatrix} \tag{4.2}$$

のように状態ベクトルで表され，古典ゲートと違って2つの状態の重ね合わせ：

$$|\psi\rangle = \alpha|0\rangle + \beta|1\rangle = \begin{pmatrix} \alpha \\ \beta \end{pmatrix} \tag{4.3}$$

も可能である．ただし α と β は複素数．状態ベクトルの時間的変化が演算に対応する．その変化はユニタリ演算子で表される．そこで

$$U \equiv \begin{pmatrix} \langle 0|U|0\rangle & \langle 0|U|1\rangle \\ \langle 1|U|0\rangle & \langle 1|U|1\rangle \end{pmatrix} \tag{4.4}$$

というユニタリ行列を使えば，

$$\text{出力側の状態ベクトル} = U \times \text{入力側の状態ベクトル} \tag{4.5}$$

と書ける．以後，U は演算も行列も両方を表すことにする．たとえば，(4.3) 式の入力状態ベクトルに対し，U の作用を受けた出力状態ベクトルは

$$\begin{pmatrix} \langle 0|U|0\rangle & \langle 0|U|1\rangle \\ \langle 1|U|0\rangle & \langle 1|U|1\rangle \end{pmatrix} \begin{pmatrix} \alpha \\ \beta \end{pmatrix} = \begin{pmatrix} \langle 0|U|0\rangle\alpha + \langle 0|U|1\rangle\beta \\ \langle 1|U|0\rangle\alpha + \langle 1|U|1\rangle\beta \end{pmatrix} \tag{4.6}$$

となる．すなわち

$$U|\psi\rangle = (\langle 0|U|0\rangle\alpha + \langle 0|U|1\rangle\beta)\,|0\rangle + (\langle 1|U|0\rangle\alpha + \langle 1|U|1\rangle\beta)\,|1\rangle$$

4.1 基本的量子ゲート

という状態となる．ゲートの働きをはっきり表すときに，古典的ゲートでは真理値表を使ったが，量子ゲートでは行列を使うと便利である．次のような量子ゲートがある．

- 恒等変換

  $|0\rangle \to |0\rangle$, $|1\rangle \to |1\rangle$ なので単位行列：

  $$\mathbf{1} = \begin{pmatrix} 1 & 0 \\ 0 & 1 \end{pmatrix} \tag{4.7}$$

  で表される．

- 否定ゲート

  $|0\rangle$ と $|1\rangle$ が入れ替わるので

  $$\begin{pmatrix} 0 & 1 \\ 1 & 0 \end{pmatrix} \tag{4.8}$$

  で表される．

- 位相ゲート

  位相のかかる演算回路（図 4.2）で量子ビット特有のものである．

  $$U(\phi) = \begin{pmatrix} 1 & 0 \\ 0 & e^{i\phi} \end{pmatrix} \tag{4.9}$$

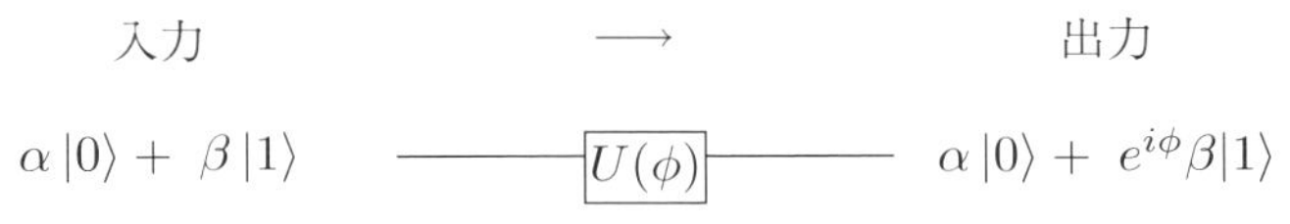

  入力 $\longrightarrow$ 出力

  $\alpha|0\rangle + \beta|1\rangle$ ——$\boxed{U(\phi)}$—— $\alpha|0\rangle + e^{i\phi}\beta|1\rangle$

  図 **4.2** 位相ゲート．α と β は任意の複素数．

- アダマール（Hadamard）変換

  $$H \equiv \frac{1}{\sqrt{2}} \begin{pmatrix} 1 & 1 \\ 1 & -1 \end{pmatrix} \tag{4.10}$$

という行列で表されるゲートで,回路図では H で表される(図 4.3).この回路も量子ビット特有のもので,最もよく使われる回路の1つである.2度作用させると恒等変換になる.

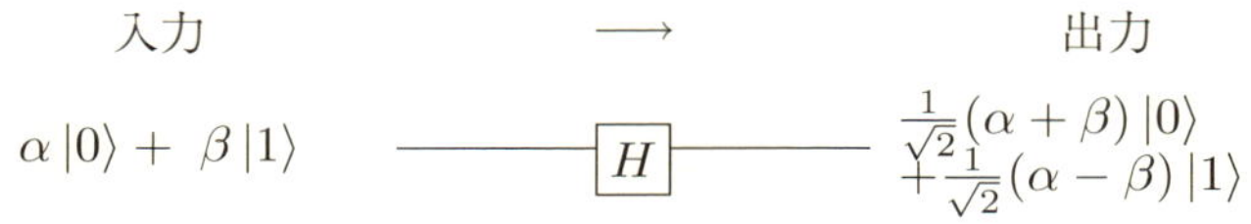

入力 ⟶ 出力

$\alpha |0\rangle + \beta |1\rangle$ ─── H ─── $\frac{1}{\sqrt{2}}(\alpha + \beta) |0\rangle + \frac{1}{\sqrt{2}}(\alpha - \beta) |1\rangle$

図 4.3 アダマール変換の回路記号.α と β は任意の複素数.

- スピン回転演算子

第 1.6 節「角運動量,スピンと回転」で用いられたスピン 1/2 の状態の回転演算子

$$D_j^s(\alpha) = \cos(\alpha/2)\begin{pmatrix} 1 & 0 \\ 0 & 1 \end{pmatrix} - i\sin(\alpha/2)\sigma_j \tag{4.11}$$

も量子ゲートでしばしば使われる.

特に x, y, z 軸のまわりのものについて書き下すと

$$D_x^s(\alpha) = \begin{pmatrix} \cos(\alpha/2) & -i\sin(\alpha/2) \\ -i\sin(\alpha/2) & \cos(\alpha/2) \end{pmatrix}, \tag{4.12}$$

$$D_y^s(\alpha) = \begin{pmatrix} \cos(\alpha/2) & -\sin(\alpha/2) \\ \sin(\alpha/2) & \cos(\alpha/2) \end{pmatrix}, \tag{4.13}$$

$$D_z^s(\alpha) = \begin{pmatrix} \cos(\alpha/2) - i\sin(\alpha/2) & 0 \\ 0 & \cos(\alpha/2) + i\sin(\alpha/2) \end{pmatrix}$$

$$= \begin{pmatrix} \exp(-i\alpha/2) & 0 \\ 0 & \exp(i\alpha/2) \end{pmatrix} \tag{4.14}$$

となる.

▶ 例題 4.1 次の関係を示せ.

$$D_y^s(\pi/2)\,\sigma_z\,D_y^s(-\pi/2) = \sigma_x, \qquad (4.15)$$

$$D_y^s(\pi/2)\,\sigma_z = H, \qquad (4.16)$$

$$D_y^s(-\pi/2)\,\sigma_x = H \qquad (4.17)$$

[解]

$$D_y^s(\pi/2)\,\sigma_z\,D_y^s(-\pi/2)$$
$$= \begin{pmatrix} \cos(\pi/4) & -\sin(\pi/4) \\ \sin(\pi/4) & \cos(\pi/4) \end{pmatrix} \begin{pmatrix} 1 & 0 \\ 0 & -1 \end{pmatrix} \begin{pmatrix} \cos(\pi/4) & \sin(\pi/4) \\ -\sin(\pi/4) & \cos(\pi/4) \end{pmatrix}$$
$$= \frac{1}{2} \begin{pmatrix} 1 & -1 \\ 1 & 1 \end{pmatrix} \begin{pmatrix} 1 & 0 \\ 0 & -1 \end{pmatrix} \begin{pmatrix} 1 & 1 \\ -1 & 1 \end{pmatrix}$$
$$= \begin{pmatrix} 0 & 1 \\ 1 & 0 \end{pmatrix} = \sigma_x$$

これは σ_z を y 軸のまわりに $\pi/2$ だけ回転すると σ_x となることを意味する．(4.16) 式，(4.17) 式は，

$$D_y^s(\pi/2)\,\sigma_z = \begin{pmatrix} \cos(\pi/4) & -\sin(\pi/4) \\ \sin(\pi/4) & \cos(\pi/4) \end{pmatrix} \begin{pmatrix} 1 & 0 \\ 0 & -1 \end{pmatrix}$$
$$= \frac{1}{\sqrt{2}} \begin{pmatrix} 1 & -1 \\ 1 & 1 \end{pmatrix} \begin{pmatrix} 1 & 0 \\ 0 & -1 \end{pmatrix}$$
$$= \frac{1}{\sqrt{2}} \begin{pmatrix} 1 & 1 \\ 1 & -1 \end{pmatrix} = H,$$

$$D_y^s(-\pi/2)\,\sigma_x = \begin{pmatrix} \cos(\pi/4) & \sin(\pi/4) \\ -\sin(\pi/4) & \cos(\pi/4) \end{pmatrix} \begin{pmatrix} 0 & 1 \\ 1 & 0 \end{pmatrix}$$
$$= \frac{1}{\sqrt{2}} \begin{pmatrix} 1 & 1 \\ -1 & 1 \end{pmatrix} \begin{pmatrix} 0 & 1 \\ 1 & 0 \end{pmatrix}$$
$$= \frac{1}{\sqrt{2}} \begin{pmatrix} 1 & 1 \\ 1 & -1 \end{pmatrix} = H$$

と導ける．行列要素を書き下さなくても，交換関係や反交換関係 $\sigma_i\sigma_j + \sigma_j\sigma_i = 2\delta_{i,j}$ を利用すれば与えられた式は導ける．   □

制御ビットと出力ビットの 2 つ以上にまたがって演算を行うゲートを制御ゲートと呼ぶ．

- 制御 NOT

  入力 A, B に対し，**制御 NOT**（controlled-NOT）からの出力 A', B' は

  $$A' = A, \tag{4.18}$$
  $$B' = A \oplus B \tag{4.19}$$

  と定義される．すなわち，A' は A がそのまま出力され，B' については

  - $A = 0$ のとき，B' には B がそのまま出力され，
  - $A = 1$ のとき，B' には $\overline{B}$ が出力される．

出力 B' だけ見れば入力 A と B の XOR と同じであるので，回路図は図 4.4 のように描ける．しかし図 4.5 にあるような固有の回路記号がある．真理値表と回路記号は図 4.5 のようになる．

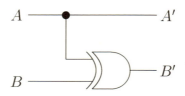

図 **4.4** 制御 NOT 回路

▶ 例題 4.2　出力 A', B' から入力 A, B を求め，制御 NOT ゲートが可逆であることを確かめよ．

4.1 基本的量子ゲート **85**

A	B	A'	B'
0	0	0	0
0	1	0	1
1	0	1	1
1	1	1	0

制御 NOT の真理値表

制御 NOT の回路記号

図 **4.5** 制御 NOT の真理値表と回路記号

解
$$A = A',$$
$$B = A' \oplus B'$$

で求まる．したがって可逆である． □

一般に多量子ビットをベクトルで表すときは**直積**で表す．2量子ビットの場合，入出力は $2 \times 2 = 4$ 元のベクトルとなる．それぞれ $|0\rangle$，$|1\rangle$ を取りうる A と B の固有状態 $|q_A\rangle$，$|q_B\rangle$ を並べて $|q_A\rangle \otimes |q_B\rangle$，または簡単に $|q_A q_B\rangle$ と書くことにする．基底を $|00\rangle$，$|01\rangle$，$|10\rangle$，$|11\rangle$ の順に並べて，4行1列のベクトルで表すと，

$$|00\rangle = \begin{pmatrix} 1 \\ 0 \\ 0 \\ 0 \end{pmatrix}, |01\rangle = \begin{pmatrix} 0 \\ 1 \\ 0 \\ 0 \end{pmatrix}, |10\rangle = \begin{pmatrix} 0 \\ 0 \\ 1 \\ 0 \end{pmatrix}, |11\rangle = \begin{pmatrix} 0 \\ 0 \\ 0 \\ 1 \end{pmatrix} \tag{4.20}$$

となる．制御 NOT に対応する行列を U とすると，

$$U|00\rangle = |00\rangle, \tag{4.21}$$
$$U|01\rangle = |01\rangle, \tag{4.22}$$
$$U|10\rangle = |11\rangle, \tag{4.23}$$
$$U|11\rangle = |10\rangle \tag{4.24}$$

なので，

$$U = \begin{pmatrix} 1 & 0 & 0 & 0 \\ 0 & 1 & 0 & 0 \\ 0 & 0 & 0 & 1 \\ 0 & 0 & 1 & 0 \end{pmatrix} \quad (4.25)$$

となる．一般の n 量子ビットの場合は，入出力は 2^n 元のベクトルとなる．

4.2 制御演算ゲート

2 量子ビットゲートで，1 ビットユニタリ変換を伴う制御演算ゲートは次のように定義される；

- $A = 0$ のとき，$A' = A = 0$ かつ $B' = B$．
- $A = 1$ のとき，$A' = A = 1$ だが，B はユニタリ変換 U を受け，$B' \neq B$．

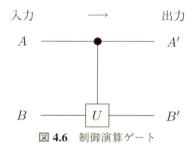

図 4.6 制御演算ゲート

回路図は図 4.6 のように描く．行列は

$$\begin{pmatrix} 1 & 0 & 0 & 0 \\ 0 & 1 & 0 & 0 \\ 0 & 0 & \langle 0|U|0\rangle & \langle 0|U|1\rangle \\ 0 & 0 & \langle 1|U|0\rangle & \langle 1|U|1\rangle \end{pmatrix} \quad (4.26)$$

となる．特に，$U = U(\phi)$（第 4.1 節参照）の位相ゲートのときには，制御位相と呼ばれる．これは量子フーリエ変換等で使用され量子アルゴリズムを実行する際の最も重要なゲートの 1 つである．

$$U(\phi) = \begin{pmatrix} 1 & 0 & 0 & 0 \\ 0 & 1 & 0 & 0 \\ 0 & 0 & 1 & 0 \\ 0 & 0 & 0 & e^{i\phi} \end{pmatrix} \tag{4.27}$$

▶ 例題 4.3　図 4.7 の 2 種の回路を行列で表せ.

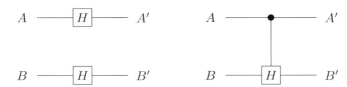

(a) 独立してアダマール変換を施す　　(b) 制御アダマール変換

図 4.7　アダマールゲートを使った 2 量子ビット回路の例

解　(a) 演算を O と書き，$|00\rangle, |01\rangle, |10\rangle, |11\rangle$ がどのように変換されるかを考えると

$$\begin{aligned}
O|00\rangle &= \frac{1}{\sqrt{2}}(|0\rangle + |1\rangle)_A \otimes \frac{1}{\sqrt{2}}(|0\rangle + |1\rangle)_B \\
&= \frac{1}{2}|00\rangle + \frac{1}{2}|01\rangle + \frac{1}{2}|10\rangle + \frac{1}{2}|11\rangle, \\
O|01\rangle &= \frac{1}{\sqrt{2}}(|0\rangle + |1\rangle)_A \otimes \frac{1}{\sqrt{2}}(|0\rangle - |1\rangle)_B \\
&= \frac{1}{2}|00\rangle - \frac{1}{2}|01\rangle + \frac{1}{2}|10\rangle - \frac{1}{2}|11\rangle, \\
O|10\rangle &= \frac{1}{\sqrt{2}}(|0\rangle - |1\rangle)_A \otimes \frac{1}{\sqrt{2}}(|0\rangle + |1\rangle)_B \\
&= \frac{1}{2}|00\rangle + \frac{1}{2}|01\rangle - \frac{1}{2}|10\rangle - \frac{1}{2}|11\rangle, \\
O|11\rangle &= \frac{1}{\sqrt{2}}(|0\rangle - |1\rangle)_A \otimes \frac{1}{\sqrt{2}}(|0\rangle - |1\rangle)_B \\
&= \frac{1}{2}|00\rangle - \frac{1}{2}|01\rangle - \frac{1}{2}|10\rangle + \frac{1}{2}|11\rangle.
\end{aligned}$$

上の式から順に，係数を縦にして左から順に並べることにより

$$O = \frac{1}{2}\begin{pmatrix} 1 & 1 & 1 & 1 \\ 1 & -1 & 1 & -1 \\ 1 & 1 & -1 & -1 \\ 1 & -1 & -1 & 1 \end{pmatrix}$$

を得る．

(b) 同様に

$$O|00\rangle = |00\rangle,$$
$$O|01\rangle = |01\rangle,$$
$$O|10\rangle = |1\rangle_A \otimes \frac{1}{\sqrt{2}}(|0\rangle + |1\rangle)_B$$
$$= \frac{1}{\sqrt{2}}|10\rangle + \frac{1}{\sqrt{2}}|11\rangle,$$
$$O|11\rangle = |1\rangle_A \otimes \frac{1}{\sqrt{2}}(|0\rangle - |1\rangle)_B$$
$$= \frac{1}{\sqrt{2}}|10\rangle - \frac{1}{\sqrt{2}}|11\rangle,$$

したがって

$$O = \begin{pmatrix} 1 & 0 & 0 & 0 \\ 0 & 1 & 0 & 0 \\ 0 & 0 & 1/\sqrt{2} & 1/\sqrt{2} \\ 0 & 0 & 1/\sqrt{2} & -1/\sqrt{2} \end{pmatrix}$$

となる． □

- 交換

 2量子ビットの状態ベクトルを交換するゲート．行列で表すと

$$\begin{pmatrix} 1 & 0 & 0 & 0 \\ 0 & 0 & 1 & 0 \\ 0 & 1 & 0 & 0 \\ 0 & 0 & 0 & 1 \end{pmatrix} \tag{4.28}$$

となり，回路記号は図 4.8 で表される．古典的コンピュータの回路で

図 **4.8** 交換

は，入力側と出力側が別で，出力は別の素子に行くので，交換は配線だけの話であったが，量子コンピュータでは，多くの場合，1つの量子状態の時間的変化を追っているので，交換も重要なゲートである．

- フレドキンゲート

フレドキンゲート（Fredkin gate）または**制御交換ゲート**(controlled-exchange gate) と呼ばれる3量子ビットゲートは

$$A' = A, \tag{4.29}$$
$$B' = (\overline{A} \cdot B) \oplus (A \cdot C), \tag{4.30}$$
$$C' = (\overline{A} \cdot C) \oplus (A \cdot B) \tag{4.31}$$

で表される働きをする．すなわち，A' には A がそのまま出力され，B'，C' については

- $A=0$ のとき，入力 B，C がそのまま B'，C' に出力される．
- $A=1$ のとき，B，C が交換されて出力される．

真理値表と回路記号は図 4.9 のようになる．一方，出力のうち B' に注目すると，$A=0$ のとき B が，$A=1$ のとき C が出力される．すなわち A をアドレスとして B か C のどちらかを選ぶマルチプレクサとして働く．また，入力の一部を固定することによってさまざまな基本ゲートが実現できる．たとえば，

- フレドキンゲートによる AND ゲート：入力のうち $C=0$ を固定すると

$$C' = A \cdot B$$

90　第4章　量子ゲート

A	B	C	A'	B'	C'
0	0	0	0	0	0
0	0	1	0	0	1
0	1	0	0	1	0
0	1	1	0	1	1
1	0	0	1	0	0
1	0	1	1	1	0
1	1	0	1	0	1
1	1	1	1	1	1

フレドキンゲートの真理値表

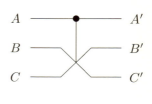

フレドキンゲートの回路記号

図 4.9　フレドキンゲートの真理値表と回路記号

となり，ANDゲートとなる．

- フレドキンゲートによるNOTゲート：$B=0$, $C=1$とすれば

$$C' = \overline{A}$$

となり，NOTゲートができる．

3量子ビットの状態は$2^3 = 8$元ベクトルで表され，演算は8×8行列で表される．ベースを$|000\rangle$, $|001\rangle$, $|010\rangle$, $|011\rangle$, $|100\rangle$, $|101\rangle$, $|110\rangle$, $|111\rangle$の順にとると，フレドキンゲートに対応する行列は

$$\begin{pmatrix} 1 & 0 & 0 & 0 & 0 & 0 & 0 & 0 \\ 0 & 1 & 0 & 0 & 0 & 0 & 0 & 0 \\ 0 & 0 & 1 & 0 & 0 & 0 & 0 & 0 \\ 0 & 0 & 0 & 1 & 0 & 0 & 0 & 0 \\ 0 & 0 & 0 & 0 & 1 & 0 & 0 & 0 \\ 0 & 0 & 0 & 0 & 0 & 0 & 1 & 0 \\ 0 & 0 & 0 & 0 & 0 & 1 & 0 & 0 \\ 0 & 0 & 0 & 0 & 0 & 0 & 0 & 1 \end{pmatrix} \quad (4.32)$$

で表される．

▶ 例題 4.4　AND ゲートと NOT ゲートをいくつか組み合わせると OR ゲートができることを示せ．

解　図 4.10 のようにすればよい．

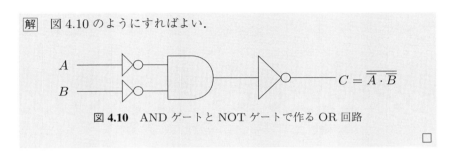

図 **4.10**　AND ゲートと NOT ゲートで作る OR 回路

このように，フレドキンゲートを用いれば，AND, OR, NOT ができるので，どのような論理回路もできる．

● トッフォリゲート

トッフォリゲート（Toffoli gate）または**制御・制御 NOT**（controlled-controlled-NOT）と呼ばれ，次の式で定義される．

$$A' = A, \tag{4.33}$$

$$B' = B, \tag{4.34}$$

$$C' = C \oplus (A \cdot B) \tag{4.35}$$

真理値表と回路記号は図 4.11 のようになる．3 量子ビットゲートなので，入出力は 8 次元ベクトルで表され，演算は

$$\begin{pmatrix} 1 & 0 & 0 & 0 & 0 & 0 & 0 & 0 \\ 0 & 1 & 0 & 0 & 0 & 0 & 0 & 0 \\ 0 & 0 & 1 & 0 & 0 & 0 & 0 & 0 \\ 0 & 0 & 0 & 1 & 0 & 0 & 0 & 0 \\ 0 & 0 & 0 & 0 & 1 & 0 & 0 & 0 \\ 0 & 0 & 0 & 0 & 0 & 1 & 0 & 0 \\ 0 & 0 & 0 & 0 & 0 & 0 & 0 & 1 \\ 0 & 0 & 0 & 0 & 0 & 0 & 1 & 0 \end{pmatrix} \tag{4.36}$$

92　第4章　量子ゲート

A	B	C	A'	B'	C'
0	0	0	0	0	0
0	0	1	0	0	1
0	1	0	0	1	0
0	1	1	0	1	1
1	0	0	1	0	0
1	0	1	1	0	1
1	1	0	1	1	1
1	1	1	1	1	0

トッフォリゲートの真理値表

トッフォリゲートの回路記号

図 4.11　トッフォリゲートの真理値表と回路記号

の 8×8 行列となる．トッフォリゲートで $A = 1$ とおけば $C' = B \oplus C$ となるので，制御 NOT となる．また，$C = 0$ とおけば $C' = A \cdot B$ で AND もできる．

▶ 例題 4.5　トッフォリゲートと制御 NOT を組み合わせて半加算器と全加算器を作れ．

解　入力 X, Y の半加算器の和は $S = X \oplus Y$ なので制御 NOT でできる．桁上げは $C = X \cdot Y$ なので制御・制御 NOT で最後の入力を 0 とすればできる．したがって，図 4.12 の (a) のようにすればよい．

入力 X, Y, Z の全加算器の和は $X \oplus Y \oplus Z$ なので制御 NOT を 2 回使えばできる．桁上げは $C = X \cdot Y + Y \cdot Z + Z \cdot X$ であるが，たとえば図 4.12 の (b) ようにすればよい．

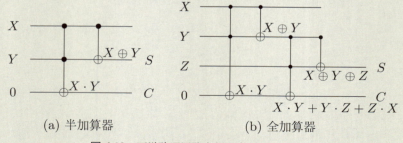

(a) 半加算器　　　　(b) 全加算器

図 4.12　可逆論理回路を組み合わせた加算器

□

4.3 量子チューリング機械

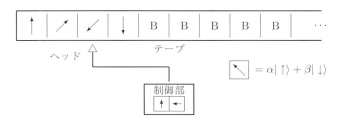

図 **4.13** 量子チューリング機械

ベネット（C. H. Bennett），ベニオフ（P. Benioff），ファインマン（R. P. Feynman）らによって，チューリング機械の量子版である**量子チューリング機械**がいろいろ考案された．特に整ったものがドイチュ（D. Deutsch）のものである（図 4.13）．テープの各マス目を 0 と 1 の重ね合わせにすることが可能である．矢印が真上を向いたものは 0 を，真下を向いたものは 1 を表し，斜め向いた矢印が一般の量子ビットになる．図では略したが，3 次元的に球で描けば位相を入れることができる．非決定的または確率的な古典的チューリング機械に似ているが，古典的なものが実際は 1 つの道筋しか選べないことに対して，量子チューリング機械は量子力学的な重ね合わせに基づく並列計算ができる．そのため探索等のある種の計算では，古典的チューリング機械では扱えない指数的計算量の問題が量子チューリング機械では扱える範囲の多項式計算量になる．ただし計算量でなく計算可能性については，量子チューリング機械と古典的チューリング機械は同じであることが証明されている．

4.4 量子フーリエ変換（3 ビットの場合）

q 個のデータ $u_0, u_1, \ldots, u_{q-1}$ に対して重みを付けた和：

$$f_c = \frac{1}{\sqrt{q}} \sum_{a=0}^{q-1} u_a \, e^{2\pi i a c/q} \qquad (c = 0, 1, \ldots, q-1) \tag{4.37}$$

が定義される．こうして得られる q 個の値 $f_0, f_1, \ldots, f_{q-1}$ を $u_0, u_1, \ldots, u_{q-1}$ の**離散フーリエ変換**という．逆に，フーリエ変換がわかれば元のデータ

94　第4章　量子ゲート

を逆変換：

$$u_a = \frac{1}{\sqrt{q}} \sum_{c=0}^{q-1} f_c \, e^{-2\pi i a c/q} \qquad (a = 0, 1, \ldots, q-1) \qquad (4.38)$$

によって求めることができる．(4.38) 式により，f_c は u_a を $e^{-2\pi i a c/q} = \cos(\frac{2\pi c}{q}a) - i\sin(\frac{2\pi c}{q}a)$ で展開するときの係数となっているので，$\omega_c = 2\pi c/q$ の周波数成分と見ることができる．

　フーリエ変換を量子論理回路で実行することを**量子フーリエ変換**（quantum Fourier transform）または **QFT** と呼ぶ．q 個の正規直交状態ベクトル $|0\rangle, |1\rangle, \ldots, |q-1\rangle$ に対する変換は，状態 $|a\rangle$ $(0 \leq a \leq q-1)$ に対して

$$\frac{1}{\sqrt{q}} \sum_{c=0}^{q-1} e^{2\pi i a c/q} |c\rangle \qquad (4.39)$$

と変換するユニタリ変換 U を見つければよい．そうすれば，基底 $|a\rangle$ の成分が $u_0, u_1, u_2, \ldots, u_{q-1}$ である状態ベクトルが，(4.39) 式によって，成分が $f_0, f_1, f_2, \ldots, f_{q-1}$ である状態ベクトルに変換される．なぜなら，元の状態ベクトルを

$$|A\rangle = \sum_a u_a |a\rangle \qquad (4.40)$$

とすると，ベース $|a\rangle$ が (4.39) 式の変換によって

$$|B\rangle = U|A\rangle = \sum_a u_a \left(\frac{1}{\sqrt{q}} \sum_c e^{2\pi i a c/q} |c\rangle \right)$$
$$= \sum_c \left(\frac{1}{\sqrt{q}} \sum_a u_a e^{2\pi i a c/q} |c\rangle \right) \qquad (4.41)$$

となり，$|c\rangle$ の成分が (4.37) 式で定義される f_c に等しいからである．

　変換 (4.39) 式の具体例として，$q = 2^3 = 8$ の場合のフーリエ変換を行ってみよう．3量子ビットで $|q_2 q_1 q_0\rangle$ で整数 a の二進法表現 $a_2 a_1 a_0$ の各桁を量子ビットに対応させる．すなわち $a = 2^0 a_0 + 2^1 a_1 + 2^2 a_2$ とする．変換後の成分 c についても $c = 2^0 c_0 + 2^1 c_1 + 2^2 c_2$ とする．$e^{2\pi i \times 整数} = 1$ に注意して

4.4 量子フーリエ変換（3ビットの場合）

$$|a_2 a_1 a_0\rangle \to \frac{1}{\sqrt{8}} \sum_{c_2=0}^{1} \sum_{c_1=0}^{1} \sum_{c_0=0}^{1} e^{2\pi i (a_0 + 2a_1 + 4a_2)(c_0 + 2c_1 + 4c_2)/8} |c_2 c_1 c_0\rangle$$

$$= \left(\frac{1}{\sqrt{2}} \sum_{c_2=0}^{1} e^{2\pi i (4c_2)(a_0 + 2a_1 + 4a_2)/8} |c_2\rangle_2 \right)$$

$$\otimes \left(\frac{1}{\sqrt{2}} \sum_{c_1=0}^{1} e^{2\pi i (2c_1)(a_0 + 2a_1 + 4a_2)/8} |c_1\rangle_1 \right)$$

$$\otimes \left(\frac{1}{\sqrt{2}} \sum_{c_0=0}^{1} e^{2\pi i c_0 (a_0 + 2a_1 + 4a_2)/8} |c_0\rangle_0 \right)$$

$$= \frac{1}{\sqrt{2}} \left(|0\rangle_2 + e^{2\pi i \cdot a_0/2} |1\rangle_2 \right)$$

$$\otimes \frac{1}{\sqrt{2}} \left(|0\rangle_1 + e^{2\pi i \cdot (a_1/2 + a_0/4)} |1\rangle_1 \right)$$

$$\otimes \frac{1}{\sqrt{2}} \left(|0\rangle_0 + e^{2\pi i \cdot (a_2/2 + a_1/4 + a_0/8)} |1\rangle_0 \right) \quad (4.42)$$

となる．ここで，(4.42) 式を求める回路について考える．まず右辺の最初の行は

- $a_0 = 0$ のとき $\frac{1}{\sqrt{2}}(|0\rangle + |1\rangle)$
- $a_0 = 1$ のとき $\frac{1}{\sqrt{2}}(|0\rangle - |1\rangle)$

となるので $|a_0\rangle$ にアダマール変換をしたのと同じである．したがって図 4.14

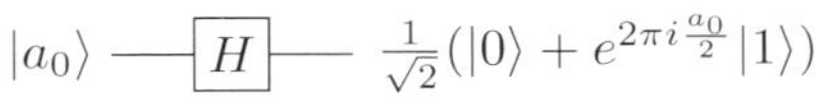

$$|a_0\rangle \longrightarrow \boxed{H} \longrightarrow \frac{1}{\sqrt{2}}(|0\rangle + e^{2\pi i \frac{a_0}{2}} |1\rangle)$$

図 **4.14** a_0 からの回路

で求まる．その下の行は a_1 に依存する部分は同様に $|a_1\rangle$ のアダマール変換で実現できるが，a_0 に依存する部分がある．そこで

- $a_0 = 0$ のとき $e^{2\pi i \cdot a_0/4} = 1$
- $a_0 = 1$ のとき $e^{2\pi i \cdot a_0/4} = e^{i\pi/2} \, (= i)$

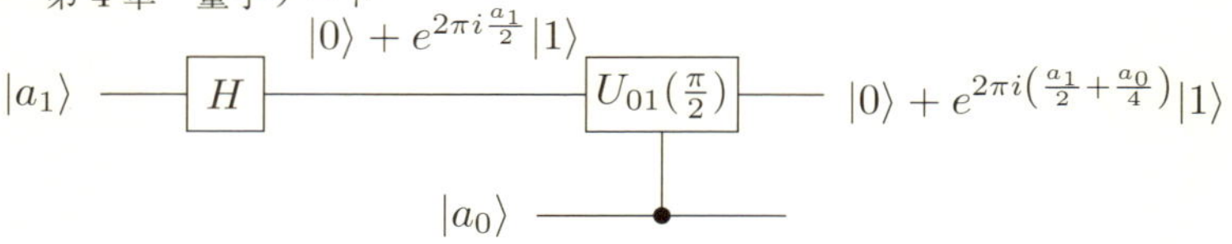

96 第 4 章 量子ゲート

$$|a_1\rangle - \boxed{H} - \overset{|0\rangle + e^{2\pi i \frac{a_1}{2}}|1\rangle}{} - \boxed{U_{01}(\frac{\pi}{2})} - |0\rangle + e^{2\pi i (\frac{a_1}{2} + \frac{a_0}{4})}|1\rangle$$

$$|a_0\rangle \bullet$$

図 **4.15** a_1 からの回路

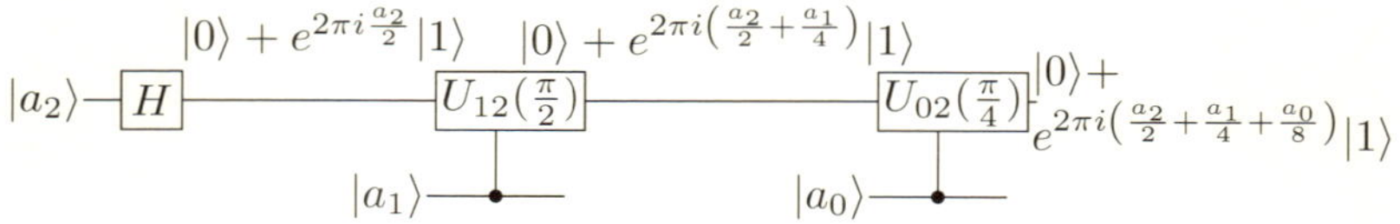

$$|a_2\rangle - \boxed{H} - \overset{|0\rangle + e^{2\pi i \frac{a_2}{2}}|1\rangle}{} \boxed{U_{12}(\frac{\pi}{2})} \overset{|0\rangle + e^{2\pi i (\frac{a_2}{2} + \frac{a_1}{4})}|1\rangle}{} \boxed{U_{02}(\frac{\pi}{4})} \overset{|0\rangle +}{e^{2\pi i (\frac{a_2}{2} + \frac{a_1}{4} + \frac{a_0}{8})}|1\rangle}$$

$$|a_1\rangle \bullet |a_0\rangle \bullet$$

図 **4.16** a_2 からの回路

に注目して第 4.1 節の制御位相ゲート $U(\phi = \pi/2)$ を使えば 図 4.15 により c_1 が生成される.さらに最後の行も同様に考えて 図 4.16 で c_0 が作られる.以上をまとめると図 4.17 の 3 量子ビット ($q = 8$) のフーリエ変換回路ができる.

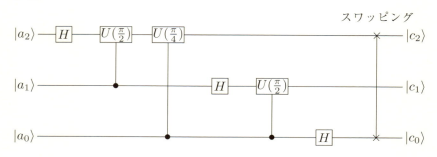

図 **4.17** 3 量子ビットのフーリエ変換回路

一般化 ($q = 2^n$, $n \geq 4$) は容易であり,第 6 章で扱われる.なお,上位ビットと下位ビットの逆転が必要になる.ビット逆転の問題は**高速フーリエ変換** (fast Fourier transform, FFT) でも起きる.図 4.18 は同様の $q = 8$ の変換を高速フーリエ変換で行う方法を示す.たとえばステップ 1 における計算では,u_0 と u_4 から,1 つには

$$u_0 + u_4$$

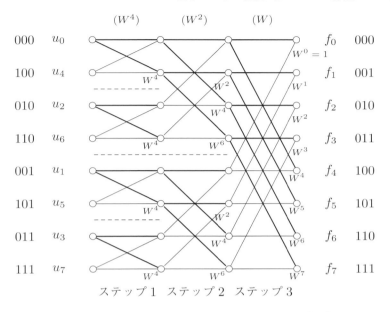

図 4.18 $q = 2^3 = 8$ のときの高速フーリエ変換 (FFT). $W = e^{2\pi i/8} = (1+i)/\sqrt{2}$ は 1 の 8 乗根である.

を計算して保存し,もう 1 つには

$$u_0 + W^4 u_4$$

を計算して保存することを示している.図 4.18 の白丸は計算すべき値を示し,それらの左に添えた記号はかけるべき因子を示している.このように続けていくと,3 ステップの後に,8 で割れば (4.37) 式で定義したフーリエ変換が求められる.一般の q の場合への拡張も可能である.

計算量を比較してみよう.データが $q = 2^n$ 個あるとき,離散フーリエ変換の (4.37) 式をそのまま使うと $O(q^2) = O(2^{2n})$ のオーダーになる.また,FFT では,図 4.18 からわかるように,1 ステップあたり q 回のかけ算と足し算のセットが必要である.ステップの数が n であるから,全部で $O(q \log q) = O(n\, 2^n)$ のオーダーの計算量になる.一方 QFT では,最初に n 個のゲートを通り,次に $n-1$ 個のゲート,さらに $n-2$ 個のゲート,というようにして 1 個まで

いくので，全部で $O(n^2) = O((\log q)^2)$ となる．すなわち古典コンピュータでの FFT で n の指数関数として増加していた因子が QFT では多項式的になる．これが量子力学的並列性の結果である．なお，ビット逆転は FFT でも QFT でも $O(n)$ であるため主要な項ではない．

4.5 演習問題

1. フレドキンゲートとトッフォリゲートについて，出力 (A', B', C') から逆に入力 (A, B, C) を得る論理式を求めよ．

2. 2 ビットのマルチプレクサを，フレドキンを組み合わせて設計せよ．すなわち，図 4.19(a) のようにして，入力データ $X = x_1 x_0$ と $Y = y_1 y_0$ とアドレス 1 ビット A に対して，$A = 0$ のとき $Z = X$，$A = 1$ のとき $Z = Y$ が出力されるようにせよ．

3. フレドキンゲートばかり組み合わせて OR が出力される回路を作れ．

4. 図 4.19(b) のような，2 進法 2 ビットの数 $X = x_1 x_0$，$Y = y_1 y_0$ の mod 4 の加算 $Z = X + Y \pmod 4$ をする回路を，制御 NOT とトッフォリゲートを組み合わせて設計せよ．

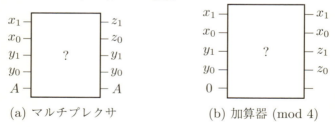

(a) マルチプレクサ　　　(b) 加算器 (mod 4)

図 **4.19**　演習問題

5. 離散フーリエ変換 (4.37) 式がユニタリ変換であることを示せ．また，(4.37) 式で求めた f_c を (4.38) 式のように足し合わせると元の u_a が得られることを示せ．

6. 図 4.17 の回路が (4.39) 式の変換を行うことを，図中のそれぞれの素子に対応する 8×8 行列を乗ずることによって確認せよ．

7 量子1ビット：
$$|x\rangle = x_0|0\rangle + x_1|1\rangle = \begin{pmatrix} x_0 \\ x_1 \end{pmatrix} \quad (4.43)$$

に相当する系が
$$V = \sigma_y = \begin{pmatrix} 0 & -i \\ i & 0 \end{pmatrix} \quad (4.44)$$

という作用により
$$i\frac{d}{dt}|x\rangle = V|x\rangle \quad (4.45)$$

という時間変化をする（ただし，自然単位系を採用して作用の強さや $\hbar$ は 1 とした）．この作用が適当な時間 t だけ掛けることによりアダマールゲート：
$$H = \frac{1}{\sqrt{2}} \begin{pmatrix} 1 & 1 \\ 1 & -1 \end{pmatrix} \quad (4.46)$$

の働きをするかどうか検討せよ．

第 5 章
情報・通信の理論

　エントロピーは系の「無秩序性」，「不確定性」を示す概念として，熱力学で最初に導入された．一般に，物理学では分子などの物質や熱の拡散を表す量として，広く使われている．しだいにエントロピーの考え方は，広く他の分野でも使われ始め，通信においてもエントロピーという概念が，一定の情報をどれだけ速く送ることができるかに関係する量として重要であることがわかってきた．現代のデータ通信では，文字にしても画像にしても，すべてビットとして送られる．データをビットに変換するアルゴリズムは数多く存在するが，同じ内容を送るならばできる限り少ないビット数に変換する方が，保存しやすいし，また速い通信を行うことができる．したがってエントロピーの概念は別の見方をすれば，データの圧縮に密接に関わっていることになる．この章では，シャノンに代表される古典的な情報の取り扱いや，古典的エントロピーの量子情報への拡張としてのフォン・ノイマンのエントロピーを紹介する．

5.1　エントロピー
5.1.1　情報量の定義

　ある事柄について，N 通りの結果が同じ確率で期待されているとき，それを知ることによって得られる**情報量** I は，2 進法のビットを単位として

第5章 情報・通信の理論

$$I = \log_2 N \tag{5.1}$$

と定義される．たとえば，コインを投げて，落ちたとき，表が上か，裏が上かということに伴う情報量は $N=2$ であるので $I = \log_2 2 = 1$ ビットである．もしコインを2回投げ，2回分の結果を知ることは，「表表」，「表裏」，「裏表」，「裏裏」の $2^2 = 4$ 通りの場合があるので，情報量は $I = \log_2 2^2 = 2$ ビットとなる．同様に，もし3回投げたときの結果は3ビットとなるので，(5.1)式は直感的にも自然に納得できる定義といえよう．

一般に，第1の事象が N_1 通り，第2の事象が N_2 通りの場合があり，それぞれ独立に起こる場合，両方の結果を知ることは $N_1 \times N_2$ 通りの中から1つの事象が決まることになるので，情報量は $I_{12} = \log_2(N_1 \times N_2)$ となる．これはちょうど1番目の事象の情報量 $I_1 = \log_2 N_1$, 2番目の $I_2 = \log_2 N_2$ との和になっている．

▶ **例題 5.1** サイコロを1回振ったときの情報量はいくらか．

解 サイコロの目は6通りあるから，情報量は $\log_2 6 \approx 2.585$ ビットとなる． □

5.1.2 シャノンのエントロピー

文字を次々に送るとき，1文字の情報量はどれだけとなるか．コインやサイコロとの相違は，目の出る確率が等しくないことである．文字の種類が N 種あり，第 i 番目の出現する確率を p_i とする．たとえば，あいうえお五十音では $N = 50$ （ヤ行，ラ行，ワ行の不足分を抜いて濁点，半濁点，小文字，読点，句点等を加えて考えている），アルファベットでは $N = 26$ （スペース，ピリオド等を加えると増加する）である．「文字」と書いたが，コインの「表」と「裏」や，サイコロの6個の数字も同じように考えることができる．これらの場合の1文字当たりの情報量を，シャノン（C. E. Shannon）は

$$I = -\sum_{i=1}^{N} p_i \log_2 p_i \tag{5.2}$$

と定義し，エントロピーと呼んだ．(5.2) 式は，1 文字当たりのエントロピー：

$$I_i = -\log_2 p_i \tag{5.3}$$

を，全文字で平均したとも見ることができる．なお，$p_i = 0$ の場合は対数が定義されないが，その場合極限 $\lim_{p_i \to 0} p_i \log_2 p_i = 0$ を使う．$0 \leq p_i \leq 1$ だから各項とも $-p_i \log_2 p_i \geq 0$ となり，したがって $I \geq 0$ である．エントロピー (5.2) 式は情報量 (5.1) 式を一般化したものである．実際，N 個の文字が等確率で出現すればすべての i について $p_i = 1/N$ となるので，エントロピーは

$$I = -\sum_{i=1}^{N} \frac{1}{N} \log_2 \frac{1}{N} = \log_2 N$$

となり (5.1) 式と同じになる．

事象に 2 通りの種類がある場合を考える．全体の事象数を N 中，$i = 1$ の結果が起こる回数を N_1 個，$i = 2$ の結果が起こる回数を N_2 個とする．そのときの情報量は (5.1) 式に，事象の組合せの数，$N!/(N_1!N_2!)$ を代入すると，

$$I = \log_2 \frac{(N_1 + N_2)!}{N_1! N_2!} \tag{5.4}$$

と求まる．$\log_2 N! = \log_2 e \ln N!$[注6]と N_i が非常に大きいときに成り立つスターリングの公式

$$\ln(N!) \approx N \ln N - N \tag{5.5}$$

を用いて，式 (5.4) は

$$I \approx -(N_1 + N_2) \left[\frac{N_1}{N_1 + N_2} \log_2 \frac{N_1}{N_1 + N_2} + \frac{N_2}{N_1 + N_2} \log_2 \frac{N_2}{N_1 + N_2} \right] \tag{5.6}$$

と書き換えられる．ここで確率として $p_i = N_i/(N_1 + N_2)$ とおけば 1 文字当たりに対する (5.2) 式から導かれるエントロピーと一致する．

▶ 例題 5.2 事象 1, 2, 3 の生ずる確率がそれぞれ p_1，p_2，p_3 のとき，そのエントロピー I について

[注6] これ以降 $\log_e N! = \ln N!$ と書く．

$$I(p_1, p_2, p_3) = I(p_1, p_2 + p_3) + (p_2 + p_3) I\left(\frac{p_2}{p_2 + p_3}, \frac{p_3}{p_2 + p_3}\right) \quad (5.7)$$

が成り立つことを示せ．ここで，$I(p_1, p_j) = p_i \log p_i + p_j \log p_j$ とする．

解 定義式から

$I(p_1, p_2, p_3)$
$= -[p_1 \log p_1 + p_2 \log p_2 + p_3 \log p_3]$
$= -p_1 \log p_1$
$\quad - \left[+p_2 \log\left((p_2+p_3) \cdot \frac{p_2}{p_2+p_3}\right) + p_3 \log\left((p_2+p_3) \cdot \frac{p_3}{p_2+p_3}\right) \right]$
$= -p_1 \log p_1$
$\quad - \left[+p_2 \left(\log(p_2+p_3) + \log \frac{p_2}{p_2+p_3}\right) + p_3 \left(\log(p_2+p_3) + \log \frac{p_3}{p_2+p_3}\right) \right]$
$= -[p_1 \log p_1 + (p_2 + p_3) \log(p_2 + p_3)]$
$\quad - \left[p_2 \log \frac{p_2}{p_2+p_3} + p_3 \log \frac{p_3}{p_2+p_3} \right]$
$= -[p_1 \log p_1 + (p_2 + p_3) \log(p_2 + p_3)]$
$\quad - (p_2 + p_3) \left[\frac{p_2}{p_2+p_3} \log \frac{p_2}{p_2+p_3} + \frac{p_3}{p_2+p_3} \log \frac{p_3}{p_2+p_3} \right]$
$$= I(p_1, p_2 + p_3) + (p_2 + p_3) I\left(\frac{p_2}{p_2 + p_3}, \frac{p_3}{p_2 + p_3}\right) \quad (5.8)$$

となる．この式は，事象 1，2，3 のエントロピー $I(p_1, p_2, p_3)$ が，事象 1 か「2 または 3」の二者択一のエントロピー $I(p_1, p_2+p_3)$ に，選択肢を 2 つに限った上での「2 か 3」かというエントロピー $I(p_2/(p_2+p_3), p_3/(p_2+p_3))$ に重み (p_2+p_3) をかけて足し合わせたものに等しいことを意味している．□

5.1.3 情報の符号化

文字列や絵や記号を，簡単な記号に変換することを「符号化」という．このとき，簡単な記号の組を「符号」という．普通この記号には，ビット値が

用いられ，ビット符号とも呼ばれる．ここでは，情報をいかに有効に符号化できるかを考えてみよう．

▶ 例題 5.3　ある講義の受講者が 200 人いたとして，成績をつける場合の符号化を考える．A（優），B（良），C（可），D（不可）を，それぞれ 1/2, 1/4, 1/8, 1/8 の割合の場合の成績に符号をつける．成績を 0 か 1 の符号に直して，できるだけ短い時間で学校等に送ることを考える．A から D までの記号にどういうビット符号を割り当てたらよいだろうか．

解　すべてを 2 ビットで符号化すると 4 種類の記号があるから，成績は

$$A \to 00,$$
$$B \to 01,$$
$$C \to 10,$$
$$D \to 11$$

のように対応させることができる．たとえば

$$0001111000000110\ldots$$

のように並べて書いておけば，

$$ABDCAABC\ldots$$

と読むことができる．　　　　　　　　　　　　　　　　　　□

上記の解は，最も直感的な符号化である．しかし，この符号化が最も合理的なものであろうか．もっと全体の長さを短くする効率のよい符号化がないかどうか考えてみよう．全体の長さについて，上の方法では，200 人分を保存するために $200 \times 2 = 400$ ビットが必要となる．もっと短くする工夫はないかという疑問に対する答えは，次のようになる．つまり A, B, C, D に対して

$$A \to 0,$$
$$B \to 10,$$

$$C \to 110,$$
$$D \to 111$$

を割り当てよう．こうすると，上と同じ ABDCAABC... の文字列に対して

$$\underbrace{A}_{0}\underbrace{B}_{10}\underbrace{D}_{111}\underbrace{C}_{110}\underbrace{A}_{0}\underbrace{A}_{0}\underbrace{B}_{10}\underbrace{C}_{110}$$

というビット列になる．また逆に，このようなビット列が与えられたとき，ABD... という記号の列を復元することが，曖昧さなしにできるということは，容易に確かめることができる．

上に述べたアルゴリズムでは

- A ... 100 人
- B ... 50 人
- C ... 25 人
- D ... 25 人

なので，全体の符号化の長さは

$$100 \times 1 + 50 \times 2 + 25 \times 3 + 25 \times 3 = 350 \text{ (bits)}$$

となる．すなわち 1 人当たりの平均ビット数にすれば，2 ビットから 1.75 ビットに減ったことになる．このことから例題 5.3 に対する最初の解が最善ではなく，2 番目の解の方が，より有効なアルゴリズムであることがわかる．

ビット符号の長さはどこまで縮めることができるであろうか．この問題に対する答えとして，**情報源符号化定理**（シャノンの第 1 定理）がある．この定理は，i 番目の記号の確率が p_i であるような情報源では，1 記号当たりの符号の長さの平均はエントロピーの値まではいくらでも小さくできることを示している．逆にいうと，エントロピーよりは平均の符号の長さは短くはできないことになる．

上に挙げた成績の例ではどうであろうか．エントロピーは

$$H = \frac{1}{2}\log_2 2 + \frac{1}{4}\log_2 4 + \frac{1}{8}\log_2 8 + \frac{1}{8}\log_2 8 = 0.5 + 0.5 + 0.375 + 0.375 = 1.75$$

となる．すなわち最適化すれば1人当たり1.75ビットまで縮められる可能性がある．したがって，上記の2番目の符号化方式は，ビットの長さがエントロピーの大きさの極限まで縮められていたわけである．

次のような天気に対する場合を考えてみると，シャノンのエントロピーの有効性に疑問が湧くかもしれない．「雨が降らない」が80%，「雨が降る」が20%の確率の天気に対するエントロピーは

$$0.8 \times \log_2 \frac{1}{0.8} + 0.2 \times \log_2 \frac{1}{0.2} = 0.722$$

となり，1情報当たり0.722ビットの符号化が可能になるはずである．

ところが「降らない」に「0」，「降る」に「1」を割り当てるとする．この割り当てか逆の割り当て以外に符号の割り当て方法がないから，1ビットよりも減らしようがないではないかという疑問が湧く．それに対する答えは，2つ以上の情報を組み合わせることである．たとえば，2日間同じ降水確率として，2日間をまとめて，「降らない－降らない」，「降らない－降る」，「降る－降らない」，「降る－降る」として，単純には2ビット必要なところ，確率の高い「降らない－降らない」に短い符号を当てると平均的に短い符号で済むことを示してみよう．確率の高い方から前の例と同じ符号を対応させてみると（○:「降らない」，●:「降る」として），

			確率	符号	長さ
○	○	→	0.64	0	1
○	●	→	0.16	10	2
●	○	→	0.16	110	3
●	●	→	0.04	111	3

平均 1.56

となる．平均の1.56ビットというのは2日分であるから，1日分の平均は0.78ビットとなる．この符号化ではまだエントロピーで与えられる極限の0.722ビットには至らないが，最も単純な符号化の1日平均1ビットという値に比べれば大分改善されている．ただし，この場合，単純な割り当てよりも読み替えが複雑になる．すなわち，平均ビット数を短くするために，その代償として，文字と符号の間の変換の手順，符号化が複雑になるという犠牲を払っている．

一般には，よく現れる記号には短いビットを，滅多に現れない記号には長いビットを割り当てるという考えで，符号化を体系的に行う方法に，**ハフマン符号**と呼ばれる方式がある．

5.1.4　フォン・ノイマンのエントロピー

シャノンのエントロピーは，古典的な確率分布に伴う「不確定性」を表す量である．次に量子状態に対するエントロピーはどのように定義されるか考えてみよう．量子状態の確率分布は，**密度演算子**（**密度行列**）ρ により表される．フォン・ノイマンのエントロピーは密度演算子により，

$$S(\rho) = -\mathrm{tr}(\rho \log \rho) \tag{5.9}$$

と定義される．量子状態 $|n\rangle$ の確率が p_n のとき，密度行列は

$$\rho = \sum_n p_n |n\rangle\langle n| \tag{5.10}$$

と与えられる．フォン・ノイマンのエントロピーはこの密度行列を用いると

$$S(\rho) = -\sum_n p_n \log p_n \tag{5.11}$$

と求められる．温度 T では，p_n はボルツマン因子に比例して，$p_n \propto e^{-E_n/(k_B T)}$ となる．ただし E_n は，状態 $|n\rangle$ の固有値であり，k_B はボルツマン定数である（第9章参照）．

5.2　通信における情報量
5.2.1　雑音と通信路容量

情報を送る場合を考える．途中で信号が歪んだり，妨害が入ったりして，受け手に届くまでに，どうしても，ある確率で誤った情報が届くことは避けられない．不規則に誤りを起こす原因を，一般に**雑音**（ノイズ，noise）と呼ぶ．

さて，一連の情報をビット単位で送ることを考える．もし間違いなく届くなら，1ビットの通信で1ビットの情報を伝えられる．ところが現実にはエ

5.2 通信における情報量

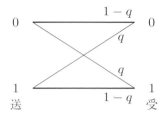

図 **5.1** 雑音のある 2 進記号の通信

ラーのない通信は考えられない．簡単のため，1 ビット当たり q の一定の確率で誤りが届くと仮定する．すなわち，"0" という信号が誤って "1" と届く確率も，"1" という信号が誤って "0" と届く確率も，等しく q であると仮定する．さらに，誤る確率が以前に送った信号が何だったかにも依存しないとして考えよう．

たとえば $q = 1/5$，つまり 5 回に 1 回の割合で誤った情報のやりとりが起こるという条件下で，情報を信頼性のある，間違いの少ない方法で送る工夫を考えてみよう．たとえば，1 つの情報を 3 重にして，送ってみたらどうであろうか．

- 送り手は，送るべき記号がもし 0 ならば 000，もし 1 ならば 111 のように，3 重にして送る．

- 受け手は，たとえ受け取った符号が 3 つ一致していなくても，多数決で正しい符号と解釈する．

こうすれば，誤って伝わるのは送った 3 ビットのうち途中で 2 ビット以上が逆転する場合で，その確率は

$$q' = q^3 + 3q^2(1-q) = q^2(3-2q) \tag{5.12}$$

となる．$q = 1/5 = 0.2$ の場合，3 重にすると誤りは $q' = 13/125 = 0.104$ に減る．このように「冗長性」を付けて誤りを減らすことができる．言い換えると，このアルゴリズムでは，一定の時間に送ることのできる情報量を 1/3 に減らすことにより，すなわち通信速度を犠牲にすることによって，誤りを

110　第5章　情報・通信の理論

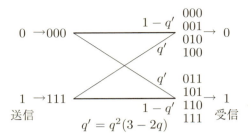

図 5.2　雑音のある 2 進記号の通信．3 重にして送ると，誤りの確率が減る．

減らしていることになる．この方式では，送る符号 3 ビットと受ける符号 3 ビットのうち，1 ビットの相違までならば正しく訂正でき，2 ビット以上異なると誤った解釈がされる．

5.2.2　ハミング距離

　一般に，2 つの同じ長さの符号を比べたとき，異なるビットの数を**ハミング距離**という．たとえば

$$A = 1111\ 0000\ 1111\ 0000,$$
$$B = 0101\ 0000\ 0001\ 1010$$

の間のハミング距離は，7 である．なぜなら第 1, 3, 9, 10, 11, 13, 15 番目の，合計 7 ビットの値が異なるからである．ハミング距離は，通信による情報の誤りを訂正することに利用できる．次のような問題を考えよう．あらかじめ，2 つの符号 A と B の内どちらかが正しいとわかっていたとする．そのとき，次のような符号 C が送られてきた；

$$C = 0101\ 0000\ 0111\ 0000.$$

この符号 C には誤りが含まれている．しかし，ハミング距離を計算すると，C と A の間は 3，C と B の間は 4 であることがわかる．このことによりハミング距離の近い方 A が正しい情報であると判定できる．この場合は，途中で 3 ビットまで誤って符号が送られてきてもハミング距離から正しい情報を

得ることができる．

　一般に，通信における情報は誤りを減らすために，冗長性を付けて，元の情報よりも長い符号に変換される．どのくらい長くすればよいかについて，**通信路符号化定理**（シャノンの第 2 定理）が論じている．その定理によると，通信路には固有の**通信路容量** C が定義され，通信において符号中に真の情報が含まれる率 R（情報のビット数/符号のビット数）を C 以下に，すなわち $R \leq C$ にすれば，誤って伝わる確率を限りなく小さくできるような符号化方式が存在する．逆に，どのような符号化方式を使っても，$R > C$ であるような通信では誤りの確率を減らすことには限りがある．第 5.2.1 項の雑音の例の場合，通信路容量が

$$C = 1 - q \log_2 \frac{1}{q} - (1-q) \log_2 \frac{1}{1-q} \tag{5.13}$$

となることが知られている．数値的な例として $q = 1/5$ の場合を考えると，$C \approx 0.278$ となる．定理によれば，やりとりされる符号の 1 ビット当たりの情報量が 0.278 ビット以下でよければ誤りの確率がいくらでも小さい通信用符号化方式が存在することになる．前に挙げた "0" や "1" を 3 重にして送る方式は $R = 1/3 \approx 0.333$ であり，誤りの確率 q'=104 はもともとの確率 q=0.2 よりは小さいが，無視できるほど小さいというわけではない．この場合 $R > C$ なので，どのように符号化方式を工夫しても，誤りは 0 にはできない．しかし，さらに "0" や "1" を 4 重にして "0000" や "1111" として送るとどうなるであろうか．この場合，$R = 1/4 = 0.25$ となり，$R < C$ なので誤りのない符号化が可能になる．

　通信路速度は 1 秒当たりの送信される情報量をもって定義される．それは上の通信路容量 C に 1 秒当たり送信される符号のビット数を乗ずることに対応する．たとえば，1 秒間に符号 10 万ビットが送られる通信系では $q = 1/5$ の場合 $C \approx 0.278$ なので，通信路速度は 27800 ビット/秒となる．したがって，伝送速度 27800 ビット/秒以下ならば誤りを限りなく少なくする符号化が可能である．通信路速度は，誤りのない符号化方式を判定する際には通信路容量と同じ働きを持つ．

5.2.3 シャノンの定理

通信路容量 (5.13) 式の意味を考えてみよう．通信途中での 1 ビット当たりの誤りの確率が q とする．ここで誤り確率は，$q < 1/2$ とする．もし，$q = 1/2$ とすると，誤りの少ない符号化方式を工夫できるだろうか．この場合，通信路容量は (5.13) 式から，$C=0$ となり，どのように工夫しても誤りの少ない符号化はできないということになる．これは，1 つの符号が確率 50%の割合で誤るので，"0" は "0" と "1" の等確率，"1" は "1" と "0" の等確率で送信され，いくら冗長化しても "0" と "1" の区別ができないということである．

$q < 1/2$ 通信路で，M ビットの情報を送ることを考える．しかし，M ビットの情報を同じ長さで符号化しては，途中で誤りが発生し，平均 qM ビットの確率で誤ってしまう．すると受け手はどのビットが誤りか判別できない．そこで，送る前に冗長なビットを付けて，符号化の全長を L ビットとする．こうしておくと，L ビットのうち途中で誤るビットの数は平均 qL となる．もちろん，実際の誤りの数は平均そのものではなく，平均値のまわりに分散する．L ビットのうち，n ビットの誤りがある確率を $P(n)$ とすると，組合せの理論から，その確率は 2 項分布として

$$P(n) = q^n (1-q)^{L-n} \begin{pmatrix} L \\ n \end{pmatrix} \tag{5.14}$$

と与えられる．ここで，2 項係数は $\begin{pmatrix} L \\ n \end{pmatrix} = L!/((L-n)!n!)$ である．たとえば，図 5.3(a) は，$L = 10$ ビット，$q = 0.3$ の場合について，誤りの個数 n の確率分布 $P(n)$ を示したものである．平均値 $n = 3$ となっているが，その前後にも分布して，10 ビット中 6 ビット誤る確率も相当あることが示されている．L を大きくしていった場合の $P(n)$ の振る舞いを調べてみよう．図 5.3(b) は $L = 1000$ の場合である．$P(n)$ は $n = qL = 300$ が最大で，誤る個数はその前後 ±50 くらいにほとんど集まり，それを越して誤る確率はほとんど 0 になる．L を大きくするほどこの傾向が強くなることは，容易に確かめられるだろう．つまり L が十分大きいときには，L ビットのうちから，ほぼ qL 個の誤りまで正しく訂正できれば正確に情報が伝えられることになる．

L ビットの長さの正しい符号があったとする．その正しい符号に対して，

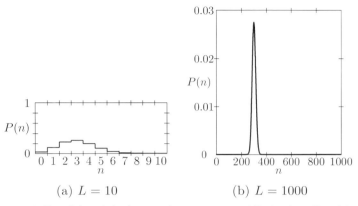

(a) $L = 10$ (b) $L = 1000$

図 5.3 誤る個数の確率の分布（$q = 0.3$）．2 つの図は面積（=1）が等しくなるようにスケールしてある．

1 ビット誤りがある符号は L 個考えられる．2 ビット誤りがある符号の数は $L(L-1)/2$ 個である．一般に，組合せの数から L ビットのうち，qL 個誤りがある場合その種類は $L!/((L-qL)!qL!)$ 個である．この誤りの種類を 1 個から qL 個まですべて加えるとその和は，

$$V = \sum_{n=0}^{qL} \begin{pmatrix} L \\ n \end{pmatrix} \tag{5.15}$$

となる．つまり，1 つの正しい符号に対して V 個の符号の組合せを訂正できれば誤りなしに情報を伝えることができるだろう．L が十分に大きければ，$\begin{pmatrix} L \\ n \end{pmatrix}$ は $n \leq qL < L/2$ のとき n の関数として急激に増加するので，V は (5.15) 式の和の最後の項 $\begin{pmatrix} L \\ qL \end{pmatrix}$ で決定されるとすると，

$$V \approx \begin{pmatrix} L \\ qL \end{pmatrix} \tag{5.16}$$

と考えていいだろう．送りたい個々の情報に対して，それぞれが重ならないように符号を決めれば誤りのない通信が可能となる．たとえば，図 5.4 のように，$M = 3$ ビットの情報を送るとき，ひとつひとつに余分のビットを付

114　第 5 章　情報・通信の理論

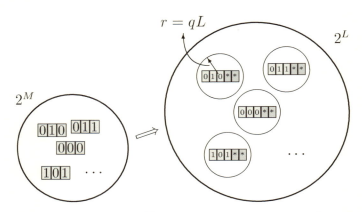

図 5.4　M ビットのメッセージ (2^M 通り) から L ビットのコード (2^L 通り) への符号化の考え方を示す (図は $M = 3$ の場合). qL ビットまで誤った符号が正しく訂正されるためには, 1 つの正しいメッセージに対応する符号からハミング距離が $r = qL$ 以内に, 別の正しい符号が重ならないように符号化する.

けて L ビットの符号として, それぞれの正しい符号のまわりのハミング距離 $r = qR$ の円同士が重ならないようにする. そのためには, M ビットでつくられる「異なるメッセージの数」=2^M よりも, L ビットでつくられる「全符号の組合せの数」=2^L を「1 メッセージ当たりに訂正すべき符号の組合せの数」= $L!/((L-qL)!qL!)$ で割ったものが大きければよい. つまり条件

$$2^M \leq \frac{2^L}{L!/((L-qL)!qL!)} \tag{5.17}$$

が満たされればよい. 式に $L \gg 1$, $Lq \gg 1$ としてスターリングの (5.5) 式を (5.17) 式に応用すると

$$M \leq L\left[1 + q\log_2 q + (1-q)\log_2(1-q)\right] \tag{5.18}$$

が求まる. したがって通信 1 ビット当たりの最大情報量の上限は

$$I \leq M/L \leq 1 - q\log_2 \frac{1}{q} - (1-q)\log_2 \frac{1}{1-q} \tag{5.19}$$

で抑えられる. 逆に符号化の方法を巧妙に工夫することにより, 右辺の通信

路容量の値ぎりぎりまで近づけることも証明されている[注7]．ただし，この極限に達しえるのは，符号の長さ L が十分長い場合であり，長い情報を処理しなければならないので，符号化や復号化が難しくなる．たとえば，$q=1/3$ の場合，(5.19) 式の右辺の通信路容量は 0.082 になるので，誤りのない通信には，送ろうとする 1 データビット当たり，12 ビット以上の符号化ビットが必要になる．つまり，送ろうとするデータの長さの 12 倍の冗長性が必要になる．このように，正確なデータ通信には大容量の符号化や復号化，通信路が必要になる．

5.3　演習問題

1. (5.17) 式から，(5.18) 式を導け．

2. (5.2) 式で定義される量 I の最大値と最小値について調べよ．ただし $0 \leq p_i \leq 1 (1 \leq i \leq N)$ である．

[注7] C. E. Shannon and W. Weaver, *The Mathematical Theory of Communication* (Univ. of Illinois Press, Chicago, 1949). シャノンの第 1，第 2 定理とも，詳しく解説されている．また，R. P. Feynman, *Feynman Lectures on Computation* (Addison-Wesley, Reading, 1996) に直感的な説明がある．

第6章
量子計算

　現在のコンピュータ（古典的コンピュータ）の数学的モデルは1930年代にアラン・チューリング（Alan Turing）により考案され，チューリング機械と呼ばれる．つまり，古典的コンピュータでの問題の解法はチューリング機械上での「手続き」（instruction）として与えられる．この「手続き」の組合せがアルゴリズムと呼ばれる．最も簡単なアルゴリズムの例は，加算や減算等の四則演算である．このようなアルゴリズムの中でも，乗算は速いアルゴリズムであるし，除算やチェス等のゲームは遅いアルゴリズムになる．その典型的なものが因数分解である．ある問題に対して「有効なアルゴリズム」を確立することは，コンピュータのモデルにとって重要な課題である．有効なアルゴリズムとは，計算の手続きが多項式の計算時間で終了するかどうかということである．因数分解の問題を古典的コンピュータで解こうとすると計算時間は指数関数的に増加し，桁数が多くなる程に実際は解くのが不可能だと考えられている．たとえば，RSA139と呼ばれる139桁の数の因数分解には10年の年月がかかった．現在の最も進んだ暗号の1つ「公開鍵暗号」もこの因数分解の難しさに基礎を置いている．

　一方，ショア（P. W. Shor）が1994年に量子コンピュータを用いることにより，大きな数の因数分解が飛躍的な速さ（多項式の計算時間）でできることを証明した．彼の因数分解のアルゴリズムの発見後，量子コンピュータの研究は新しい時代を迎えた．ここ数年の量子コンピュータの理論的および

実験的研究は世界中に大きな拡がりを見せている.

6.1 量子ビットと量子レジスタ

量子ビットは2状態の量子系,たとえば,スピン1/2粒子の上向きスピン $|\uparrow\rangle$ と下向きのスピン $|\downarrow\rangle$ を $|0\rangle$ と $|1\rangle$ に対応させて作ることができる.この量子ビットの集合が量子レジスタ,または単にレジスタと呼ばれる.数字の6を2進法で表すと110であるが,これは量子レジスタでは3つの状態の直積として

$$|6\rangle = |1\rangle \otimes |1\rangle \otimes |0\rangle \tag{6.1}$$

と表される.(6.1)式は3ビットのレジスタと呼ばれる.一般に n ビットのレジスタ状態を $|a\rangle$ というケットベクトルで次のように表す;

$$\begin{aligned}|a\rangle &= |a_{n-1}\rangle \otimes |a_{n-2}\rangle \otimes \cdots \otimes |a_1\rangle \otimes |a_0\rangle \\ &\equiv |a_{n-1}a_{n-2}\cdots a_1 a_0\rangle\end{aligned} \tag{6.2}$$

ここで

$$a = 2^{n-1}a_{n-1} + 2^{n-2}a_{n-2} + \cdots + 2^0 a_0 \tag{6.3}$$

である. n ビットレジスタの表現での最も一般的な状態は

$$|\psi\rangle = \sum_{a=0}^{2^n-1} C_a |a\rangle \tag{6.4}$$

と, $a=0$ から $a=2^n-1$ の数の線型結合である. n ビットレジスタを持つ2つの $|a\rangle$ と $|b\rangle$ の内積は

$$\begin{aligned}\langle a|b\rangle &= \langle a_0|b_0\rangle \langle a_1|b_1\rangle \cdots \langle a_{n-2}|b_{n-2}\rangle \langle a_{n-1}|b_{n-1}\rangle \\ &= \delta_{a,b}\end{aligned} \tag{6.5}$$

となり,規格化直交条件を満たしている.

量子力学の原理を用いることにより,古典ゲートにはない新しい形の可逆的(ユニタリ)ゲートを作ることができる.たとえば,アダマール変換 H によるゲートは

$$H|0\rangle = \frac{1}{\sqrt{2}}(|0\rangle + |1\rangle), \tag{6.6}$$

$$H|1\rangle = \frac{1}{\sqrt{2}}(|0\rangle - |1\rangle) \tag{6.7}$$

の演算を行う．このゲートは (1.110) 式のスピンの回転演算子 $D_y^s\left(\frac{\pi}{2}\right)$ と σ_z の積に等価であり

$$H = D_y^s\left(\frac{\pi}{2}\right)\sigma_z = \left(\cos\left(\frac{\pi}{4}\right)\mathbf{1} - i\sin\left(\frac{\pi}{4}\right)\sigma_y\right)\sigma_z = \frac{1}{\sqrt{2}}\begin{pmatrix} 1 & 1 \\ 1 & -1 \end{pmatrix} \tag{6.8}$$

と表される．スピンの回転は磁場による**シュテルン–ゲルラッハ**（Stern–Gerlach）の実験装置により実行することができる．量子アルゴリズムの多くは**量子並列化**と呼ばれるアルゴリズムに基づいている．量子並列化により，量子コンピュータが多くの変数 x に対して関数 $f(x)$ を有効なアルゴリズムとして同時に計算できることを示してみよう．

関数 $f(x)$ の簡単な例として

$$x \in \{0,1\}, \quad f \in \{0,1\} \tag{6.9}$$

と x も $f(x)$ も 1 ビットの場合を考えてみる．この $f(x)$ の演算を，2 つのレジスタ x, y を持つ状態 $|x,y\rangle$ に作用させる．ここで第 1 レジスタ x はデータレジスタと呼ばれ，第 2 レジスタ y は標的レジスタと呼ばれる．演算子 U_f は状態 $|x,y\rangle$ に作用し

$$U_f|x,y\rangle = |x, y \oplus f(x)\rangle \tag{6.10}$$

を与える演算子とする．ここで $y \oplus f(x)$ は mod 2 の論理和である．U_f は**オラクル演算子**または，「ブラックボックス」と呼ばれる．

図 6.1 のように，まず，データレジスタの状態 $|0\rangle$ にアダマール変換を作用

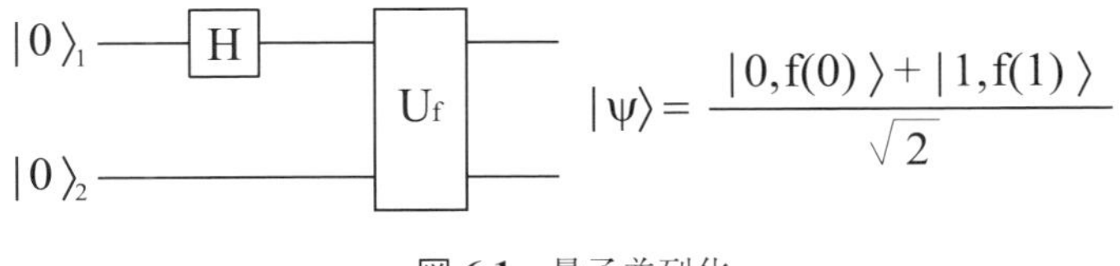

図 **6.1** 量子並列化

させ，次に U_f を作用させると

$$|\psi\rangle = U_f H|0,0\rangle = U_f \frac{1}{\sqrt{2}}\{|0,0\rangle + |1,0\rangle\}$$
$$= \frac{1}{\sqrt{2}}\{|0,f(0)\rangle + |1,f(1)\rangle\} \qquad (6.11)$$

が得られる．この (6.11) 式の状態が量子並列化アルゴリズムによる結果で，状態 $|\psi\rangle$ が $f(0)$ と $f(1)$ の両方の結果を線型結合として「同時に」含んでいる．この点が古典的並列化のアルゴリズムと本質的に異なる点である．つまり，古典的並列化では，それぞれの回路で別々の $f(x)$ の値が計算されるのに対して，量子並列化では 1 つの回路ですべての $f(x)$ の値が計算される．この量子並列化の考え方は，データビットを 1 ビットから n ビットに拡張してもそのまま成立している．アダマール変換による量子ゲートを n ビットの状態 $|0\rangle^{\otimes n} = |00\cdots0\rangle$ の各ビットに作用させることを $H^{\otimes n}$ と表すことにする．このアダマール変換により

$$|\psi\rangle = H^{\otimes n}|0\rangle = H \otimes H \otimes \cdots \otimes H|00\cdots0\rangle$$
$$= \frac{1}{\sqrt{2}}(|0\rangle + |1\rangle) \otimes \frac{1}{\sqrt{2}}(|0\rangle + |1\rangle) \otimes \cdots \otimes \frac{1}{\sqrt{2}}(|0\rangle + |1\rangle)$$
$$= \frac{1}{\sqrt{2^n}}(|00\cdots0\rangle + |00\cdots1\rangle + \cdots + |11\cdots1\rangle)$$
$$= \frac{1}{\sqrt{2^n}} \sum_{x=0}^{2^n-1} |x\rangle \qquad (6.12)$$

と 2^n 個の状態の線型結合が作られる．この (6.12) 式の結果が量子演算の最大の特徴の 1 つになっている．つまり，H ゲートを n 回（多項式の演算）作用させることにより，指数関数的な数の 2^n 個の状態を持つレジスタを作ることができるという古典ゲートではあり得ない画期的なアルゴリズムになっている．

量子コンピュータでの関数 $f(f : x \to f(x))$ の演算を U_f とし，(6.12) 式の状態 $|\psi\rangle$ に作用させると

$$|\psi'\rangle = U_f(|\psi\rangle|0\rangle) = U_f\left(\frac{1}{\sqrt{2^n}} \sum_{x=0}^{2^n-1} |x0\rangle\right)$$

$$= \frac{1}{\sqrt{2^n}} \sum_{x=0}^{2^n-1} |x\rangle |f(x)\rangle \tag{6.13}$$

となる．(6.13) 式の結果は U_f の演算を 1 度作用させることにより，「2^n 個」の関数の値 $f(x)$ が 1 つの状態にすべて含まれていることを示している．この結果も量子力学の原理による結果であるが，現実の量子力学の観測の問題を考えると古典並列化に比べて，どのように有効であるかはそれほど明らかではない．つまり，入力レジスタ 1 つの値 x を観測すれば出力レジスタ $f(x)$ が決まるという結果では，古典的アルゴリズムと変わらないことになってしまう．しかし，この量子計算のアルゴリズムが有効にはたらく例を次に示してみよう．

6.2 ドイチュ–ジョザ（Deutsch–Josza）のアルゴリズム

量子並列化のアルゴリズムの有効性を最初に示したのが，1992 年にドイチュ–ジョザ（Deutsch–Josza）の示したアルゴリズムである．これは次のような特殊な問題であるが量子アルゴリズムを示す典型的な例として知られている．

▶ **例題 6.1**　（ドイチュ–ジョザの量子アルゴリズム）：2^n 個の整数の集合

$$Z_{2^n} = \{0, 1, \cdots, 2^n - 1\} \tag{6.14}$$

から，2 個の整数の集合

$$Z_2 = \{0, 1\} \tag{6.15}$$

への関数 f

$$f : Z_{2^n} \to Z_2 \tag{6.16}$$

が与えられたとき，次の命題のうち，真であるものを見つける量子アルゴリズムを提案せよ．

(a) f は定数関数でない．

(b) $f(Z_i)$ $(i = 0, 1, \cdots, 2^n - 1)$ の 0 の数は 2^{n-1} 個ではない．

[解] 2つの命題のうち少なくとも1つが真であることは容易に証明できる．(a) が真でないとすると $f(Z_i)$ は定数関数になり，常に0または1であり，(b) が真になる．一方 (b) が真でないとすると，$f(Z_i)$ は 2^{n-1} 個の0と 2^{n-1} 個の1を与える関数で定数関数でないので (a) が真になる．一般に $f(Z_i)$ が n' 個 ($n' \neq 2^{n-1}, n' \neq 2^n$) の0を与え，$2^n - n'$ 個の1を与えるとすると，(a), (b) とも真になる．

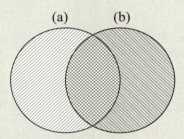

図 **6.2** 命題 (a), (b) が真である領域

この問題を古典的チューリング機械で解くには $2^{n-1}+1$ 回のサブルーチンの呼び出し，つまり $f(Z_i)$ の $2^{n-1}+1$ 回の計算が必要であるが，量子コンピュータではたかだか2回のサブルーチンの呼び出しで計算できることを示してみよう．

量子状態として入力ビット Z_i と出力ビット $f(Z_i)$ を並べて表した状態

$$|Z_i, f(Z_i)\rangle \tag{6.17}$$

を考えることにする．始状態として 2^n 個の状態の線型結合

$$|\psi_i\rangle = \frac{1}{\sqrt{2^n}} \left(\sum_{Z_i=0}^{2^n-1} |Z_i, 0\rangle \right) \tag{6.18}$$

をとる．$f(Z_i)$ の関数を計算し，出力ビットに値を与えるサブルーチンを U_f とする．この U_f を状態 (6.18) 式に作用させると

$$|\psi_1\rangle = U_f |\psi_i\rangle = \frac{1}{\sqrt{2^n}} \left(\sum_{Z_i=0}^{2^n-1} |Z_i, f(Z_i)\rangle \right) \tag{6.19}$$

が求まる．ここで，出力ビットの位相を計算するサブルーチン $\mathbf{1} \otimes \boldsymbol{\sigma}_z$ を (6.19) 式に作用させると

$$|\psi_2\rangle = \mathbf{1} \otimes \boldsymbol{\sigma}_z |\psi_1\rangle = \frac{1}{\sqrt{2^n}} \sum_{Z_i=0}^{2^n-1} (-)^{f(Z_i)} |Z_i, f(Z_i)\rangle \qquad (6.20)$$

が求まる．$|\psi_2\rangle$ にさらに U_f の逆演算子 U_f^{-1} を作用させると

$$|\psi_f\rangle = \frac{1}{\sqrt{2^n}} \left(\sum_{Z_i=0}^{2^n-1} (-)^{f(Z_i)} |Z_i, 0\rangle \right) \qquad (6.21)$$

となる．この (6.21) 式が求める終状態になる．始状態と終状態の重なりをとると

$$P \equiv |\langle \psi_f | \psi_i \rangle|^2 = \left(\frac{1}{2^n}\right)^2 \left| \sum_{Z_i=0}^{2^n-1} (-)^{f(Z_i)} \right|^2 \qquad (6.22)$$

であり，観測により (6.22) 式の値が決まると，命題の真偽を

$$P = \begin{cases} 1 & (b) \text{ が真かつ } (a) \text{ が偽} \\ 0 & (a) \text{ が真かつ } (b) \text{ が偽} \\ 0 < P < 1 & (a) \text{ と } (b) \text{ の両方が真} \end{cases} \qquad (6.23)$$

と判断することができる．このように古典的アルゴリズムでは $2^{n-1}+1$ 回のサブルーチンの呼び出しが必要だった命題が，量子演算の並列アルゴリズムではサブルーチン U_f または U_f^{-1} の呼び出しのたかだか 2 回と位相の計算で済んでしまうことになる． □

ドイチュ–ジョザのアルゴリズムは量子コンピュータの有効性を示す意味では興味深いものであるが，具体的な問題への応用へとはつながらない概念的な問題である．重要な応用への可能性を持つ量子アルゴリズムが次の第 6.3 節でのショアによって示されたアルゴリズムである．

6.3 ショアの因数分解のアルゴリズム

次の 20 桁の整数

$$N = 39772916239307209103 \tag{6.24}$$

を因数分解せよ，という問題を解くにはどうすればよいだろう．整数 N は因数 p, q を持つとすると $N = pq$ と書けるから p か q の一方は $\sqrt{N}$ より小さい．最も初歩的な因数分解の方法は N を 1 から $\sqrt{N}$ までの数で割り算をすることである．(6.24) の場合，$\sqrt{N}$ は 10 桁の数だから数十億回の割り算が必要になる．このアルゴリズムは

$$\sqrt{N} = 2^{\frac{1}{2}\log_2 N} \tag{6.25}$$

の回数のサブルーチンの呼び出しが必要で，その計算量は N の桁数の指数関数として増加するから有効なアルゴリズムではない．一方，2 つの

$$p = 6257493337$$
$$q = 6356046119 \tag{6.26}$$

の積を求める問題はたかだか 1 回のサブルーチンの呼び出しで計算できるので有効な多項式時間のアルゴリズムが存在する．このように大きな数の因数分解に対する有効なアルゴリズムの開発は暗号理論とも関連し，現在の最も重要なアルゴリズムの問題の 1 つとなっている．

1994 年，ショアは量子並列アルゴリズムを用いることにより，因数分解が多項式時間で解くことができること示した．ショアのアルゴリズムは，大きな数 N の因数分解の問題が N を法（modulus）とする**合同式**（congruence）の周期性を見出す問題に帰着できることに基づいている．つまり，ある大きな数 N の 2 つの因数 p, q を見つけることは，整数論から，ある x に対する N を法とする次のような合同式 (modulus)

$$f(a) \equiv x^a \bmod N \tag{6.27}$$

によって定義される関数 $f(a)$ の周期性を見つけることに書き直せる，ということである．(6.27) 式で x は N と互いに素な N より小さい数で，mod は modulus の略で，合同式 $x^a \bmod N$ は N を法とする余り（剰余）を表す．ここでの合同とは幾何学での合同と同じ意味を持ち，$f(a)$ と x^a は N の整数倍の差を無視すれば同じであるという考えに基づいている．幾何学での 2 つの合同な図形が，位置の差を無視すれば一致するということと同じように考え

ることになる．(6.27) 式の $f(a)$ は周期関数になり，特に $f(a) = 1$ の場合を

$$x^r \equiv 1 \bmod N \tag{6.28}$$

と表し，r を x の N を法とする合同式の**位数**（order）と呼ぶ．r が x の $\bmod N$ の位数でかつ r が偶数なら

$$x^r - 1 = (x^{\frac{r}{2}} - 1)(x^{\frac{r}{2}} + 1) = nN \quad (n：整数) \tag{6.29}$$

であり，$x^{\frac{r}{2}} \pm 1$ と N の最大公約数（gcd）

$$\gcd(x^{\frac{r}{2}} + 1, N), \quad \gcd(x^{\frac{r}{2}} - 1, N) \tag{6.30}$$

が N の因数を与える確率は高い．位数 r は $r = 0$ が自明の解であるので，$r \neq 0$ の値が求める値になる．$f(a)$ が周期関数であることに注目すると，位数 r は $f(a)$ の周期と一致する．つまり，x の $\bmod N$ の位数を探すには $f(a)$ の周期を見つければよい．これがショアの量子計算による因数分解の基本になっている．ショアのアルゴリズムの具体的な例を示してみよう．

▶ 例題 6.2 量子コンピュータを用いて $N = 15$ の因数分解をせよ．

解 量子コンピュータによる因数分解の手順は次のようになる．
ステップ 1：
　　N より小さく N と互いに素である数 x を探す．ここでは $x = 7$ とする．
ステップ 2：
　　合同式 $x^r \bmod N$ の位数（order）である条件

$$x^r \equiv 1 \bmod N \tag{6.31}$$

を満たす整数 r を探すために，初期状態 $|0\rangle^{\otimes n}|1\rangle$ の第 1 レジスタに n 回 (6.8) 式で与えられたアダマール変換を行う．

$$H^{\otimes n}|0\rangle^{\otimes n}|1\rangle = \frac{1}{\sqrt{2^n}} \sum_{a=0}^{2^n - 1} |a\rangle|1\rangle. \tag{6.32}$$

ここで $n = 11$ としよう．
ステップ 3：
　　$f(a) \equiv x^a \bmod N$ を計算し，結果を第 2 レジスタに書く．

$$\frac{1}{\sqrt{2^n}} \sum_{a=0}^{2^n-1} |a\rangle |x^a \bmod N\rangle$$
$$= \frac{1}{\sqrt{2^n}} [|0\rangle|1\rangle + |1\rangle|7\rangle + |2\rangle|4\rangle + |3\rangle|13\rangle + |4\rangle|1\rangle + |5\rangle|7\rangle + |6\rangle|4\rangle + \cdots],$$
(6.33)

ステップ4：
第2レジスタを観測することにより，$x^r \equiv 1 \bmod N$ となる位数 r を探すと $r = 0, 4, 8, \cdots$ であることがわかる．

ステップ5：
$x^{\frac{r}{2}} \pm 1 = 7^2 \pm 1 = 48, 50$ から $\gcd(48, 15) = 3$, $\gcd(50, 15) = 5$ となり，3 と 5 が $N = 15$ の因数として求まった．

□

一般的にはショアのアルゴリズムは次のようにまとめられる．ある L ビットの整数 N の因数分解のための量子コンピュータは次のように設計される．まず，ビット数 $n = 2L + 1$ の第1レジスタと L ビットの第2レジスタを用意し，$|0\rangle|1\rangle$ とする．N より小さく，N と互いに素である数 x ($\gcd(N, x) = 1$) を選ぶ．第1レジスタを因数分解する数 N のビット数 L から $n = 2L + 1$ に選ぶ理由は，位数 r が $q = 2^n$ と互いに素である場合の正しい位数発見の確率を大きくするためである．

ステップ1：
$n = 2L + 1$ ビットの第1レジスタと L ビットの第2レジスタを持つ $|\psi_i\rangle = |0\rangle|1\rangle$ を用意する．

ステップ2：
第1レジスタに n 回のアダマール変換を行う（ただし，$q = 2^n$）．

$$|\psi_2\rangle = \sum_{a=0}^{q-1} |a\rangle|1\rangle. \qquad (6.34)$$

ステップ3：
（位数検索アルゴリズム）$x^a \bmod N$ を計算し，第2レジスタに保存する．

$$|\psi_3\rangle = \sum_{a=0}^{q-1} |a\rangle |x^a \bmod N\rangle. \tag{6.35}$$

ステップ 4：
　　第 2 レジスタを観測し，周期関数 $x^k \bmod N = 1$ を満たす k のみを第 1 レジスタから選択する．

ステップ 5：
　　逆フーリエ変換を第 1 レジスタに作用させ，確率を観測し，その同期性から位数 r を求める．

6.4　n ビットの量子フーリエ変換

　例題 6.2 で示したショアの因数分解のアルゴリズムを，量子コンピュータで実行する回路では，位数検索と量子フーリエ変換（quantum Fourier transform, QFT）が重要な役割を果たす．ここでは n ビットの量子フーリエ変換を実行することを考える．位数検索の量子アルゴリズムは，第 6.5 節以降で述べる．フーリエ変換はユニタリ変換であり，$q = 2^n$ 次元の基底

$$|a\rangle \quad (a = 0, \cdots, q-1) \tag{6.36}$$

に対して

$$\mathrm{QFT}_q : |a\rangle \longrightarrow \frac{1}{\sqrt{q}} \sum_{c=0}^{q-1} \exp(2\pi i a c / q) |c\rangle \tag{6.37}$$

の変換を与える．もし基底が $|0\rangle$ の場合には QFT は，同じ振幅を持つ q 次元空間のすべての基底の線型結合を与える．$q = 2^n$ 次元における量子フーリエ変換は 2 つの量子ゲートの組合せにより作成できる．1 つは j 番目のビットに作用する 2 行 2 列の (6.8) 式のアダマール変換のゲート

$$H_j = \frac{1}{\sqrt{2}} \begin{pmatrix} 1 & 1 \\ 1 & -1 \end{pmatrix} \begin{matrix} |0\rangle \\ |1\rangle \end{matrix} \tag{6.38}$$

（上部に $|0\rangle \quad |1\rangle$）

であり，もう 1 つは k 番目と j 番目のビット（$k > j$）に作用する 2 量子ビットゲートの 1 つ，制御位相変換ゲート

$$U_{jk}(\theta_{jk}) = \begin{array}{c} \\ \end{array} \begin{pmatrix} |00\rangle & |01\rangle & |10\rangle & |11\rangle \\ 1 & 0 & 0 & 0 \\ 0 & 1 & 0 & 0 \\ 0 & 0 & 1 & 0 \\ 0 & 0 & 0 & e^{i\theta_{jk}} \end{pmatrix} \begin{array}{l} |00\rangle \\ |01\rangle \\ |10\rangle \\ |11\rangle \end{array} \tag{6.39}$$

である．ここで $\theta_{jk} \equiv \frac{\pi}{2^{j-k}}$ と定義されている．ユニタリ変換 U_{jk} は 2 つのビットにまたがって作用するが，2 つのビット値 $|a_j, a_k\rangle$ が $a_j = a_k = 1$ のときのみ標的ビット k の位相を $e^{i\theta_{jk}}$ だけ変える制御ゲートである．H_j と U_{jk} の変換を用いての $q = 2^n$ 次元の QFT の回路を作ってみよう．

q 次元の量子フーリエ変換

$$\mathrm{QFT}_q |a\rangle = \frac{1}{\sqrt{q}} \sum_{c=0}^{q-1} e^{2\pi i ac/q} |c\rangle \tag{6.40}$$

における状態 $|a\rangle, |c\rangle$ は

$$|a\rangle = |a_{n-1}, a_{n-2}, a_{n-3}, \cdots, a_1, a_0\rangle, \tag{6.41}$$

$$|c\rangle = |c_{n-1}, c_{n-2}, c_{n-3}, \cdots, c_1, c_0\rangle \tag{6.42}$$

であり，2 進法の表現では a, c は

$$a = 2^{n-1} a_{n-1} + 2^{n-2} a_{n-2} + \cdots + 2^2 a_2 + 2^1 a_1 + 2^0 a_0, \tag{6.43}$$

$$c = 2^{n-1} c_{n-1} + 2^{n-2} c_{n-2} + \cdots + 2^2 c_2 + 2^1 c_1 + 2^0 c_0 \tag{6.44}$$

と表される．第 4.4 節で $q = 2^3$ の例を考えたがこれを $q = 2^n$ に一般化すると

$$\begin{aligned}
\mathrm{QFT}_q |a\rangle &= \mathrm{QFT}_q |a_{n-1}, a_{n-2}, \cdots, a_1, a_0\rangle \\
&= \frac{1}{\sqrt{2^n}} \sum_{c_{n-1}=0}^{1} \sum_{c_{n-2}=0}^{1} \cdots \sum_{c_1=0}^{1} \sum_{c_0=0}^{1} e^{2\pi i (a_0 + 2a_1 + \cdots + 2^{n-2} a_{n-2} + 2^{n-1} a_{n-1})} \\
&\quad \times (c_0 + 2c_1 + \cdots + 2^{n-2} c_{n-2} + 2^{n-1} c_{n-1})/2^n |c_{n-1}, c_{n-2}, \cdots, c_2, c_1, c_0\rangle \\
&= \left(\frac{1}{\sqrt{2}} \sum_{c_{n-1}=0}^{1} e^{2\pi i 2^{n-1} c_{n-1} (a_0 + 2a_1 + \cdots + 2^{n-2} a_{n-2} + 2^{n-1} a_{n-1})/2^n} |c_{n-1}\rangle_{n-1} \right)
\end{aligned}$$

$$\otimes \left(\frac{1}{\sqrt{2}} \sum_{c_{n-2}=0}^{1} e^{2\pi i 2^{n-2} c_{n-2}(a_0+2a_1+\cdots+2^{n-2}a_{n-2}+2^{n-1}a_{n-1})/2^n} |c_{n-2}\rangle_{n-2} \right)$$

$$\otimes \cdots \cdots \cdots$$
$$\vdots$$

$$\otimes \left(\frac{1}{\sqrt{2}} \sum_{c_1=0}^{1} e^{2\pi i 2 c_1(a_0+2a_1+\cdots+2^{n-2}a_{n-2}+2^{n-1}a_{n-1})/2^n} |c_1\rangle_1 \right)$$

$$\otimes \left(\frac{1}{\sqrt{2}} \sum_{c_0=0}^{1} e^{2\pi i c_0(a_0+2a_1+\cdots+2^{n-2}a_{n-2}+2^{n-1}a_{n-1})/2^n} |c_0\rangle_0 \right)$$

$$= \frac{1}{\sqrt{2}} \left(|0\rangle_{n-1} + e^{2\pi i a_0/2} |1\rangle_{n-1} \right)$$

$$\otimes \frac{1}{\sqrt{2}} \left(|0\rangle_{n-2} + e^{2\pi i (a_1/2 + a_0/2^2)} |1\rangle_{n-2} \right)$$

$$\otimes \cdots \cdots \cdots$$
$$\vdots$$

$$\otimes \frac{1}{\sqrt{2}} \left(|0\rangle_1 + e^{2\pi i (a_{n-2}/2 + a_{n-3}/2^2 + \cdots + a_1/2^{n-2} + a_0/2^{n-1})} |1\rangle_1 \right)$$

$$\otimes \frac{1}{\sqrt{2}} \left(|0\rangle_0 + e^{2\pi i (a_{n-1}/2 + a_{n-2}/2^2 + \cdots + a_1/2^{n-1} + a_0/2^n)} |1\rangle_0 \right)$$

(6.45)

と表すことができる．この n ビットの QFT のゲートは (6.10) 式を一般化した形で図 6.3 のように表すことができる．また，逆量子離散変換も図 6.3 の時間発展を逆にすることにより作ることができる．

6.5 量子位相計算と位数（order）検索アルゴリズム

　量子コンピュータによるショアの因数分解の重要なアルゴリズムの 1 つが合同式の位数検索である．古典的コンピュータでは現在まで有効なアルゴリズムは知られていない．第 6.3 節のショアのアルゴリズムでは位数検索は，合同式演算を第 2 レジスタで行い，その周期性を観測することにより検索した．

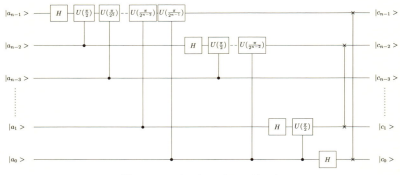

図 6.3　n ビットの QFT ゲート

ここでは，位数検索に量子状態の重ね合わせの原理を利用すると第 2 レジスタの観測なしに行うことが可能であることを示す．量子状態の重ね合わせの原理が，見事な形で有効なアルゴリズムに取り入れられている典型的な例である．

まず，位数 r がわかっているとして，ある量子状態

$$|\Phi_s\rangle = \frac{1}{\sqrt{r}} \sum_{k=0}^{r-1} \exp\left[\frac{-2\pi i s k}{r}\right] |x^k \bmod N\rangle \tag{6.46}$$

を考えよう．ここで s は $0 \leq s \leq r-1$ の整数である．$|\Phi_s\rangle$ は，量子フーリエ変換された状態の 1 つであるから，(6.46) 式の逆フーリエ変換

$$\sum_{s=0}^{r-1} \frac{1}{\sqrt{r}} \exp\left[\frac{2\pi i s k'}{r}\right] |\Phi_s\rangle \tag{6.47}$$

に，恒等式

$$\sum_{s=0}^{r-1} \frac{1}{r} \exp\left[\frac{2\pi i s(k'-k)}{r}\right] = \delta_{k',k} \quad (\text{ただし } |k'-k| < r) \tag{6.48}$$

を用いると，(6.47) 式は

$$\sum_{s=0}^{r-1} \frac{1}{\sqrt{r}} \exp\left[\frac{2\pi i s k'}{r}\right] |\Phi_s\rangle = |x^{k'} \bmod N\rangle \tag{6.49}$$

となる．(6.49) 式で $k' = 0$ とすると

6.5 量子位相計算と位数（order）検索アルゴリズム

$$\sum_{s=0}^{r-1} \frac{1}{\sqrt{r}} |\Phi_s\rangle = |1\rangle \tag{6.50}$$

となり，(6.46) 式の量子状態のすべての和は，n ビットの状態 $|1\rangle = |0,0,0,\cdots,0,1\rangle$ という状態に帰着する．(6.46) 式自体は位数 r がわかっているとして作られた状態で，アルゴリズムとしては無意味だが，その和が (6.50) 式の右辺の $|1\rangle$ という状態になる点が位数検索アルゴリズムの突破口である．

次のようなユニタリ演算子を考える．n ビット回路で作られる整数 $y \in 2^n - 1$ の中から，$0 \leq y \leq N-1$ ($N < 2^n$) を満たす y と N を選び，ユニタリ演算子 U_x を

$$U_x|y\rangle \equiv |xy \bmod N\rangle \tag{6.51}$$

の演算を行うものと定義する．ただし，x と N は互いに素で $\gcd(x, N) = 1$ である．この演算子を状態 (6.46) 式に作用させると

$$U_x|\Phi_s\rangle = \frac{1}{\sqrt{r}} \sum_{k=0}^{r-1} \exp\left[-\frac{2\pi i s k}{r}\right] |x^{k+1} \bmod N\rangle \tag{6.52}$$

$$= \exp\left[\frac{2\pi i s}{r}\right] |\Phi_s\rangle \tag{6.53}$$

となり，状態 $|\Phi_s\rangle$ は固有値 $\exp[2\pi i s/r]$ を持つ U_x の固有状態であることが示される．つまり，U_x は $|\Phi_s\rangle$ に作用し，位相 $\exp[2\pi i s/r]$ を与える位相演算子として働く．

▶ 例題 6.3 (6.53) 式を求めよ．

解 (6.52) 式で $k' = k+1$ とすると

$$U_x|\Phi_s\rangle = \frac{1}{\sqrt{r}} \exp\left[\frac{2\pi i s}{r}\right] \sum_{k'=1}^{r} \exp\left[-\frac{2\pi i s k'}{r}\right] |x^{k'} \bmod N\rangle \tag{6.54}$$

となるので，(6.53) 式を証明するには $k' = r$ と $k' = 0$ が等しいことを示せばよい．これは

$$\exp\left[-\frac{2\pi i s r}{r}\right] |x^r \bmod N\rangle = |x^r \bmod N\rangle = |1\rangle = |x^0 \bmod N\rangle \tag{6.55}$$

より，(6.54) 式において $k' = r$ と $k' = 0$ が同じ値を与えることが示され

た．よって (6.53) 式が成り立ち，$|\Phi_s\rangle$ が演算子 U の固有状態であることが示された． □

U_x を a 乗した U_x^a は $|y\rangle$ を $|x^a y\rangle$ に写像する演算子だが，U_x^a を拡張し 2 つのレジスタにまたがって作用する演算子 $U_{x,a}$ を

$$U_{x,a}|ay\rangle \equiv |a\rangle U_x^a|y\rangle = |a\rangle|x^a y \bmod N\rangle \tag{6.56}$$

と定義する．この $U_{x,a}$ を用いて，位数検索のアルゴリズムを考えてみよう．初期状態 $|\psi_1\rangle = |0\rangle^{\otimes n}|1\rangle$ を用意する．$L = \lceil \log_2 N \rceil$（$\lceil x \rceil$ は実数 x より大きい最小の整数を表す）とすると，第 1 レジスタは $n = 2L+1$ ビット，第 2 レジスタは L ビットの状態とする．第 1 レジスタのビット数は効率よく位数 r を検索するために必要なビット数である．まず第 1 レジスタの n ビットにアダマール変換を作用させる．ここで第 2 レジスタ $|1\rangle$ は L ビットの $|1\rangle$ の状態である．

$$|\psi_2\rangle = H^{\otimes n}|\psi_1\rangle = \frac{1}{\sqrt{2^n}} \sum_{a=0}^{2^n-1} |a\rangle|1\rangle. \tag{6.57}$$

次に (6.57) 式の量子状態にユニタリ演算子 $U_{x,a}$ を作用させると

$$|\psi_3\rangle = U_{x,a}|\psi_2\rangle = \frac{1}{\sqrt{2^n}} \sum_{a=0}^{2^n-1} |a\rangle U_x^a|1\rangle \tag{6.58}$$

$$= \frac{1}{\sqrt{2^n}} \sum_{a=0}^{2^n-1} |a\rangle|x^a \bmod N\rangle \tag{6.59}$$

となり，$U_{x,a}$ は第 2 レジスタに $x^a \bmod N$ の結果を与えることに注意しよう．また，(6.58) 式は (6.53) 式を用いると

$$|\psi_3'\rangle = \frac{1}{\sqrt{2^n}} \sum_{a=0}^{2^n-1} |a\rangle \sum_{s=0}^{r-1} \frac{1}{\sqrt{r}} U_x^a |\Phi_s\rangle$$

$$= \frac{1}{\sqrt{2^n \cdot r}} \sum_{a=0}^{2^n-1} \sum_{s=0}^{r-1} e^{2\pi i s a/r} |a\rangle|\Phi_s\rangle \tag{6.60}$$

と書き表される．(6.59) 式と (6.60) 式は，合同式 $x^a \bmod N$ の計算が $|\Phi_s\rangle$ の

固有値 $e^{2\pi i s a/r}$ を与えることになっていることを表している．さらに (6.60) 式の $|\psi_3'\rangle$ の第 1 レジスタに逆フーリエ変換を行い，a について和を取ると

$$
\begin{aligned}
|\psi_4\rangle &= QFT^\dagger |\psi_3'\rangle \\
&= \frac{1}{2^n} \sum_{a,c=0}^{2^n-1} \frac{1}{\sqrt{r}} \sum_{s=0}^{r-1} e^{-2\pi i c a/2^n} e^{2\pi i s a/r} |c\rangle |\Phi_s\rangle \\
&= \frac{1}{2^n} \sum_{a,c=0}^{2^n-1} \frac{1}{\sqrt{r}} \sum_{s=0}^{r-1} e^{2\pi i (s/r - c/2^n) a} |c\rangle |\Phi_s\rangle
\end{aligned}
\tag{6.61}
$$

となる．ここで 2^n が位数 r で割り切れるとすると，恒等式 (6.48) 式を用いて

$$
\begin{aligned}
|\psi_4\rangle &= \frac{1}{\sqrt{r}} \sum_{s=0}^{r-1} \sum_{c=0}^{2^n-1} \delta_{c, s \cdot 2^n/r} |c\rangle |\Phi_s\rangle \\
&= \frac{1}{\sqrt{r}} \sum_{s=0}^{r-1} \left| s \frac{2^n}{r} \right\rangle |\Phi_s\rangle
\end{aligned}
\tag{6.62}
$$

となり，第 1 レジスタを観測することにより，その値の周期性から位数 r を探すことができる．また，このアルゴリズムの特徴は仮想に導入された Φ_s は第 2 レジスタに存在するが，位数検索はその状態を観測することなしに実行できることである．

次に 2^n が r で割り切れない場合を考えてみる．位数 r がわかったとして $\phi(s) = s/r$ とし，$\phi(s)$ と $c/2^n$ の差を δ として

$$
\phi(s) = \frac{c}{2^n} + \delta \tag{6.63}
$$

と表すと，図 6.4 のように

$$
|\delta| \leqq \frac{1}{2 \cdot 2^n} \tag{6.64}
$$

を満たす c が $c \in \{0, 1, \cdots, 2^n - 1\}$ の中に必ず存在する．その値を k とすると

$$
\left| \phi(s) - \frac{k}{2^n} \right| \leqq \frac{1}{2 \cdot 2^n} \tag{6.65}
$$

となり，連分数の定理 (B.1) から，$\frac{k}{2^n}$ は $\phi(s)$ の連分数近似となる．また (6.65) 式が満足されるとき，$|k\rangle$ 状態の確率は

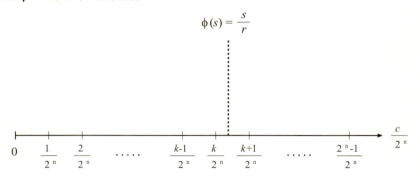

図 **6.4** 2^n が r で割り切れない場合の位数 r の検索

$$P(k) = \frac{1}{r}\frac{1}{2^{2n}}\left|\sum_{a=0}^{2^n-1} e^{2\pi i a(\phi(s)-k/2^n)}\right|^2 \tag{6.66}$$

で求められる．(6.65) 式から，(6.66) 式の位相は
$0 \leqq \phi(s) - \dfrac{k}{2^n} \leqq \dfrac{1}{2\cdot 2^n}$ のとき

$$0 \leqq 2\pi i a\left(\phi(s) - \frac{k}{2^n}\right) \leqq \pi i \frac{a}{2^n} < \pi i \tag{6.67}$$

$-\dfrac{1}{2\cdot 2^n} \leqq \phi(s) - \dfrac{k}{2^n} < 0$ のとき

$$-\pi i < -\pi i \frac{a}{2^n} \leqq 2\pi i a\left(\phi(s) - \frac{k}{2^n}\right) \leqq 0 \tag{6.68}$$

となり，複素平面の上平面か下平面に集中し，a についての和は正の干渉を持つ．(6.67) 式が満たされないときには，a についての和は打ち消し合いほとんど無視できるほど小さくなる．このように 2^n が r で割り切れない場合も大きな確率で位数 r を検索できることがわかった．

まとめると，

6.5 量子位相計算と位数 (order) 検索アルゴリズム

量子位数検索アルゴリズム

<u>ステップ 1</u>: ある整数 N と $x\ (x < N)$ に対しての合同式

$$x^r \equiv 1 \bmod N \tag{6.69}$$

を満たす位数 r を求める. $L = \lceil \log_2 N \rceil$ として $n = 2L+1$ ビットの第 1 レジスタ状態 $|0\rangle^{\otimes n}$ と L ビットの第 2 レジスタ状態 $|1\rangle$

$$|\psi_1\rangle = |0\rangle^{\otimes n}|1\rangle \tag{6.70}$$

を初期状態として用意する.

<u>ステップ 2</u>: アダマール変換 $H^{\otimes n}$ により, 第 1 レジスタ状態に $|0\rangle$ から $|q-1\rangle$ までの $q = 2^n$ 個の状態の重ね合わせを作る.

$$|\psi_2\rangle = \frac{1}{\sqrt{2^n}} \sum_{a=0}^{q-1} |a\rangle |1\rangle \tag{6.71}$$

<u>ステップ 3</u>: $U_{x,a}$ を $|\psi_2\rangle$ に作用させる.

$$\begin{aligned}|\psi_3\rangle = U_{x,a}|\psi_2\rangle &= \frac{1}{\sqrt{2^n}} \sum_{a=0}^{q-1} |a\rangle U_x^a|1\rangle \\ &= \frac{1}{\sqrt{2^n}} \sum_{a=0}^{q-1} |a\rangle \frac{1}{\sqrt{r}} U_x^a |\Phi_s\rangle = \frac{1}{\sqrt{2^n r}} \sum_{a=0}^{q-1} \sum_{s=0}^{r-1} e^{2\pi i s a/r} |a\rangle |\Phi_s\rangle \end{aligned} \tag{6.72}$$

<u>ステップ 4</u>: 第 1 レジスタに逆フーリエ変換を行う.

$$\begin{aligned}|\psi_4\rangle = \mathrm{QFT}^\dagger |\psi_3\rangle &= \frac{1}{2^n} \sum_{a,c=0}^{q-1} \frac{1}{\sqrt{r}} \sum_{s=0}^{r-1} e^{-2\pi i c a/q} e^{2\pi i s a/r} |c\rangle |\Phi_s\rangle \\ &= \frac{1}{\sqrt{r}} \sum_{s=0}^{r-1} \frac{1}{2^n} \sum_{a,c=0}^{q-1} e^{2\pi i (s/r - c/q) a} |c\rangle |\Phi_s\rangle \\ &= \frac{1}{\sqrt{r}} \sum_{s=0}^{r-1} \left| \widetilde{s\frac{2^n}{r}} \right\rangle |\Phi_s\rangle \end{aligned} \tag{6.73}$$

ここで, $|\widetilde{s\frac{2^n}{r}}\rangle$ は 2^n が r で割り切れる場合と, 割り切れない場合の両方を含んでいる.

<u>ステップ 5</u>: 第 1 レジスタを観測すると, その確率は s/r の周期性を示し, 位数 r が求まる.

136 第 6 章 量子計算

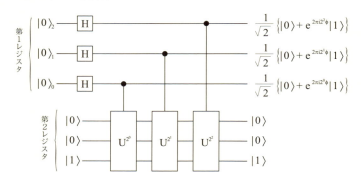

図 6.5 3 ビット量子回路での位相計算

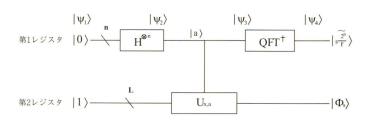

図 6.6 位数検索の量子回路．第 1 レジスタは $n = 2L + 1$ ビットの状態である（図式的に ⊸ の記号で示されている）．第 2 レジスタは L ビットの状態で初期状態は $|1\rangle$ に取ってある．$H^{\otimes n}$ は n 回のアダマール変換を示す．$QFT^\dagger$ は逆量子離散変換を表している．

▶ 例題 6.4　量子アルゴリズムで $N = 35$ を因数分解せよ．

解　$L = \log_2 35 \approx 5$ として $n = 2L + 1 = 11$ ビット，$q = 2^{11} = 2048$ とする．N と互いに素な x として $x = 3$ を選んでみよう．まずアダマール変換により

$$\frac{1}{\sqrt{q}} \sum_{a=0}^{q-1} |a\rangle |1\rangle = \frac{1}{\sqrt{q}} [|0\rangle + |1\rangle + |2\rangle + \cdots + |q-1\rangle]|1\rangle \tag{6.74}$$

を用意する．次にオーダー検索のサブルーチン $U_{x,a}$ を用いて $x^a \bmod N$ を計算し，第 2 レジスタに入れると

$$\frac{1}{\sqrt{q}}\sum_{a=0}^{q-1}|a\rangle|x^a \bmod N\rangle$$

$$= \frac{1}{\sqrt{q}}[|0\rangle|1\rangle + |1\rangle|3\rangle + |2\rangle|9\rangle + |3\rangle|27\rangle + |4\rangle|11\rangle + |5\rangle|33\rangle$$

$$+ |6\rangle|29\rangle + |7\rangle|17\rangle + |8\rangle|16\rangle + |9\rangle|13\rangle + |10\rangle|4\rangle + |11\rangle|12\rangle$$

$$+ |12\rangle|1\rangle + |13\rangle|3\rangle + |14\rangle|9\rangle + \cdots] \tag{6.75}$$

となる．ここで，第2レジスタには $1,3,9,27,11,33,29,17,16,13,4,12$ の12個の整数が乱雑に並ぶことになる．この内の1つを選び，逆フーリエ変換を行い第1レジスタを観測すると，その結果は

$$P(c) = \frac{1}{r}\frac{1}{q^2}\left|\sum_{a=0}^{q-1} e^{2\pi i(\phi(s)-c/2^n)a}\right|^2 \tag{6.76}$$

の確率で与えられる．ここで，s は第2レジスタの値に対応して $s = 0, 1, \cdots, r-1$ の値を持つ．それぞれの s に対して，確率が $P \sim \frac{1}{r}$ に近い値を与える k は図6.7から $k = 171, 341, 512, 683, 853, 1024, 1195, 1365, 1536, 1707, 1877$ と求まる．$k = 853$ を用いると，$k/q = 853/2048$ の連分数展開から

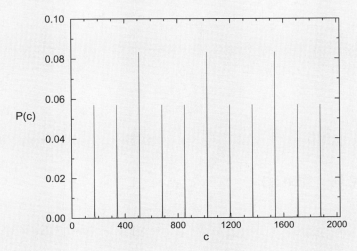

図 **6.7** 量子フーリエ変換後の第1レジスタ $|c\rangle$ の確率．$q = 2^{11} = 2048$ を用いた．

$$\frac{853}{2048} \cong \cfrac{1}{2+\cfrac{1}{2+\cfrac{1}{2}}} = \frac{5}{12}$$

が (6.65) 式を満たす s/r の値として求まる．$k=1195$ を用いると

$$\frac{1195}{2048} \cong \cfrac{1}{1+\cfrac{1}{1+\cfrac{1}{2+\cfrac{1}{2}}}} = \frac{7}{12}$$

が s/r の収束値として求まり，それぞれの場合に位数 $r=12$ が検索された．この位数 r を用いると

$$x^{r/2} \pm 1 = 3^6 \pm 1 = 728, 730$$

であるから

$$\gcd(728, 35) = 7, \quad \gcd(730, 35) = 5$$

となり，$35 = 7 \times 5$ の因数分解が実行できた．$k=1024$ を用いると $k/r = 1/2$ となり，因数分解は不成功に終わる． □

ショアのアルゴリズムを用いた因数分解は，7個のスピン 1/2 の原子核からなる分子を量子ビットに用いた NMR 量子コンピュータにより，$N=15$ の場合に実現され実験的に解けることが 2001 年 12 月に公開された（第 9.1.4 項参照）．量子コンピュータの合同式計算に用いられたオラクル U を用いることにより，古典的コンピュータでは困難な離散対数問題も，多項式時間で解けることが示されている（演習問題参照）．

6.6 合同式指数計算

位数検索アルゴリズムで用いられる制御演算 $U_{x,a}$ は量子回路でいかに実行可能かを考えてみよう．(6.57) 式の右辺の 1 つの状態に $U_{x,a}$ を作用させ

$$|a\rangle|1\rangle \xrightarrow{U_{x,a}} |a\rangle U_x^a |1\rangle = |a\rangle |x^a \bmod N\rangle \tag{6.77}$$

が実行できればよい．ここで $a = a_{n-1}2^{n-1} + a_{n-2}2^{n-2} + \cdots + a_0 2^0$ と書き換えて

$$U_x^a = U_x^{a_{n-1}2^{n-1}+a_{n-2}2^{n-2}+\cdots+a_0 2^0} \qquad (6.78)$$

と置き換えると

$$U_x^a|1\rangle = |x^a \bmod N\rangle = |x^{a_{n-1}2^{n-1}+a_{n-2}2^{n-2}+\cdots+a_0 2^0} \bmod N\rangle \qquad (6.79)$$

が計算できればよいことになる．ここで，合同式の乗法定理（第10章,(A.10)式参照）から (6.79) 式は

$$\begin{aligned}&x^{a_{n-1}2^{n-1}+a_{n-2}2^{n-2}+\cdots+a_0 2^0} \bmod N \\&= (x^{a_{n-1}2^{n-1}} \bmod N) \times (x^{a_{n-2}2^{n-2}} \bmod N) \times \cdots \times (x^{a_0 2^0} \bmod N)\end{aligned} \qquad (6.80)$$

に等しい．ここで (6.80) 式の右辺では，各合同式の法の積に対しても $\bmod N$ の演算を行うことを意味している．この合同式の性質を用いると合同式指数計算のアルゴリズムは次のようにまとめられる．

合同式指数計算 $|a\rangle U_x^a|1\rangle = |a\rangle|x^a \bmod N\rangle$ のアルゴリズム

<u>ステップ 1</u>: $x \bmod N$ を 2 乗し，$x^2 \bmod N$ を求める．
<u>ステップ 2</u>: ステップ 1 を $(n-2)$ 回繰り返し，

$$x^{2^2} \bmod N, \cdots, x^{2^{n-1}} \bmod N \qquad (6.81)$$

を求める．
<u>ステップ 3</u>: ステップ 2 で求めたそれぞれの合同式の値 $x^{2^{n-1}} \bmod N$ から合同式演算を繰り返し，(6.80) 式を利用して

$$(x^{a_{n-1}2^{n-1}} \bmod N)(x^{a_{n-2}2^{n-2}} \bmod N)\cdots(x^{a_0 2^0} \bmod N) = x^a \bmod N \qquad (6.82)$$

を求める．

上記の合同式指数計算のアルゴリズムの有効性を考えてみよう．ステップ 1 は，2 つの数のかけ算なので計算量はたかだか $O(n^2)$ である．ステップ 2 ではこのかけ算をおよそ n 回繰り返すから $O(n)$ の計算量であり，ステップ

1 とステップ 2 の合計した計算量はたかだか $O(n^3)$ である．$x^{2^k} \bmod N$ の演算は，ステップ 1 で示したように $O(n^2)$ の計算量であり，この合同式演算をおよそ n 回行うのでステップ 3 はたかだか $O(n^3)$ の計算量である．ステップ 1〜3 を合わせた計算量は $O(n^3)$ であり，合同式指数計算は多項式で増加する有効なアルゴリズムになっている．

6.7 演習問題

1 合同式の乗法定理から

$$x^a \bmod N = (x^{a_{n-1}2^{n-1}} \bmod N) \times (x^{a_{n-2}2^{n-2}} \bmod N) \\ \times \cdots \times (x^{a_0 2^0} \bmod N) \tag{6.83}$$

を証明せよ．ただし，右辺は各合同式の法の積に対しても $\bmod N$ の演算を行うことを意味している．

2
> **離散対数問題**
>
> 素数 N に対してそれより小さな正の整数 a, b が与えられたとき，
> $$a^s \equiv b \bmod N \tag{6.84}$$
> を満たす，s を見つけよ．

次のオラクル演算子 U と量子フーリエ変換を用いて離散対数問題に対する有効なアルゴリズムを示せ．オラクル演算子 U は

$$U|x_1\rangle|x_2\rangle|0\rangle = |x_1\rangle|x_2\rangle|f(x_1, x_2)\rangle \tag{6.85}$$

を与え，f は第 3 レジスタに $f(x_1, x_2) = b^{x_1} a^{x_2} \bmod N$ の値を与える関数である．

第7章

量子暗号

　暗号は古くはローマ時代から，軍事的，外交的，および商取引上の目的で使用され続けている．暗号コードの作製および解読復号は歴史上においてもさまざまな国家的事件や犯罪にも深くかかわっている．現在も多くの国の情報機関では日夜，新しい暗号コードの作製や解読に多くの人が携わっていると言われている．現在最も進んだ暗号と言われる RSA 暗号もコンピュータの演算速度が飛躍的に進歩すれば，いずれは解読される暗号と考えられている．現在使用される暗号は一般に古典暗号と呼ばれている．近年，古典暗号と全く異なった原理から提唱されたのが量子暗号である．量子暗号コードは量子力学の観測理論に基づいており，波束の収縮という不可逆的な事実により理論的には盗聴不可能なコードであると考えられている．量子暗号コードが実現化されればまさに，原理的に解読不可能な暗号が完成することになる．

7.1　秘密鍵暗号

　最も古くから知られている暗号は，ローマ時代にシーザーが作製したとされる**シーザー暗号**と呼ばれている暗号である．シーザー暗号ではアルファベットの 26 文字を，全部規則的に何文字かずらして文章を書き換えるものである．尚子が暗号化して送りたい文（平文）を，暗号化鍵 f を用いて暗号文を作る．その暗号文を一郎に送り，一郎は f^{-1} という復号化鍵を用いて解読す

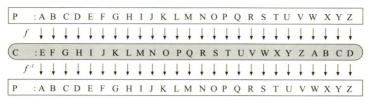

図 7.1 シーザー暗号における暗号化鍵 f と復号化鍵 f^{-1}

る．ここで暗号化鍵 f を尚子は一郎以外の人に教えてはならない．一旦，この暗号化鍵が他人に知られてしまうと，復号化鍵は容易に作られ，解読されてしまうのが秘密鍵暗号の欠点でもある．

たとえば，一郎が

$$M \quad PSZI \quad CSY \tag{7.1}$$

という暗号化された文章を受け取ったとする．この文章を解読するには，復号化のための鍵を知る必要がある．尚子の用いた暗号化鍵は 4 で，アルファベットが 4 つずつ後にずらされている．この文章を解読するための復号化鍵は -4 で，アルファベットを 4 つずつ前にずらしてやればいい．すると文章は

$$I \quad LOVE \quad YOU \tag{7.2}$$

と解読できる．シーザー暗号では，このように暗号鍵がわかればすぐに解読されてしまうので，鍵の秘密保持が最も重要になってくる．

アルファベットの 26 文字 $A, B, C, \cdots Z$ を 0 から 25 までの数字に対応させると，シーザー暗号は $x \in \{0, 1, \cdots 25\}$ に対する次のような関数 f

$$f(x) = \begin{cases} x + \alpha & (x < 26 - \alpha \text{ の場合}) \\ x + \alpha - 26 & (x \geqq 26 - \alpha \text{ の場合}) \end{cases} \tag{7.3}$$

で表される．ここで α が暗号化の鍵であり 1 から 25 までの 1 つの数である．(7.1) 式では $\alpha = 4$ である．(7.3) 式の関数を合同式で表すと，26 を法 (modulus) とする

$$f(x) \equiv x + \alpha \pmod{26} \tag{7.4}$$

と表すことができる．この関数 f は一価関数である．暗号文から原文に戻す復号化 f^{-1} は

```
平文      f(x)     暗号文    f⁻¹(y)    平文
(x)    ────→    (y)    ────→    (x)
```

図 7.2 シーザー暗号における暗号化と復号化

$$f^{-1}(y) \equiv y - \alpha \pmod{26} \tag{7.5}$$

で与えられる．

7.2　「ワンタイム・パッド」暗号

秘密鍵暗号の 1 つに第 1 次世界大戦の終わりごろに提唱された「ワンタイム・パッド」暗号がある．ワンタイム・パッドとは「1 回限りのメモ帳」という意味で，暗号化鍵としてでたらめな文字列，たとえば乱数を用いる．そして，同じ鍵は 2 度と使わないという方法である．ここで，尚子が n 個の長さの平文

$$(a_1, a_2, \cdots, a_n) \tag{7.6}$$

を，ワンタイム・パッド暗号化し，一郎に送ることを考えてみよう．まずでたらめな並びの同じ長さの文字列

$$(b_1, b_2, \cdots, b_n) \tag{7.7}$$

を秘密鍵として用意し，共有する．暗号文 c_i は，ある整数 N を法とする合同式

$$c_i \equiv a_i + b_i \pmod{N} \tag{7.8}$$

により作製される．一郎は秘密鍵 b_i を共有しているので，c_i から，合同式

$$a_i \equiv c_i - b_i \pmod{N} \tag{7.9}$$

により，平文を復号化できる．シーザー暗号では N は 26 であり，暗号化鍵 b_i は 1 つの定数 α であった．文字列をビットで表せば $N = 2$ であり，(7.8) 式，(7.9) 式は排他的論理和

$$c_i \equiv a_i \oplus b_i, \tag{7.10}$$

$$a_i \equiv c_i \oplus b_i \tag{7.11}$$

となる．

「ワンタイム・パッド」プロトコル

<u>ステップ 1</u>：
　　（尚子）：平文 $\{a_i\}$ $(i = 1, 2, \cdots, n)$ と同じ長さの 1 度しか用いない暗号化鍵 $\{b_i\}$ $(i = 1, 2, \cdots, n)$ を用意し，秘密鍵として一郎と共有する．

<u>ステップ 2</u>：
　　（尚子）：平文を暗号化鍵を用いて暗号化し，一郎に送る．
$$c_i \equiv a_i + b_i \pmod{N}. \tag{7.12}$$

<u>ステップ 3</u>：
　　（一郎）：暗号文を暗号化鍵を用いて復号化する．
$$a_i \equiv c_i - b_i \pmod{N}. \tag{7.13}$$

「ワンタイム・パッド」暗号は
1. <u>暗号鍵がでたらめな文字列，または乱数である．</u>
2. <u>同じ暗号鍵は 1 度しか用いず，毎回異なる暗号鍵を用いる．</u>

という 2 つの特徴から，従来の秘密鍵の持っていた弱点を克服して，解読不可能な暗号システムとなっている．理論的には安全であるこの「ワンタイム・パッド」暗号は実際にはほとんど使用されなかった．実用上の大きな 2 つの欠点として，

1. <u>秘密鍵として，ランダムな文字列を大量に作らなければならない．</u>
2. <u>大量の秘密鍵を盗聴者に知られることなく配布しなければならない．</u>

1. のランダムな文字列，乱数を大量に発生することは，現在の技術でもきわめて困難であることが知られている．また，第 2 の問題である秘密鍵の配布も 1 回ずつ異なった鍵を用いることを考えると莫大な量になり実用上はきわめて困難である．しかし，この 2 つの問題が量子暗号法を用いると解決できることがわかり，「ワンタイム・パッド」暗号は再び脚光をあびている．

7.3　公開鍵暗号

第 7.1 節で述べたシーザー暗号のように，現在までに広く用いられてきた暗号は**秘密鍵暗号**と呼ばれ，暗号化鍵（f）と復号化鍵（f^{-1}）は，送信者（尚子）と受信者（一郎）だけが知っている秘密であり，厳重に管理されなければならない情報であった．逆に言うと一旦この暗号化鍵の情報が他人に洩れる

と暗号文は簡単に解読されてしまう．シーザー暗号のような秘密鍵暗号は現在まで，さまざまに変化した形で広く使われてきたが，すべての暗号文は専門家により解読されてしまった．より進んだ暗号として登場したのが公開鍵と呼ばれる暗号である．

1976年にディフィー（W. Diffie）とヘルマン（M. Hellman）はそれまでの暗号とは全く異なる暗号理論を発見した．それが**公開鍵暗号**と呼ばれる暗号である．この公開鍵暗号では，暗号化鍵は公開され，誰でも知ることができる．しかし，復号化鍵は暗号化鍵がわかっていても容易に求めることができないという仕組みになっている．この公開鍵暗号の中でも現在，最も多く利用されているのは **RSA暗号** と呼ばれるものである．

公開鍵暗号の考え方は一方通行関数の考え方に似ている．一方通行関数では，ある数 x に対して関数 $f(x)$ を計算するのは簡単だが $f(x)$ から x を求めるのは「不可能」である．公開鍵暗号は次に示すように，暗号化鍵がわかっても復号化鍵を求めることは「現実的に不可能」な暗号になっている．この「現実的に不可能」という意味は最新のコンピュータを利用しても計算量が莫大で宇宙の年齢位（数十億年）の計算時間がかかるということである．

RSA という名前はこの暗号の発明者のリベスト（R. Rivest），シャミル（A. Shamir）とエイドルマン（L. Adleman）の名前のイニシャルからつけられている．この RSA 暗号の基本になっているのは，2つの大きな素数の積は容易に求められるが，大きな整数の因数分解には有効なアルゴリズムが存在しないという事実によっている．以下に RSA 暗号の作り方を説明する．RSA 公開鍵暗号は，整数論の見事な応用になっている．

この RSA 暗号の特徴は，公開鍵 (e, n) がわかっても復号化鍵 d が容易に求めることができない点にある．つまり，復号化鍵 d を求めるには，オイラー関数 $\varphi(n)$ が必要であり，$\varphi(n)$ を求めるには法 n を2つの素数に因数分解し

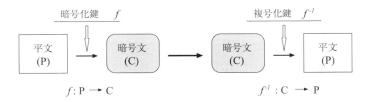

図 **7.3** 暗号化と復号化

なければならない．法 n の桁数が大きければ大きいほど因数分解は困難になり，安全性を高めるために通常，$n \geq 10^{300}$ ($\log_2 n \gtrsim 1000$) という大きな数が用いられている．300 桁の数の因数分解は，$\sqrt{N}$ 回の演算，10^{150} 回の演算が必要になる．この演算は最新のコンピュータでも宇宙の年齢位（数十億年位）の計算時間が必要とされている．

RSA 暗号のプロトコル

暗号文を m（具体的には，たとえば 300 桁以上の大きな数）とする．この文を RSA 暗号化により，公開鍵と秘密鍵を作る．

ステップ1　(一郎)：それぞれ 2 つの自然数からなる公開暗号化鍵 (e, n) と秘密復号化鍵 (d, n) を作る方法．

a) その積が m より大きい 2 つの大きな素数 p と q を選び，その積 $n = pq$ とオイラー関数[注8] $\varphi(n) = (p-1)(q-1)$ を求める．($n > m$ でなけらばならないが，その条件は，一郎が公開鍵 (e, n) を尚子に送ったときに，尚子によりチェックされる．)

b) n より小さく，また $\gcd(\varphi(n), e) = 1$ である数 e を選ぶ．

c) $1 \leq d < \varphi(n)$ で，$\varphi(n)$ を法とする合同式

$$ed \equiv 1 \bmod \varphi(n) \ (d \equiv e^{-1} \bmod \varphi(n)) \tag{7.14}$$

を満たす数 d を見つける．

ステップ2　(一郎)：このようにして作られた公開鍵 (e, n) を一郎は尚子にインターネット等の公開された手段で送る．

ステップ3　(尚子)：$n > m$ であれば，公開鍵 (e, n) を用いて，送りたい文章（平文）m から

$$m^e \equiv y \bmod n \tag{7.15}$$

を計算し，暗号文 y を一郎に送る．

ステップ4　(一郎)：一郎は尚子から送られた暗号文 y から，秘密鍵 (d, n) を用いて

$$y^d \bmod n \tag{7.16}$$

を計算する．この合同式が尚子の送った平文 m を与えることは，オイラーの定理（付録参照）を用いて証明されている．

[注8] オイラー（Euler）関数 $\varphi(n)$ は n と互いに素な n より小さい自然数の個数である．n が素数なら $\varphi(n) = n - 1$ となる．

▶ 例題 7.1 (7.16) 式の合同式 $y^d \equiv m \pmod{n}$ を証明せよ．

解 (7.14) 式から，適当な整数 k を用いて ed は
$$ed = 1 + k\varphi(n) \tag{7.17}$$
と表すことができる．$y^d \pmod{n}$ は (7.15) 式と (7.17) 式を用いて
$$y^d \equiv m^{de} \equiv m \cdot m^{k\varphi(n)} \pmod{n} \tag{7.18}$$
と書き換えることができる．ここでオイラーの定理 $m^{\varphi(n)} \equiv 1 \pmod{n}$ （付録参照）を用いると，$m^{k\varphi(n)} \equiv 1 \pmod{n}$ であり，
$$y^d \equiv m \pmod{n} \tag{7.19}$$
が求められた． □

▶ 例題 7.2 $m = 77$ を RSA 暗号化し，また復号化せよ．

解
ステップ 1：

a) （一郎）：大きい 2 つの素数 p, q を決め，その積 n を求める．2 つの素数を $p = 5, q = 17$ とすると
$$n = 5 \times 17 = 85 > m \tag{7.20}$$
であり，m より大きいという条件は満足される．オイラー関数は
$$\varphi(n) = \varphi(85) = \varphi(5)\varphi(17) = 4 \times 16 = 64 = 2^6 \tag{7.21}$$
となる．

b) $\gcd(\varphi(n), e) = 1$ である e として $e = 3$ を選ぶ．

c) $1 \leq d \leq \varphi(n)$ で
$$ed = 3d = 1 \bmod (\varphi(n)) \tag{7.22}$$
を満たす数 d を見つける．

$\varphi(n) = \varphi(85) = 64$ であるから (7.22) 式は

$$3d - 1 = 64k \quad (k\text{ はある整数}) \tag{7.23}$$

と表される．この式を

$$3d - 64k = 1 \tag{7.24}$$

と書き換えると，ディオファントス方程式の1つである，1次不定方程式になる．ディオファントス方程式の一般解はユークリッドの互除法（付録参照）を用いた関係，

$$-3 \times 21 + 64 = 1 \tag{7.25}$$

から，1つの解は $d_0 = -21$, $k_0 = -1$ と求まる．したがって一般解は

$$\begin{cases} d = -21 + 64t \\ k = -1 + 3t \end{cases} \quad (t\text{ は任意の整数}) \tag{7.26}$$

と求めることができる．$t = 1$ とすると $d = 43$ となる．一郎はこのように公開暗号化鍵 $(e, n) = (3, 85)$ と秘密復号化鍵 $(d, n) = (43, 85)$ を作製した．

ステップ2：
一郎は尚子に公開鍵 $(e, n) = (3, 85)$ を送る．

ステップ3：
尚子は公開鍵を用いて送りたい文（平文）m を暗号化する．

$$77^3 \equiv 83 \bmod 85 \tag{7.27}$$

から，暗号文 $y = 83$ と求まった．この暗号文 $y = 83$ を尚子は一郎に送る．

ステップ4：
一郎は暗号文 $y = 83$ から，秘密鍵 $(d, n) = (43, 85)$ を用いて復号化するには

$$y^{43} = 83^{43} \tag{7.28}$$

を，85の数を法とする合同式を計算する．

この合同式の計算は，83^n の合同式を $n=1, 2, 3, \cdots$ と次々と計算し，位数 r が見つかるまで n を大きくすることにより実行できる．

$$83^r \equiv 1 \bmod 85 \tag{7.29}$$

と位数 r が見つかれば，α を正の整数として

$$83^{\alpha r} \equiv 1 \bmod 85 \tag{7.30}$$

の定理を利用することができて，d が大きくても復号化は容易に実行できる．

$$\begin{aligned} 83^2 &\equiv 4 \bmod 85, \\ 83^4 &\equiv 16 \bmod 85, \\ 83^8 &\equiv 256 \equiv 1 \bmod 85 \end{aligned} \tag{7.31}$$

より，位数 $r=8$ が見つかった．$\alpha=5$ とすると

$$\begin{aligned} 83^{5\times 8} &\equiv 83^{40} \equiv 1 \bmod 85, \\ 83^{43} &\equiv 83^{40} 83^3 \equiv 83^3 \equiv 77 \bmod 85 \end{aligned} \tag{7.32}$$

の手続きで，$m=77$ が求まり復号化が完了する． □

RSA 暗号のポイントは公開鍵 (e, n) および暗号文 y を入手しても，オイラー関数 $\varphi(n)$ がわからないと復号化できないことにある．オイラー関数を求めるには，n を因数分解し，2 つの素数 p, q を求めなければならない．例題 7.2 では $n=85$ と小さい数だったのでこの因数分解はやさしかったが，p と q が 100 桁以上の互いに素な数，つまり n が 200 桁の数だったらどうなるだろうか．この因数分解は現在の古典的コンピュータでは多項式時間で終了する有効なアルゴリズムが見つかっていないために宇宙の年齢に匹敵する天文学的時間が必要になり事実上不可能になる．しかし，第 6 章で述べたように量子コンピュータを用いたショアのアルゴリズムによれば，このような因数分解も多項式計算時間で終了することになり，RSA 暗号も安全な暗号化の方法でなくなってしまう．そこで，ショアの量子計算のアルゴリズムが，RSA 暗号の解法を容易にする一方で，量子力学の原理に基づく解法不可能な暗号法が提案されている．それが量子暗号である．

7.4 量子鍵分配

現在の暗号の鍵分配は，主に2つの方法によって行われている．1つめは信頼するにたる手段により，たとえば密使を送り鍵を当事者のみに配布し，秘密を保つことであり，2つめは公開鍵配布法である．しかし，この2つのどちらの方法も絶対に安全とは言えない．1つめの方法は，信頼するにたる手段（密使）に裏切られることはしばしばありえることだし，2つめの方法は因数分解の有効なアルゴリズムが開発されればその安全性は保証されない．量子コンピュータによるショアの因数分解のアルゴリズムが実用化されれば，RSA暗号はもはや安全とは言えないのである．一方，量子力学の不確定性関係が，鍵配布における盗聴者の有無を検出してくれ，新しい暗号理論の未来を開くことがわかってきた．次に述べる，BB84プロトコル，B92プロトコルやE91プロトコルと呼ばれる量子暗号理論である．

7.4.1 非クローン定理

量子的な手法を用いて暗号鍵を分配する場合，その機密性を保証するのは量子力学の観測理論に基づいている．つまり，量子ビットは盗聴者によって決して盗むことができないという原理である．これは，しばしば非クローン定理 (non-cloning theorem) と呼ばれる．ヒツジ等の動物はクローンを作成できても，量子ビットでは決してクローンを作成できないのである．

▶ 例題 7.3　量子ビット $|\psi\rangle$ のクローンは作成できないことを示せ．

解　量子ビット $|\psi\rangle$ を標的ビット $|s\rangle$ にコピーすることを考える．初期状態は

$$|\psi\rangle \otimes |s\rangle \tag{7.33}$$

と与えられる．この状態にあるユニタリ演算子 U を作用させ，$|\psi\rangle$ を標的ビット $|s\rangle$ にコピーしたとすると

$$U(|\psi\rangle \otimes |s\rangle) = |\psi\rangle \otimes |\psi\rangle \tag{7.34}$$

となる．この U によるコピーを別の量子ビット $|\phi\rangle$ にも作用させると

$$U(|\phi\rangle \otimes |s\rangle) = |\phi\rangle \otimes |\phi\rangle \tag{7.35}$$

となる. (7.34) 式と (7.35) 式の内積をとると,U はユニタリ演算子だから,左辺は

$$\langle s| \otimes \langle \phi|U^{-1}U|\psi\rangle \otimes |s\rangle = \langle \phi|\psi\rangle \tag{7.36}$$

となり,右辺は

$$\langle \phi| \otimes \langle \phi|\psi\rangle \otimes |\psi\rangle = \langle \phi|\psi\rangle^2 \tag{7.37}$$

となるから,(7.36) 式と (7.37) 式から

$$\langle \phi|\psi\rangle = \langle \phi|\psi\rangle^2 \tag{7.38}$$

となり,$|\phi\rangle$ と $|\psi\rangle$ の内積が

$$\langle \phi|\psi\rangle = 1 \text{ または } 0 \tag{7.39}$$

のときのみクローンの作成が可能になる.これは $|\phi\rangle = |\psi\rangle$ か,$|\phi\rangle$ と $|\psi\rangle$ が直交しているときのみクローンを作成できるということを示している.一般に,2 つの異なる量子ビット $|\psi\rangle = a|0\rangle + b|1\rangle$ と $|\phi\rangle = c|0\rangle + d|1\rangle$ は直交せずに

$$0 < |\langle \phi|\psi\rangle| = |c^*a + d^*b| < 1 \tag{7.40}$$

であるから,クローンは不可能である. □

7.4.2 BB84 プロトコル

偏光した光子を用いての量子鍵分配法はベネット (C. H. Bennett) とブラサール (G. Brassard) により 1984 年に初めて提案され,2 人の頭文字と年号から,この暗号法は **BB84 プロトコル**と呼ばれている[注9].BB84 プロトコルは,量子力学の観測理論とワンタイム・パッド暗号の考えを結合させて解読不可能な暗号になっている.

まずレーザーにより偏光した光を発生させる.ここで,縦と横に直線偏光した $|\updownarrow\rangle$ と $|\leftrightarrow\rangle$ の状態と,対角線方向に $+45°$ と $-45°$ に偏光した $|\nearrow\rangle$ と

[注9] C. H. Bennett and G. Brassard, *Proc. of IEEE Int. Conference on Computers, Systems and Signal Processing*, p. 175 (IEEE, New York, 1984).

表 7.1 2進法の0と1と2種類の偏光した光子の対応表

ビット値	$\oplus$	$\otimes$
0	$\|\updownarrow\rangle$	$\|\nearrow\rangle$
1	$\|\leftrightarrow\rangle$	$\|\nwarrow\rangle$

$|\nwarrow\rangle$ の状態，全部で4種類の光を用意する．2進法による0と1のビットは，2種類の偏光した光子により，表 7.1 のように表される．

たとえば，22 は2進法では 10110 と表され，縦横に直線偏光した状態では

$$|\leftrightarrow\rangle|\updownarrow\rangle|\leftrightarrow\rangle|\leftrightarrow\rangle|\updownarrow\rangle \tag{7.41}$$

であり，対角線方向に偏光した状態では

$$|\nwarrow\rangle|\nearrow\rangle|\nwarrow\rangle|\nwarrow\rangle|\nearrow\rangle \tag{7.42}$$

と表される．

　尚子と一郎が縦横に直線偏光した光子のみを用いて通信しているとしよう．この場合，盗聴者が一郎と同じ検出器を用いれば，尚子からの情報を正確に測定できるし，尚子と同じレーザーと $\oplus$ の偏光フィルターを用いて一郎に偏光した光を送れば盗聴した事実も，尚子と一郎に知られないで済んでしまう．つまり1種類の偏光した光 $|\leftrightarrow\rangle$ と $|\updownarrow\rangle$ を用いての通信は盗聴者に対して安全性

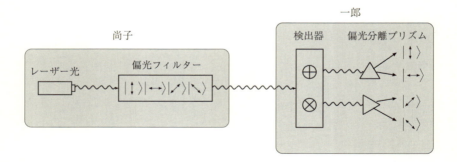

図 7.4 BB84 プロトコルによる通信．光子はレーザー光と偏光フィルターを操作し，縦横直線偏光か対角線方向偏光かをランダムに選び，0 か 1 のビットを送る．一郎も縦横直線偏光 $\oplus$ または対角線方向偏光 $\otimes$ 検出器および偏光分離プリズムにより，光子の偏光方向を観測する．

が全く保証されていない．2つの直交した状態はクローン可能だからである．

BB84 プロトコルの特徴は縦横に直線偏光した状態と対角線方向に偏光した状態の2種類の光子を用いる点にある．つまり，尚子は ⊕ と ⊗ の2種類の偏光フィルターをランダムに用いてビットを送信し，一郎も2種類の検出器 ⊕ と ⊗ をランダムに用いて光を検出する．n ビットの量子鍵を送信するための BB84 プロトコルを順を追ってたどっていってみよう．

BB84 プロトコル

ステップ1：
　　尚子は ⊕ と ⊗ の偏光フィルターをランダムに選択して，0 と 1 がランダムに並んだ $4n$ ビットのデータを送信する．

ステップ2：
　　一郎は ⊕ と ⊗ の偏光検出器をランダムに選び，偏光方向を観測する．尚子は一郎に，古典的な通信手段（電話やインターネット）を用いて自分が選択した偏光フィルターの並び順のみを教える．ただし，0 と 1 のランダムなデータは教えない．

ステップ3：
　　2人は検出器の ⊕ と ⊗ の種類と尚子の偏光フィルターの ⊕ と ⊗ が一致した場合の観測値のみを選びだす．偏光フィルターと偏光検出器が一致する確率は 1/2 だから，$2n$ ビットの同じデータを一郎と尚子は共有することになる．その $2n$ ビットのデータのうち，n ビットのデータを2人が照合して完全に一致した場合，残りの n ビットのデータからワンタイムパッドを作る．完全に一致しない場合は盗聴された可能性が高いので，ステップ1からやり直す．

ステップ4：
　　尚子は平文をステップ3で作製したワンタイム・パッドを用いて暗号化し，一郎に送る．

ステップ5：
　　一郎は尚子からの暗号文を尚子と共有するワンタイム・パッドにより解読する．

この2種類の偏光の中で縦横直線偏光状態は

$$|0\rangle_\oplus = |\updownarrow\rangle, \tag{7.43}$$

$$|1\rangle_\oplus = |\leftrightarrow\rangle \tag{7.44}$$

表 7.2 BB84 プロトコル．尚子はランダムに送信するビット値と偏光フィルターの種類を選ぶ．一郎もランダムに偏光検出器の種類を選ぶ．尚子と一郎は電話等で偏光器の種類のみの情報を交換し，同じ場合のビット値のみをワンタイム・パッドとして用いる．

		1	2	3	4	5	6	7	8	9	10	11	12
尚子	送信ビット値	0	1	0	1	1	0	0	1	1	1	0	1
	偏光フィルター	⊗	⊕	⊕	⊗	⊗	⊕	⊗	⊕	⊗	⊕	⊗	⊗
	偏光状態	╱	↔	↕	╲	╲	↕	╱	↔	╲	↔	╱	╲
一郎	偏光検出器	⊗	⊕	⊗	⊕	⊕	⊕	⊗	⊗	⊗	⊕	⊕	⊗
	観測値	╱	↔	╲	↕	↕	↕	╱	↕	╲	↔	↕	╲
	観測ビット値	0	1	1	0	1	0	0	0	1	1	0	1
フィルターと検出器の一致		真	真	偽	偽	偽	真	真	偽	真	偽	偽	真
ワンタイム・パッド		0	1				0	0		1			1

と表され，対角線偏光状態は

$$|0\rangle_\otimes = \frac{1}{\sqrt{2}}\{|\updownarrow\rangle + |\leftrightarrow\rangle\}, \tag{7.45}$$

$$|1\rangle_\otimes = \frac{1}{\sqrt{2}}\{|\updownarrow\rangle - |\leftrightarrow\rangle\} \tag{7.46}$$

と，縦横直線偏光状態の重ね合わせで書き表すことができる．(7.45)式，(7.46)式は対角線偏光状態を縦横直線偏光の検出器を用いて測定すると，$|\updownarrow\rangle$ と $|\leftrightarrow\rangle$ の状態が 1/2 ずつの確率で観測されることを示している．つまり，尚子が $|0\rangle_\otimes$ の情報を送っても，一郎が尚子と異なる偏光検出器 $\oplus$ を用いると，$|0\rangle_\oplus$ と $|1\rangle_\oplus$ を 1/2 ずつの確率で観測することになる．一郎はこの場合 50% の確率で尚子の送った情報を誤って受信することになる．

表 7.2 のように，尚子が BB84 プロトコルによりランダムな偏光フィルターでランダムなビット値 010110011101 の信号を送ったとき，一郎もまた，ランダムに偏光検出器を選び 011010001101 の信号を観測する．表 7.2 からわかるように，一郎が尚子と異なる種類の偏光器を用いた場合でも 50% の確率で正しいビット値を検出する．ステップ 3 で尚子と一郎はインターネットや電話で偏光器の種類のみの情報を交換する．この情報が盗聴されても，送信したビット値の秘密は完全に保たれる．ステップ 4 で，尚子と一郎の偏光器の種類が一致した場合のみの 1, 2, 6, 7, 9, 12 番目のビット値から 010011 と

いうワンタイム・パッド暗号を作ることができる．このビット値をワンタイム・パッドとして用い，尚子は一郎に暗号文を送る．このようなランダムな数字の並びを用いて暗号を作れば解読不可能な暗号を作ることができる．従来のワンタイム・パッド暗号の最大の問題はランダムな数字の並びを盗聴者に知られることなく安全に配送することであった．ところがBB84プロトコルを用いれば，量子力学の原理からワンタイム・パッドを知ることは不可能になる．

ここで盗聴者「瞳」がいる場合に，BB84プロトコルによりいかにして発見するかを示そう．瞳が尚子が送信したビット値を盗もうとした場合，瞳も一郎と同様にランダムに検出器を選ぶしかない．瞳は尚子の発信したビット値を盗聴しようとするが，偏光検出器をランダムに選んだことにより，表7.3の例では1, 4, 12のビット値を誤って観測してしまった．量子力学の観測理論の確率解釈によれば，このような誤りは尚子の各ビット値に対する偏光フィルターの種類を知らない限りは必然的に発生する．瞳は観測した偏光状態をそのまま一郎に送り，一郎がその偏光状態を観測したとすると，たとえば表7.3のような結果になる．瞳が尚子の送信したデータを観測したことにより，量子状態が攪乱され，ワンタイム・パッドの暗号鍵として採用された010011のビット値が110001に変化する．このように送信者と受信者の偏光フィルターと偏光検出器が同じであっても，盗聴者が量子状態を攪乱することにより送信ビットと観測ビットが変化し，その存在が知られてしまう．

ワンタイム・パッドに用いられるn個のビット値を尚子と一郎が照合することにより盗聴者を発見する確率を求めてみる．尚子の偏光フィルターと一郎の偏光検出器が同じときに，ビット値が変化するのは瞳の偏光検出器が一郎と異なり，かつ瞳の発信した量子状態を一郎が尚子の送信したビット値と異なる値を観測した場合である．瞳の偏光検出器が一郎と異なる確率は$1/2$であり，一郎が異なるビット値を観測する確率も$1/2$なので，1つのビット値を尚子と一郎が照合することにより，盗聴者を発見する確率は$1/2 \times 1/2 = 1/4$となる．n個のビット値を観測することによる盗聴者発見の確率は

$$P(n) = 1 - \left(\frac{3}{4}\right)^n \tag{7.47}$$

となる．10個のビット値を用いれば$P(10) = 0.939$，20個のビット値を用

表 7.3 盗聴者「瞳」により攪乱されたデータから一郎が観測したビット値

		1	2	3	4	5	6	7	8	9	10	11	12
尚子	送信ビット値	0	1	0	1	1	0	0	1	1	1	0	1
	偏光フィルター	⊗	⊕	⊕	⊗	⊕	⊕	⊗	⊕	⊕	⊗	⊗	⊗
	偏光状態	╲	↔	↑	╲	↑	↑	╱	↔	↔	╲	╲	╲
瞳	偏光検出器	⊕	⊗	⊗	⊕	⊕	⊕	⊕	⊕	⊗	⊗	⊗	⊕
	観測値	↔	╲	╱	↑	↔	↑	↔	↔	╲	╲	╲	↑
	観測ビット値	1	1	0	0	1	0	0	1	1	1	0	0
一郎	偏光検出器	⊗	⊕	⊗	⊕	⊕	⊕	⊗	⊗	⊕	⊕	⊕	⊗
	観測値	╲	↔	╱	↑	↔	↑	╲	╲	↑	↑	↑	╲
	観測ビット値	1	1	0	0	1	0	0	1	0	0	0	1
ワンタイム・パッド		1	1			0	0		0				1

いれば $P(20) = 0.996$ となり，非常に高い確率で盗聴者を発見できることがわかる．

▶**例題 7.4** BB84 プロトコルにより n 個のビット値を照合することにより盗聴者を発見できる確率は (7.47) 式

$$P(n) = 1 - \left(\frac{3}{4}\right)^n \tag{7.48}$$

になることを示せ．

解 $n = 1$ のとき $P(1) = 1 - 3/4 = 1/4$ になることはランダムに選ばれた検出器が不一致の確率と量子状態の観測の確率より示された．$n = 2$ の場合は2つのビット値が異なる確率が $1/4 \times 1/4$ であり，1つのビットが同じで1つのビットが異なる確率が $2 \times 3/4 \times 1/4$ だから

$$P(2) = \frac{1}{4} \times \frac{1}{4} + 2 \times \frac{3}{4} \times \frac{1}{4} = \frac{7}{16} = 1 - \left(\frac{3}{4}\right)^2 \tag{7.49}$$

となる．n 個のビット値を観測すると，n 個が異なる確率は $(1/4)^n$，$(n-1)$ 個が異なる確率は $3/4(1/4)^{n-1}n, \cdots$，1 個が異なる確率は $(3/4)^{n-1}n/4$ となり，合計すると

$$P(n) = \left(\frac{1}{4}\right)^n + \frac{3}{4}\left(\frac{1}{4}\right)^{n-1}n + \cdots + \left(\frac{3}{4}\right)^{n-1}\frac{1}{4}n$$

$$\begin{aligned}
&= \sum_{k=0}^{n-1} {}_nC_k \left(\frac{1}{4}\right)^{n-k} \left(\frac{3}{4}\right)^k = \sum_{k=0}^{n} {}_nC_k \left(\frac{1}{4}\right)^{n-k} \left(\frac{3}{4}\right)^k - \left(\frac{3}{4}\right)^n \\
&= \left(\frac{1}{4} + \frac{3}{4}\right)^n - \left(\frac{3}{4}\right)^n = 1 - \left(\frac{3}{4}\right)^n
\end{aligned} \quad (7.50)$$

となる.

別の見方をすれば,各ビット値は盗聴者がいても送信ビットと検出器は $3/4$ の確率で同じ値になり,盗聴者を発見できない.つまり,n ビットの場合に盗聴者を発見できない確率は n ビットの値がすべて同じになる確率 $(3/4)^n$ である.逆に,発見できる確率は,$1-(3/4)^n$ となり (7.50) 式に一致するともいえる. □

7.4.3 B92 プロトコル

BB84 プロトコルでは,4 種類の偏光状態,2 つの縦横直線偏光状態 $|\updownarrow\rangle, |\leftrightarrow\rangle$ と 2 つの対角線偏光状態 $|\searrow\rangle, |\nearrow\rangle$ および 2 種類の偏光検出器を用意した.B92 プロトコルでは,2 つの非直交状態を用いて秘密鍵の配布を行う方法である.この方法はベネット (C. H. Bennett) により 1992 年に提案されたので B92 プロトコルと呼ばれる[注10].B92 プロトコルでは,2 つの非直交状態を 2 進法の 0 と 1 に対応させる.偏光した光子を用いた場合は縦偏光状態 $|\updownarrow\rangle$ を 0 に対応させ,$-45°$ 方向の偏光状態 $|\searrow\rangle$ を 1 に対応させる.

(7.43) 式および (7.46) 式から,この 2 つの状態の内積は

表 7.4 B92 プロトコルによる偏光状態とビット値を射影する測定器

尚子		一郎
ビット値	偏光状態	測定器
0	$\updownarrow$	$P_0 = 1 - |\searrow\rangle\langle\searrow|$
1	$\searrow$	$P_1 = 1 - |\updownarrow\rangle\langle\updownarrow|$

[注10] C. H. Bennett, *Phys. Rev. Lett.* **68**, 3121 (1992).

$$\langle \searrow | \updownarrow \rangle = \frac{1}{\sqrt{2}} \tag{7.51}$$

となる．受信者はビット値を射影する P_0 と P_1 の2種類の測定器を持ち，測定器 P_0 は $|\searrow\rangle$ の状態を観測しなかったときにビット値0を得，測定器 P_1 は $|\updownarrow\rangle$ の状態を観測しなかったときにビット値1を得る．尚子がビット値 $|0\rangle = |\updownarrow\rangle$ を発信すると

$$\langle \searrow |P_1| \updownarrow \rangle = \langle \searrow |(|\updownarrow\rangle - |\updownarrow\rangle) = 0 \tag{7.52}$$

で，一郎の測定結果 P_1 はゼロの確率である．一方，

$$\langle \updownarrow |P_0| \updownarrow \rangle = 1 - |\langle \searrow | \updownarrow \rangle|^2 = 1 - \frac{1}{2} = \frac{1}{2} \tag{7.53}$$

となり，1/2 の確率でビット値0を測定する．ビット値1に対応する対角線偏光状態 $|\searrow\rangle$ に関しても同じように

$$\langle \updownarrow |P_0| \searrow \rangle = 0, \tag{7.54}$$

$$\langle \searrow |P_1| \searrow \rangle = \frac{1}{2} \tag{7.55}$$

となり，ビット値1が 1/2 の確率で伝えられる．B92 プロトコルの特徴は，2種類の光子を用いて誤りなしに 50% の確率で正しいビット値を伝達できることである．

表 7.5 に，B92 プロトコルの具体的な例を示してある．尚子はランダムなビット値を2種類の非直交偏光状態を用いて一郎に送信する．一郎は2つの測定器 P_0 と P_1 を用いてランダムに並べ，信号を受信する．信号が受信されたのみのビット値 0010 が，この場合のワンタイム・パッドの秘密鍵になる．一郎はこのとき，尚子に測定器の種類は伝えないで何番目の信号を受信したかのみ伝える．この場合は 1, 6, 8, 11 番目である．1, 6, 8, 11 番目の信号を受信したことを古典的手段で伝えて，瞳に盗聴されても，一郎の測定器の種類がわからないのでワンタイム・パッドの秘密鍵は 100% のセキュリティーで配布される．表 7.5 から明らかなように送信ビット値と測定器の種類が違う場合には，測定器が信号を受信することはなく，同じ場合のみ 1/2 の確率で受信する．表 7.5 では 2, 5, 10 番目のビット値と測定器も同じだが，信号は受信されていない．一郎がランダムに測定器を選んだとき，尚子の信号が伝わ

7.4 量子鍵分配

表 7.5 B92 プロトコルによるビット値の送信と受信.尚子は非直交の 2 種類の偏光状態を用いる.一郎はランダムにビット射影測定器 P_0 と P_1 を並べ,信号が受信された場合のビット値をワンタイム・パッドとして採用する.

		1	2	3	4	5	6	7	8	9	10	11	12
尚子	送信ビット値	0	1	0	1	1	0	0	1	1	1	0	1
	偏光状態	↕	╲	↕	╲	╲	↕	↕	╲	╲	╲	↕	╲
一郎	ビット射影測定器	P_0	P_1	P_1	P_0	P_1	P_0	P_1	P_1	P_0	P_1	P_0	P_0
	信号受信	y	n	n	n	n	y	n	y	n	n	n	y
ワンタイム・パッド		0					0		1				0

る確率は,

$$\frac{1}{2}(1 - \langle \updownarrow | \diagdown \rangle^2) = \frac{1}{4} \tag{7.56}$$

となる.しかし,尚子のビット値が誤って伝わる確率はゼロであることが B92 プロトコルの重要な点である.盗聴者「瞳」が尚子の発信したビット値を盗もうとした場合,偏光状態が非直交系なので例題 7.3 の量子状態の非クローン定理により,瞳は尚子の状態をコピーできない.つまり,瞳は尚子の発信したビット値を観測し,その観測した状態を再び発信することになる.これが盗聴者の発見につながる.一般に BB84 や B92 プロトコルの通信には,平文を送るビットと盗聴者を検出するビットの 2 種類を用意する必要がある.

7.4.4 E91 プロトコル

BB84 プロトコルや B92 プロトコルは,互いに直交しない量子状態はクローンできないという原理から安全性が保証された秘密鍵の分配法である.これらの 2 つのプロトコルには量子力学の不確定性関係が本質的な役割を果たしている.第 2 章で述べた 2 つの粒子の「もつれた」(entangled) 量子状態,EPR 対を利用することにより暗号鍵を安全に分配することができる.この量子鍵分配法は,エカート (A. K. Ekert) が 1991 年に提案したので,E91 プロトコルと呼ばれる[注11].

E91 プロトコルでは,送信者尚子と受信者一郎は,スピン 0 に結合した 2

[注11] A. K. Ekert, *Phys. Rev. Lett.* **67**, 661 (1991).

粒子系，EPR 対のスピンを観測する．EPR 対はスピン 1/2 の粒子を用いると (2.37) 式

$$|\Psi\rangle_{12} = \frac{1}{\sqrt{2}}\{|\uparrow\rangle_1|\downarrow\rangle_2 - |\downarrow\rangle_1|\uparrow\rangle_2\} \tag{7.57}$$

のように表される．EPR 対は2つの光子によっても作ることができて，その状態は (2.63) 式で表される．EPR 対は z 軸の反対方向に発射され，尚子と一郎は離れた場所で，それぞれの偏光検出器で1個の粒子のスピンの向きを観測する．単位ベクトル $\mathbf{a_i}$ と $\mathbf{b_i}$ ($i = 1, 2, 3$) で検出器の向きを表し，$\mathbf{a_i}$ と $\mathbf{b_i}$ は z 軸に垂直な xy 平面に置かれているとしよう．尚子が $\mathbf{a_i}$ の検出器を用い，一郎が $\mathbf{b_j}$ の検出器を用いて，スピンの向きを測定したときの上向き＋方向と下向き－方向の相関は (2.43) 式の相関関数により

$$\begin{aligned}E(\mathbf{a_i}, \mathbf{b_j}) =& E_{++}(\mathbf{a_i}, \mathbf{b_j}) + E_{--}(\mathbf{a_i}, \mathbf{b_j}) - E_{+-}(\mathbf{a_i}, \mathbf{b_j}) - E_{-+}(\mathbf{a_i}, \mathbf{b_j}) \\ =& -(\mathbf{a_i}, \mathbf{b_j}) \end{aligned} \tag{7.58}$$

と $\mathbf{a_i}$ と $\mathbf{b_j}$ のベクトルの内積で与えられる．(2.43) 式での QM の符号はここでは省略した．(7.58) 式でたとえば，$E_{++}(\mathbf{a_i}, \mathbf{b_j})$ は $\mathbf{a_i}$ でのスピンの向きの測定結果が＋で，$\mathbf{b_j}$ での測定結果が＋であった確率を表す．図 7.5 のように尚子と一郎の検出器は，それぞれ x 軸から角度 $(\mathbf{a_1}, \mathbf{a_2}, \mathbf{a_3}) = (\phi_1 = 0, \phi_2 =$

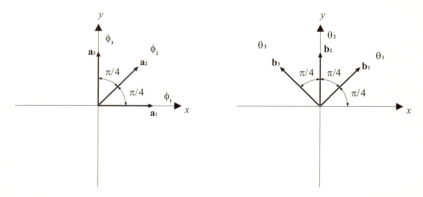

図 7.5 尚子と一郎の偏光検出器の向き．尚子と一郎はそれぞれ3個の検出器を持っている．E91 プロトコルでは $\mathbf{a_1}$ と $\mathbf{a_2}$, $\mathbf{a_3}$ は x 軸から，$\phi_1 = 0$, $\phi_2 = \pi/4$, $\phi_3 = \pi/2$ の角度で配置されている．一方，$\mathbf{b_1}$, $\mathbf{b_2}$, $\mathbf{b_3}$ は x 軸から $\theta_1 = \pi/4$, $\theta_2 = \pi/2$, $\theta_3 = 3\pi/4$ の角度で配置されている．

$\pi/4, \phi_3 = \pi/2)$ と $(\mathbf{b_1}, \mathbf{b_2}, \mathbf{b_3}) = (\theta_1 = \pi/4, \theta_2 = \pi/2, \theta_3 = 3\pi/4)$ の位置に配置されている．ここで $\mathbf{a_2}$ と $\mathbf{b_1}$ および $\mathbf{a_3}$ と $\mathbf{b_2}$ の検出器が同じ方向を向いていることに注意しよう．この 2 つの検出器が EPR 対を観測した場合は，それぞれは E_{+-} または E_{-+} の確率のみであり，相関係数 P は完全な反相関状態であるから

$$E(\mathbf{a_2}, \mathbf{b_1}) = -\cos(\phi_2 - \theta_1) = -\cos\left(\frac{\pi}{4} - \frac{\pi}{4}\right) = -1, \quad (7.59)$$

$$E(\mathbf{a_3}, \mathbf{b_2}) = -\cos(\phi_3 - \theta_2) = -\cos\left(\frac{\pi}{2} - \frac{\pi}{2}\right) = -1 \quad (7.60)$$

の値をとる．

ここで，ベルの不等式の一種である **CHSH 不等式**（Clauser, Horne, Shimony, Holt 不等式）を導くために，相関係数

$$S = E(\mathbf{a_1}, \mathbf{b_1}) - E(\mathbf{a_1}, \mathbf{b_3}) + E(\mathbf{a_3}, \mathbf{b_1}) + E(\mathbf{a_3}, \mathbf{b_3}) \quad (7.61)$$

を考える．(7.61) 式を求めるためには，尚子と一郎は異なる方向での EPR 対の測定を指定された方向に 4 回行うことを意味している．第 2 章 (2.43) 式の結果を (7.61) 式に代入すると，量子力学的観測結果は，

$$S_{\text{QM}} = -\cos(\phi_1 - \theta_1) + \cos(\phi_1 - \theta_3) - \cos(\phi_3 - \theta_1) - \cos(\phi_3 - \theta_3) \quad (7.62)$$

を与える．ここで，図 7.5 のように尚子と一郎の検出器を配置すると

$$S_{\text{QM}} = -\cos\left(-\frac{\pi}{4}\right) + \cos\left(-\frac{3}{4}\pi\right) - \cos\left(\frac{\pi}{4}\right) - \cos\left(-\frac{\pi}{4}\right) = -2\sqrt{2} \quad (7.63)$$

となる．(7.63) 式の結果は，4 つの異なる方向での観測結果の相関での最大の反相関を表している（章末演習問題 [2] 参照）．

第7章 量子暗号

E91 プロトコル

ステップ1：
　尚子と一郎は EPR 対を図 7.5 のように配置したそれぞれの測定器を用いて観測する．

ステップ2：
　尚子と一郎は検出器の向きを公開し，測定結果を
  (a) 異なる向きの検出器を用いた結果
  (b) 同じ向きの検出器を用いた結果

と 2 種類に分類する．

ステップ3：
　尚子と一郎は (a) のグループに属する結果のみ公開し，CHSH 不等式 S が満足されているかチェックする．

ステップ4：
　CHSH 不等式 $S = -2\sqrt{2}$ が満足されている場合のみ (b) のグループの結果をワンタイム・パッドとして秘密鍵に用いる．

EPR 対の観測結果から尚子と一郎は上記の E91 プロトコルにより，秘密鍵を分配したとする．盗聴者が E91 プロトコルを破って秘密鍵を盗もうとするとき，CHSH 不等式はどう変化するかが問題になる．盗聴者「瞳」が EPR 対による情報を盗もうとした場合の CHSH 不等式を導いてみよう．E91 プロトコルの第 1 の特徴は，瞳が仮に尚子と一郎が観測しようとしているすべての EPR 対を観測したとしても，何の情報も得ることはできない点である．つまり秘密鍵が EPR 対自体ではなく，尚子と一郎の観測後に，ステップ 2 の (b) のデータセットのみを選んで作られることによる．盗聴者瞳が暗号鍵の情報を得るには，EPR 対を観測後に，再び EPR 対を尚子と一郎に発信し，2 人の検出器の種類を知る必要がある．そこで，瞳は 2 つの検出器 A, B を用いて ϕ_A と θ_B の方向で EPR 対のスピンを観測し，観測したスピンと同じ方向に再び 2 個の粒子を発信すると考えてみよう．瞳は ϕ_A と θ_B の方向をある確率 $p(\phi_A, \theta_B)$ で採用したとする．瞳が発信した $|\phi_A\rangle|\theta_B\rangle$ の状態を尚子と一郎が検出器 $\mathbf{a}$ と $\mathbf{b}$ を用いてそのスピンの向きを観測すると，盗聴者のある場合の測定結果 E' は (2.38) 式を用いると

$$E'(\mathbf{a},\mathbf{b}) = \iint p(\phi_A,\theta_B)_1\langle\phi_A|_2\langle\theta_B|(\boldsymbol{\sigma}_1\cdot\mathbf{a})(\boldsymbol{\sigma}_2\cdot\mathbf{b})|\phi_A\rangle_1|\theta_B\rangle_2 d\phi_A d\theta_B$$
$$= \iint p(\phi_A,\theta_B)(\mathbf{n_A}\cdot\mathbf{a})(\mathbf{n_B}\cdot\mathbf{b})d\phi_A d\theta_B \tag{7.64}$$

となる．ここで $\mathbf{n_A}$ と $\mathbf{n_B}$ は状態 $|\phi_A\rangle$ と $|\theta_B\rangle$ のスピンの向きと同じ方向の単位ベクトルで，x 軸とのなす角はそれぞれ ϕ_A と θ_B である．E' はベクトル $\mathbf{a}$, $\mathbf{b}$ が x 軸となす角度を ϕ と θ とすると

$$E'(\mathbf{a},\mathbf{b}) = \iint p(\phi_A,\theta_B)\cos(\phi-\phi_A)\cos(\theta-\theta_B)d\phi_A d\theta_B \tag{7.65}$$

で表される．図 7.5 のように，尚子と一郎が 6 個の測定器 $\mathbf{a_i},\mathbf{b_i}$ ($i=1,2,3$) を配置すると，相関係数 S' は

$$\begin{aligned}S' =& E'(\mathbf{a_1},\mathbf{b_1}) - E'(\mathbf{a_1},\mathbf{b_3}) + E'(\mathbf{a_3},\mathbf{b_1}) + E'(\mathbf{a_3},\mathbf{b_3})\\
=& \iint p(\phi_A,\theta_B)\bigg[\cos(-\phi_A)\cos\left(\frac{\pi}{4}-\theta_B\right) - \cos(-\phi_A)\cos\left(\frac{3}{4}\pi-\theta_B\right)\\
& + \cos\left(\frac{\pi}{2}-\phi_A\right)\cos\left(\frac{\pi}{4}-\theta_B\right) + \cos\left(\frac{\pi}{2}-\phi_A\right)\cos\left(\frac{3}{4}\pi-\theta_B\right)\bigg]d\phi_A d\theta_B\\
=& \iint p(\phi_A,\theta_B)\sqrt{2}\cos(\phi_A-\theta_B)d\phi_A d\theta_B \end{aligned} \tag{7.66}$$

となる．確率 $p(\phi_A,\theta_B)$ は $\iint p(\phi_A,\theta_B)d\phi_A d\theta_B = 1$ と規格化されているから，(7.66) 式の S' の絶対値に対して

$$\begin{aligned}|S'| &= \iint p(\phi_A,\theta_B)\sqrt{2}\left|\cos(\phi_A-\theta_B)\right|d\phi_A d\theta_B\\
&\leqq \iint p(\phi_A,\theta_B)d\phi_A d\theta_B \sqrt{2} = \sqrt{2}\end{aligned} \tag{7.67}$$

が導かれる．瞳が盗聴した結果，相関係数は

$$-\sqrt{2} \leqq S' \leqq \sqrt{2} \tag{7.68}$$

となり，量子力学の原理から導かれた (7.63) 式の結果 $S_{QM} = -2\sqrt{2}$ と矛盾してしまう．このように一般化されたベルの定理，CHSH 不等式を用いることにより，尚子と一郎は盗聴者の存在を知ることができる．

盗聴者が EPR 対を観測することはスピンの向きを確定することになる．つ

まり，観測により，量子力学的な2体系の状態が収縮し，ある特定のスピンの向きが指定されることになる．この物理的状態は第2章でのアインシュタインの隠れた変数理論の状態 (2.10) 式に対応する．つまり，盗聴者「瞳」の存在により，EPR 対が攪乱されて，古典的なベルの不等式が成立してしまうことを意味する．いくつかの異なる方向の検出器の測定結果から，盗聴者の存在を知ることができるのは，「からみあった」状態による量子力学の原理を見事に利用している．

7.5 演習問題

1. (7.66) 式中の

$$\cos(-\phi_A)\cos\left(\frac{\pi}{4}-\theta_B\right) - \cos(-\phi_A)\cos\left(\frac{3}{4}\pi-\theta_B\right)$$
$$+ \cos\left(\frac{\pi}{2}-\phi_A\right)\cos\left(\frac{\pi}{4}-\theta_B\right) + \cos\left(\frac{\pi}{2}-\phi_A\right)\cos\left(\frac{3}{4}\pi-\theta_B\right)$$
$$= \sqrt{2}\cos(\phi_A-\theta_B) \tag{7.69}$$

を示せ．

2. 「(7.63) 式が EPR 光子対の観測における反相関の最大値であることの証明」

座標軸を適当に回転して，図 7.6 のように x 軸を $\mathbf{b}$ と $\mathbf{b}'$ を角度 β で二等分する位置にとる ($0 \leqq \beta \leqq \pi/2$)．

(a) β を固定して，$\mathbf{a}$ と x 軸のなす角度 α ($-\pi < \alpha \leqq \pi$) を動かすとき，

$$|P(\mathbf{a},\mathbf{b}) - P(\mathbf{a},\mathbf{b}')|$$

の最大値と最小値を，β の関数として求めよ．

(b) β を固定して，$\mathbf{a}'$ と x 軸のなす角度 α' ($-\pi < \alpha' \leqq \pi$) を動かすとき，

$$|P(\mathbf{a}',\mathbf{b}) + P(\mathbf{a}',\mathbf{b}')|$$

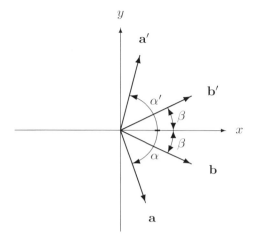

図 **7.6** EPR 光子対の観測

の最大値と最小値を β の関数として求めよ．

(c) α と α' と β を自由に動かすときの $|S_{\mathrm{QM}}|$ の最大値と最小値を求めよ．

第8章
量子検索アルゴリズム

　量子検索アルゴリズムは1997年にグローバー（L. K. Grover）により発見されたので，グローバーのアルゴリズムとも呼ばれる[注12]．N 個のデータからなるデータベースからある符合のついた1個のデータを探すことを考えてみよう．たとえば電話帳で電話番号からその電話の持ち主の名前を探すような問題である．この検索は名前から電話番号を探す問題に比べ，はるかに時間がかかる．電話帳では名前は「あいうえお」順（または「abc」順）に並んでいて構造を持ったデータベースになっているが，電話番号の並び方には構造がないためである．古典的コンピュータで N 個のデータベースから特定の1個のデータを探すには，平均 $N/2$ の試みが必要になる．グローバーは量子検索アルゴリズムを用いれば，N 個のデータベースからの検索は平均 $\sqrt{N}$ 回の試みで成功することを示した．ショアの量子計算アルゴリズムは古典的コンピュータでは指数関数的に増加する計算時間のかかる因数分解を多項式計算時間で実行可能にする画期的なアルゴリズムであった．それに比べると，グローバーのアルゴリズムは古典的コンピュータで $O(N)$ の計算時間を，量子コンピュータにより $O(\sqrt{N})$ の時間で実行可能にするというアルゴリズムである．コンピュータの実行時間の短縮という点では，グローバーのアルゴリズムは見劣りするがNP完全問題や構造を持つデータベースへの応用等幅広い分野への拡張の可能性を持っている．

[注12] L. K. Grover, *Phys. Rev. Lett.* **79**, 325 (1997)

8.1 オラクル関数

グローバーのアルゴリズムには次のような「**オラクル (oracle)**」または「**ブラックボックス**」という概念が導入される．$N = 2^n$ 個のデータベースから 1 個の z_0 というデータを探すことを考えよう．そのために「オラクル」または「ブラックボックス」と呼ばれる 2^n 個の整数の集合 $x \in \{0, 1, 2, \cdots, 2^n - 1\}$ から 2 個の整数 $f(x) \in \{0, 1\}$ への n ビットの 2 進法写像関数

$$f : \{0,1\}^n \longrightarrow \{0,1\} \tag{8.1}$$

を考える．ここで $f(x)$ は

$$f(x) = \begin{cases} 1 & \text{if } x = z_0 \\ 0 & \text{otherwise} \end{cases} \tag{8.2}$$

と定義される．同様の写像関数が第 6.2 節でのドイチュ–ジョザのアルゴリズムでも用いられた．オラクル関数は何回でも呼び出し可能で，呼び出した回数だけ計算時間が長くなる．古典コンピュータでオラクル関数 f を呼び出し，解 z_0 を見つけるためには，平均 $\frac{N}{2}$ 回の呼び出しが必要になる．つまり $O(N) = O(2^n)$ の計算時間が必要になる．

8.2 量子オラクル

オラクル関数 f と同じ働きを持つ量子オラクル，量子ブラックボックスを作ることができたと仮定する．この量子オラクルは第 6 章のドイチュ–ジョザ量子計算の量子オラクルとしても用いられた．量子オラクルはユニタリ演算子 U_f を用いて

$$U_f |xq\rangle = |x\rangle |q \oplus f(x)\rangle \tag{8.3}$$

と定義される．第 1 レジスタ $|x\rangle$ は n ビットの指標レジスタで，第 2 レジスタはオラクル量子ビットと呼ばれ，$\oplus$ の記号は排他的論理和の論理演算を意味する．つまり，2 を法とする q と $f(x)$ の和に対する合同式で

$$0 \oplus 0 = 0, \quad 1 \oplus 0 = 1, \quad 0 \oplus 1 = 1, \quad 1 \oplus 1 = 0 \tag{8.4}$$

の演算を与える．(8.3) 式を用いて x が求める解であるかどうかは，第 2 レジスタの初期値 q を 0 と取っておくと，オラクル演算 U_f を作用させた後に，第 2 レジスタの値で判定できる．つまり，第 2 レジスタが 0 であれば，そのときの x は解ではなく第 2 レジスタが変化し，1 になったときの第 1 レジスタの値が求める解 z_0 に対応する．(8.3) 式の量子オラクルは古典的なオラクルと等価な働きを持つ．

量子検索アルゴリズムの特徴はオラクル量子ビットを $|0\rangle$ ではなく，線型結合状態 $\frac{1}{\sqrt{2}}(|0\rangle - |1\rangle)$ を取ることである．すると

$$U_f|x\rangle\frac{1}{\sqrt{2}}(|0\rangle - |1\rangle) = \begin{cases} |x\rangle\frac{1}{\sqrt{2}}(|1\rangle - |0\rangle) & (x = z_0) \\ |x\rangle\frac{1}{\sqrt{2}}(|0\rangle - |1\rangle) & (x \neq z_0) \end{cases}$$

$$= (-)^{f(x)}|x\rangle\frac{1}{\sqrt{2}}(|0\rangle - |1\rangle) \quad (8.5)$$

となり，量子オラクルの演算子が $(-)^{f(x)}$ の位相を与えてくれる．つまり，第 2 レジスタを無視すると

$$U_f|x\rangle = \begin{cases} -|x\rangle & (x = z_0) \\ |x\rangle & (x \neq z_0) \end{cases} \quad (8.6)$$

と，量子オラクルにより，解は状態 $|x\rangle$ の位相の変化があるかないかで判定される．指標ビットだけを考えると U_f と等価な演算子は

$$U(z_0) = \mathrm{I} - 2|z_0\rangle\langle z_0| \quad (8.7)$$

と書くことができる．ここで I は恒等変換における単位行列を表している．$U(z_0)|x\rangle$ が (8.6) 式を与えることは $\langle x|z_0\rangle = \delta_{x,z_0}$ から容易に確かめられる．

グローバーのアルゴリズムには (8.7) 式の他にもう 1 つのユニタリ演算子

$$U(0) = \mathrm{I} - 2|0\rangle\langle 0| \quad (8.8)$$

が必要になる．(8.8) 式のユニタリ演算子 $U(0)$ は

$$U(0)|x\rangle = (-)^{\delta_{x,0}}|x\rangle \quad (8.9)$$

と $|0\rangle$ の状態のみに $(-)$ の位相を与える演算子である．演算子 (8.8) 式にア

第8章 量子検索アルゴリズム

アダマール変換 $H^{\otimes n}$ を両側から作用させると,

$$U(\psi) = H^{\otimes n}(\mathrm{I} - 2|0\rangle\langle 0|)H^{\otimes n} = \mathrm{I} - 2|\psi\rangle\langle\psi| \tag{8.10}$$

が作られる.(8.10) 式を導くために,アダマール変換を n 回作用させた

$$|\psi\rangle = H^{\otimes n}|0\rangle = \frac{1}{\sqrt{2^n}}\sum_{x=0}^{N-1}|x\rangle \tag{8.11}$$

の状態と,$H^{\otimes n}\mathrm{I}H^{\otimes n} = H^{2\otimes n} = \mathrm{I}$ を用いた.$U(z_0)$ と $U(\psi)$ を用いて,グローバー検索の演算子は

$$U(G) = -U(\psi)U(z_0) \tag{8.12}$$

と求められる.(8.12) 式はグローバーの繰り返し演算子とも呼ばれ,指標レジスタに解が得られるまで繰り返し作用される.(8.12) 式の演算子が状態ベクトル $|\psi\rangle$ の解の状態ベクトルと解でない状態ベクトルで作られる 2 次元空間の回転の演算子になっていることを示そう.$|\psi\rangle$ の中に,検索に対する解 $|z_i\rangle$ が M 個あるとしよう.その解の重ね合わせ状態を

$$|\beta\rangle = \frac{1}{\sqrt{M}}\sum_{z_i=0}^{M-1}|z_i\rangle \tag{8.13}$$

$(N-M)$ 個の解ではない状態 $|y_i\rangle$ の重ね合わせを

$$|\alpha\rangle = \frac{1}{\sqrt{N-M}}\sum_{y_i=0}^{N-M-1}|y_i\rangle \tag{8.14}$$

とすると,初期状態 $|\psi\rangle$ は

$$|\psi\rangle = \sqrt{\frac{N-M}{N}}|\alpha\rangle + \sqrt{\frac{M}{N}}|\beta\rangle \tag{8.15}$$

と書き換えられる.図 8.1 のような $|\alpha\rangle$ を横軸,$|\beta\rangle$ を縦軸とする 2 次元空間 (α, β) を考えると,状態 $|\psi\rangle$ は α 軸と角度 $\frac{\theta}{2}$ をなす単位ベクトルと考えることができる.ここで角度 $\frac{\theta}{2}$ は

$$\cos\frac{\theta}{2} = \sqrt{\frac{N-M}{N}}, \quad \sin\frac{\theta}{2} = \sqrt{\frac{M}{N}} \tag{8.16}$$

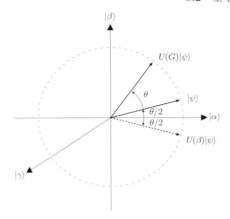

図 8.1 $U(\beta)$（解が 1 つのときは，$U(z_0)$）と $U(G)$ の $|\psi\rangle$ に対する作用．α 軸，β 軸，γ 軸は 3 次元直線直交座標系をなす．$U(\beta)$ は (α, γ) 平面に対するベクトル $|\psi\rangle$ の反射演算子として作用し，$U(G)$ は角度 θ だけベクトル $|\psi\rangle$ を γ 軸のまわりの回転演算子として作用する．

で与えられる．(8.15) 式の状態 ψ は $\frac{\theta}{2}$ を用いて

$$|\psi\rangle = \cos\frac{\theta}{2}|\alpha\rangle + \sin\frac{\theta}{2}|\beta\rangle \tag{8.17}$$

と表される．(8.7) 式の $U(z_0)$ は M 個の解がある場合は，(8.13) 式を用いて

$$U(\beta) = \mathrm{I} - 2|\beta\rangle\langle\beta| \tag{8.18}$$

と拡張される．$U(\beta)$ は (α, β) の 2 次元空間では

$$U(\beta) = \begin{array}{c} {\scriptstyle |\alpha\rangle \quad |\beta\rangle} \\ \begin{pmatrix} 1 & 0 \\ 0 & -1 \end{pmatrix} \end{array} \begin{array}{c} |\alpha\rangle \\ |\beta\rangle \end{array} \tag{8.19}$$

というように 2 行 2 列の行列で表すことができる．この演算子は図 8.1 のようにベクトル $|\psi\rangle$ に対する (α, γ) 平面への反射演算子として作用する．一方，$-U(\psi)$ は

$$-U(\psi) = 2|\psi\rangle\langle\psi| - \mathrm{I} = 2\begin{pmatrix} \cos^2\frac{\theta}{2} & \cos\frac{\theta}{2}\sin\frac{\theta}{2} \\ \cos\frac{\theta}{2}\sin\frac{\theta}{2} & \sin^2\frac{\theta}{2} \end{pmatrix} - \begin{pmatrix} 1 & 0 \\ 0 & 1 \end{pmatrix}$$

$$= \begin{pmatrix} \cos\theta & \sin\theta \\ \sin\theta & -\cos\theta \end{pmatrix} \tag{8.20}$$

と表される．(8.19) 式と (8.20) 式から $U(G)$ は

$$U(G) = -U(\psi)U(\beta)$$
$$= \begin{pmatrix} \cos\theta & \sin\theta \\ \sin\theta & -\cos\theta \end{pmatrix} \begin{pmatrix} 1 & 0 \\ 0 & -1 \end{pmatrix} = \begin{pmatrix} \cos\theta & -\sin\theta \\ \sin\theta & \cos\theta \end{pmatrix} \tag{8.21}$$

となり，演算子 $U(G)$ の行列表現 (8.21) 式は (α,β) 平面に垂直な γ 方向のまわりにベクトル $|\psi\rangle$ を角度 θ だけ回転させる演算子であることを示している．つまり，$U(\beta)$ は (α,γ) 平面に対する反射演算子として作用し，$U(G)$ は γ 軸のまわりの角度 θ の回転演算子として作用する．このように $U(G)$ は明確な幾何学的な意味を持ち，状態ベクトル $|\psi\rangle$ を (α,β) 平面内で

$$|\psi\rangle_1 = U(G)|\psi\rangle = \begin{pmatrix} \cos\theta & -\sin\theta \\ \sin\theta & \cos\theta \end{pmatrix} \begin{pmatrix} \cos\frac{\theta}{2} \\ \sin\frac{\theta}{2} \end{pmatrix} = \begin{pmatrix} \cos\frac{3}{2}\theta \\ \sin\frac{3}{2}\theta \end{pmatrix}$$
$$= \cos\frac{3}{2}\theta|\alpha\rangle + \sin\frac{3}{2}\theta|\beta\rangle \tag{8.22}$$

と θ だけ回転させる．連続的に k 回 $U(G)$ を $|\psi\rangle$ に作用させると

$$|\psi\rangle_k = U(G)^k|\psi\rangle = \cos\left(\frac{2k+1}{2}\theta\right)|\alpha\rangle + \sin\left(\frac{2k+1}{2}\theta\right)|\beta\rangle \tag{8.23}$$

と $|\alpha\rangle$ と $|\beta\rangle$ の振幅が連続的に変化する．初期状態の $|\beta\rangle$ の振幅は検索したいデータの数に比例する．一般に $M \ll N$ と考えられるから

$$\sin\frac{\theta}{2} \approx \frac{\theta}{2} = \sqrt{\frac{M}{N}} \tag{8.24}$$

と近似できる．グローバー演算子 $U(G)$ を繰り返し作用させると，検索している状態 $|\beta\rangle$ の振幅はしだいに大きくなり，$\frac{\pi}{2}$ に近づけば，解が求まる確率が高くなる．つまり，

$$k\theta \approx 2k\sqrt{\frac{M}{N}} \approx \frac{\pi}{2} \tag{8.25}$$

の条件が満たされると解が求まり，そのための $U(G)$ の演算の回数は

$$k \approx \frac{\pi}{4}\sqrt{\frac{N}{M}} \approx O(\sqrt{N}) \tag{8.26}$$

と，データベースの数 N の平方根に比例することになる．このように古典コンピュータでは $O(N)$ の演算が必要だった検索が，(8.26) 式で示されたように $O(\sqrt{N})$ の演算回数で検索可能になるのがグローバーのアルゴリズムの画期的な点である．

量子検索アルゴリズムはまとめると次のようになる．

量子検索アルゴリズム（グローバーの検索アルゴリズム）

$N = 2^n$ 個データベースの中から指標 z_0 のデータを探す．

ステップ1：n ビットの検索される状態と 1 ビットのオラクルビットを用意する．

$$|\psi_1\rangle = |0\rangle^{\otimes n}|0\rangle. \tag{8.27}$$

ステップ2：n ビットにアダマール変換 $H^{\otimes n}$ を作用させ，最後の $(n+1)$ 番目のビットには HX を作用させる．X は否定ゲートである．

$$|\psi_2\rangle = H^{\otimes n}HX|\psi_1\rangle = \frac{1}{\sqrt{2^n}}\sum_{x=0}^{N-1}|x\rangle\left[\frac{|0\rangle - |1\rangle}{\sqrt{2}}\right]. \tag{8.28}$$

ステップ3：グローバー演算子 $U(G) = -U(\psi)U(\beta)$ を $k \approx \frac{\pi}{4}\sqrt{N}$ 回作用させる．

$$|\psi_3\rangle = U(G)^k|\psi_2\rangle \approx |z_0\rangle\left[\frac{|0\rangle - |1\rangle}{\sqrt{2}}\right]. \tag{8.29}$$

ステップ4：最初の n ビットの状態を観測すると，解 $|z_0\rangle$ が求まる．

注）オラクル演算子 $U(\beta)$（解が 1 つのとき $U(z_0)$）は

$$U(\beta)|xq\rangle = |x\rangle|q \oplus f(x)\rangle \tag{8.30}$$

と定義され，$f(x)$ は

$$f(x) = \begin{cases} 0 & (x \neq z_0) \\ 1 & (x = z_0) \end{cases} \tag{8.31}$$

である．$\oplus$ は 2 進法の論理和である．また，$U(\psi)$ は

$$U(\psi) = H^{\otimes n}\{I - 2|0\rangle\langle 0|\}H^{\otimes n} \tag{8.32}$$

で定義される．

174 第 8 章 量子検索アルゴリズム

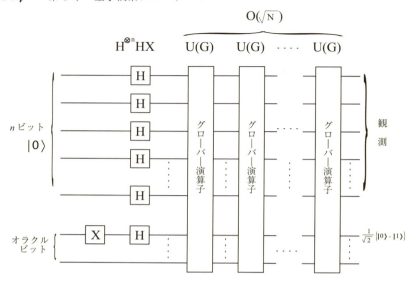

図 8.2 量子検索アルゴリズムの回路図．H はアダマール変換，X は否定ゲート，$U(G)$ はグローバー演算子を表す．$U(G)$ は $\sqrt{N}$ 回繰り返し作用させる．データベースのサイズは $N = 2^n$ である．

▶ 例題 8.1 $N = 2^3$ のデータベースの中から $z_0 = 2$ のラベルを持つ未知のデータを量子検索アルゴリズムで検索せよ．

解 グローバー演算子を 8×8 の行列で表してみよう．
$U(z_0) = I - 2|z_0 = 2\rangle\langle z_0 = 2|$

$$= \begin{pmatrix} 1 & 0 & 0 & 0 & 0 & 0 & 0 & 0 \\ 0 & 1 & 0 & 0 & 0 & 0 & 0 & 0 \\ 0 & 0 & 1 & 0 & 0 & 0 & 0 & 0 \\ 0 & 0 & 0 & 1 & 0 & 0 & 0 & 0 \\ 0 & 0 & 0 & 0 & 1 & 0 & 0 & 0 \\ 0 & 0 & 0 & 0 & 0 & 1 & 0 & 0 \\ 0 & 0 & 0 & 0 & 0 & 0 & 1 & 0 \\ 0 & 0 & 0 & 0 & 0 & 0 & 0 & 1 \end{pmatrix} - 2 \begin{pmatrix} 0 & 0 & 0 & 0 & 0 & 0 & 0 & 0 \\ 0 & 0 & 0 & 0 & 0 & 0 & 0 & 0 \\ 0 & 0 & 1 & 0 & 0 & 0 & 0 & 0 \\ 0 & 0 & 0 & 0 & 0 & 0 & 0 & 0 \\ 0 & 0 & 0 & 0 & 0 & 0 & 0 & 0 \\ 0 & 0 & 0 & 0 & 0 & 0 & 0 & 0 \\ 0 & 0 & 0 & 0 & 0 & 0 & 0 & 0 \\ 0 & 0 & 0 & 0 & 0 & 0 & 0 & 0 \end{pmatrix}$$

$$= \begin{pmatrix} 1 & 0 & 0 & 0 & 0 & 0 & 0 & 0 \\ 0 & 1 & 0 & 0 & 0 & 0 & 0 & 0 \\ 0 & 0 & -1 & 0 & 0 & 0 & 0 & 0 \\ 0 & 0 & 0 & 1 & 0 & 0 & 0 & 0 \\ 0 & 0 & 0 & 0 & 1 & 0 & 0 & 0 \\ 0 & 0 & 0 & 0 & 0 & 1 & 0 & 0 \\ 0 & 0 & 0 & 0 & 0 & 0 & 1 & 0 \\ 0 & 0 & 0 & 0 & 0 & 0 & 0 & 1 \end{pmatrix} \tag{8.33}$$

であり，$U(\psi)$ は (8.10), (8.11) 式を用いると

$$U(\psi) = I - 2|\psi\rangle\langle\psi|$$

$$= \begin{pmatrix} 1 & 0 & 0 & 0 & 0 & 0 & 0 & 0 \\ 0 & 1 & 0 & 0 & 0 & 0 & 0 & 0 \\ 0 & 0 & 1 & 0 & 0 & 0 & 0 & 0 \\ 0 & 0 & 0 & 1 & 0 & 0 & 0 & 0 \\ 0 & 0 & 0 & 0 & 1 & 0 & 0 & 0 \\ 0 & 0 & 0 & 0 & 0 & 1 & 0 & 0 \\ 0 & 0 & 0 & 0 & 0 & 0 & 1 & 0 \\ 0 & 0 & 0 & 0 & 0 & 0 & 0 & 1 \end{pmatrix} - 2\frac{1}{8} \begin{pmatrix} 1 & 1 & 1 & 1 & 1 & 1 & 1 & 1 \\ 1 & 1 & 1 & 1 & 1 & 1 & 1 & 1 \\ 1 & 1 & 1 & 1 & 1 & 1 & 1 & 1 \\ 1 & 1 & 1 & 1 & 1 & 1 & 1 & 1 \\ 1 & 1 & 1 & 1 & 1 & 1 & 1 & 1 \\ 1 & 1 & 1 & 1 & 1 & 1 & 1 & 1 \\ 1 & 1 & 1 & 1 & 1 & 1 & 1 & 1 \\ 1 & 1 & 1 & 1 & 1 & 1 & 1 & 1 \end{pmatrix}$$

$$= \frac{1}{4} \begin{pmatrix} 3 & -1 & -1 & -1 & -1 & -1 & -1 & -1 \\ -1 & 3 & -1 & -1 & -1 & -1 & -1 & -1 \\ -1 & -1 & 3 & -1 & -1 & -1 & -1 & -1 \\ -1 & -1 & -1 & 3 & -1 & -1 & -1 & -1 \\ -1 & -1 & -1 & -1 & 3 & -1 & -1 & -1 \\ -1 & -1 & -1 & -1 & -1 & 3 & -1 & -1 \\ -1 & -1 & -1 & -1 & -1 & -1 & 3 & -1 \\ -1 & -1 & -1 & -1 & -1 & -1 & -1 & 3 \end{pmatrix} \tag{8.34}$$

となる．グローバー演算子は

$$U(G) = -U(\psi)U(z_0)$$

$$
= -\frac{1}{4}\begin{pmatrix} 3 & -1 & -1 & -1 & -1 & -1 & -1 & -1 \\ -1 & 3 & -1 & -1 & -1 & -1 & -1 & -1 \\ -1 & -1 & 3 & -1 & -1 & -1 & -1 & -1 \\ -1 & -1 & -1 & 3 & -1 & -1 & -1 & -1 \\ -1 & -1 & -1 & -1 & 3 & -1 & -1 & -1 \\ -1 & -1 & -1 & -1 & -1 & 3 & -1 & -1 \\ -1 & -1 & -1 & -1 & -1 & -1 & 3 & -1 \\ -1 & -1 & -1 & -1 & -1 & -1 & -1 & 3 \end{pmatrix}\begin{pmatrix} 1 & 0 & 0 & 0 & 0 & 0 & 0 & 0 \\ 0 & 1 & 0 & 0 & 0 & 0 & 0 & 0 \\ 0 & 0 & -1 & 0 & 0 & 0 & 0 & 0 \\ 0 & 0 & 0 & 1 & 0 & 0 & 0 & 0 \\ 0 & 0 & 0 & 0 & 1 & 0 & 0 & 0 \\ 0 & 0 & 0 & 0 & 0 & 1 & 0 & 0 \\ 0 & 0 & 0 & 0 & 0 & 0 & 1 & 0 \\ 0 & 0 & 0 & 0 & 0 & 0 & 0 & 1 \end{pmatrix}
$$

$$
= \frac{1}{4}\begin{pmatrix} -3 & 1 & -1 & 1 & 1 & 1 & 1 & 1 \\ 1 & -3 & -1 & 1 & 1 & 1 & 1 & 1 \\ 1 & 1 & 3 & 1 & 1 & 1 & 1 & 1 \\ 1 & 1 & -1 & -3 & 1 & 1 & 1 & 1 \\ 1 & 1 & -1 & 1 & -3 & 1 & 1 & 1 \\ 1 & 1 & -1 & 1 & 1 & -3 & 1 & 1 \\ 1 & 1 & -1 & 1 & 1 & 1 & -3 & 1 \\ 1 & 1 & -1 & 1 & 1 & 1 & 1 & -3 \end{pmatrix} \tag{8.35}
$$

となる．3列目だけ，他の列と位相が違うことに注意しよう．この位相がグローバー演算子のデータ検索機能を持っていることがステップ3で明らかになる．

ステップ1：

3ビットのデータベースと1ビットのオラクルビットの初期状態

$$|\psi_1\rangle = |0\rangle^{\otimes 3}|0\rangle \tag{8.36}$$

を用意する．

ステップ2：

アダマール変換 $H^{\otimes 3}$ を最初の3ビットに，HX をオラクルビットに作用させる：

$$|\psi_2\rangle = \frac{1}{\sqrt{8}}\sum_{x=0}^{7}|x\rangle\left[\frac{|0\rangle - |1\rangle}{\sqrt{2}}\right] \tag{8.37}$$

ステップ3：

グローバー演算子 $U(G)$ を $k = \frac{\pi}{4}\sqrt{8} \approx 2$ 回作用させる．ステップ3ではオラクルビットは省略すると

$$U(G)|\psi_2\rangle = \frac{1}{4}\begin{pmatrix} -3 & 1 & -1 & 1 & 1 & 1 & 1 & 1 \\ 1 & -3 & -1 & 1 & 1 & 1 & 1 & 1 \\ 1 & 1 & 3 & 1 & 1 & 1 & 1 & 1 \\ 1 & 1 & -1 & -3 & 1 & 1 & 1 & 1 \\ 1 & 1 & -1 & 1 & -3 & 1 & 1 & 1 \\ 1 & 1 & -1 & 1 & 1 & -3 & 1 & 1 \\ 1 & 1 & -1 & 1 & 1 & 1 & -3 & 1 \\ 1 & 1 & -1 & 1 & 1 & 1 & 1 & -3 \end{pmatrix} \frac{1}{\sqrt{8}} \begin{pmatrix} 1 \\ 1 \\ 1 \\ 1 \\ 1 \\ 1 \\ 1 \\ 1 \end{pmatrix}$$

$$= \frac{1}{4\sqrt{2}} \begin{pmatrix} 1 \\ 1 \\ 5 \\ 1 \\ 1 \\ 1 \\ 1 \\ 1 \end{pmatrix}.$$

$$|\psi_3\rangle = U(G)^2 |\psi_2\rangle = \frac{1}{8\sqrt{2}} \begin{pmatrix} -1 \\ -1 \\ 11 \\ -1 \\ -1 \\ -1 \\ -1 \\ -1 \end{pmatrix}. \tag{8.38}$$

ステップ4：

指標ビットを観測すると

$$P(x=2) = \frac{121}{128} = 0.95 \quad (k=2),$$
$$P(x \neq 2) = \frac{7}{128} = 0.05 \tag{8.39}$$

となり，95%の確率で，正しい解 $z_0 = 2$ が得られることがわかる．グローバー演算子を $k=1$ 回作用させた場合でも

$$P(x=2) = \frac{25}{32} = 0.78 \quad (k=1) \tag{8.40}$$

であり，かなり高い確率で正しい解を探し出しているのがわかる．(8.39)

式と (8.40) 式の観測結果は, (8.23) 式から導かれる

$$P(z_0) = \sin^2\left(\frac{2k+1}{2}\theta\right) \tag{8.41}$$

と一致することは, $\sin\left(\frac{\theta}{2}\right) = \frac{1}{\sqrt{8}}$, $\cos\left(\frac{\theta}{2}\right) = \sqrt{\frac{7}{8}}$ から導くことができる. □

8.3 演習問題

1 $\sin\left(\frac{\theta}{2}\right) = \frac{1}{\sqrt{8}}$ のとき, $P(z)_k = \sin^2\left(\frac{2k+1}{2}\theta\right)$ から

$$P(z_0)_{k=1} = \sin^2\left(\frac{3}{2}\theta\right) = \frac{25}{32}, \tag{8.42}$$

$$P(z_0)_{k=2} = \sin^2\left(\frac{5}{2}\theta\right) = \frac{121}{128} \tag{8.43}$$

となることを示せ.

2 グローバーの探索アルゴリズムを全要素数 $N = 4$ の場合についてシミュレーションしたい. 整数 0, 1, 2, 3 で番号付けされた 4 要素について, 正しい (当たり) 要素は $M = 1$ 個のみとする.

(1) 「外れ」の均等重ね合わせ $|\alpha\rangle$ と「当たり」$|\beta\rangle$ とで張る平面において, $|\alpha\rangle$ の軸と「全要素均等重ね合わせ」$|\psi\rangle$ との間の角度を $\theta/2$ と定義した. 角度 θ を求めよ.

(2) 「当たり」$|\beta\rangle$ に最接近するためにグローバーの演算子 $U(G)$ を作用させるべき回数 k を求めよ.

(3) 初期ベクトルとしての $|\psi\rangle$ を 4 元の列ベクトルとして具体的に示せ. ただし上から順に, 整数 0, 1, 2, 3 に対する成分を割り当てよ.

(4) 同じ割り当て方法に対して, 量子オラクル U_f を 4×4 行列で具体的に示せ. ただし, 当たり番号は「整数 2」とする (アルゴリズム使用者は知らない, U_f はブラックボックスとして用意されて

いると考える）．

(5) ベクトル $|\psi\rangle$ に対する反射の演算：$2|\psi\rangle\langle\psi| - \mathbf{1}$ を 4×4 行列で具体的に示せ．

(6) この場合のグローバーの演算子：
$$U(G) = \bigl(2|\psi\rangle\langle\psi| - \mathbf{1}\bigr) U_f$$
を 4×4 行列で具体的に示せ．

(7) 初期ベクトル $|\psi\rangle$ に $U(G)$ を k 回だけ作用させていく過程での，ベクトルの変化を示せ．すなわち
$$U(G)|\psi\rangle$$
$$(U(G))^2 |\psi\rangle$$
$$\cdots$$
$$(U(G))^k |\psi\rangle$$
を求めよ．

第9章
量子コンピュータの設計

　量子コンピュータを実現するには，量子ビット上でのアダマール変換等のユニタリ変換を実行できる物理システムが必要である．量子力学の世界であるので，原子，分子や原子核，また光子等を用いたコンピュータが考えられている．量子コンピュータは量子力学の方程式に従って動作する．

表 9.1 量子回路の具体例

使う系	論理値の表し方	演算方法
1/2のスピンの原子・分子または原子核	スピンの向き（$s_z = \pm 1/2$）	磁場（核磁気共鳴）
イオントラップ	電子と分子振動の基底状態と励起状態	レーザー光線
量子ドット	電子の基底状態と励起状態	電波（マイクロ波）
光子	通過スリット（上下）	ビーム分離器等

　現在いろいろ提案されている設計法では，原子や原子核を使って電波やレーザー光で制御し，測定結果を解析する（図 9.1）．典型的には，量子系にマイクロ波やレーザー光線を当てて，量子状態を制御する．これが入力と計算に相当する．その後，量子系によって吸収されたり放出されたりする電波や光を検出することにより出力を読み出す．たとえば表 9.1 のようなものが研究されている．以下で，

- 入力方法
- 読み出し方法

182　第 9 章　量子コンピュータの設計

図 9.1　量子コンピュータの実験

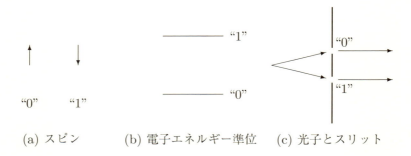

(a) スピン　　　(b) 電子エネルギー準位　(c) 光子とスリット

図 9.2　いろいろな論理値の実現法

- 素子間の論理伝達方法
- 演算速度

などに注意しながら，個々の量子コンピュータについて見ていく．計算結果を読み出す課程は観測に相当するので，量子力学的な不連続な過程であり，系を攪乱する．量子コンピュータが観測等の影響によって乱されることをデコヒーレンスという．**デコヒーレンス時間**（物理系がシュレディンガー方程式に従った時間発展ができなくなるまでの時間）の長さが量子回路の設計の重要なポイントになる．

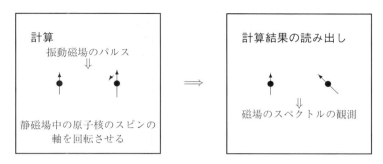

図 9.3 NMR コンピュータ．原子核のスピンに振動磁場（マイクロ波）を当てて，「計算」をする．計算が終わったところで，核に吸収されたり核から放出される電波を調べて「結果」を読み出す．

9.1 核磁気共鳴コンピュータ
9.1.1 核磁気共鳴コンピュータ原理

　分子中の原子核のスピンを量子ビットとして用い，外部から磁場を当て核磁気共鳴（nuclear magnetic resonance, NMR）を利用することによって制御，観測するコンピュータを**核磁気共鳴コンピュータ**，または **NMR コンピュータ**と呼ぶ．図 9.3 のように，原子核を強い静磁場の中に置くとスピンの向きが決まり，その向きによってエネルギー準位が分かれる．これは**ゼーマン（Zeeman）効果**と呼ばれる．そこへ外からさらに静磁場と垂直な向きの振動する比較的弱い磁場を当てると，共鳴振動数の合うスピンの軸が回転する．振動する磁場を 〜〜〜———〜〜〜〜〜———〜〜 のようにパルス状に断続することによって，振動数の合うスピンをちょうど 90° だけスピンを回転させて混合状態を作ったり，180° だけ回転させて否定論理回路を作ったりすることができる．磁場の振動周期は 10 n 秒のオーダーで，回転の磁場をかける時間は 100μ 秒のオーダーで実験されている．デコヒーレンス時間は条件にもよるが秒のオーダーと考えられているので，その間には多くの演算ができる．たとえば図 9.4 のようなクロロホルムの場合，スピン 1/2 をもつ水素 ^{1}H と炭素 ^{13}C の原子核のスピンがそれぞれ量子ビットとなる．

　量子ビット $|0\rangle$ と $|1\rangle$ は核スピンの上向きと下向きの状態に対応し，そのた

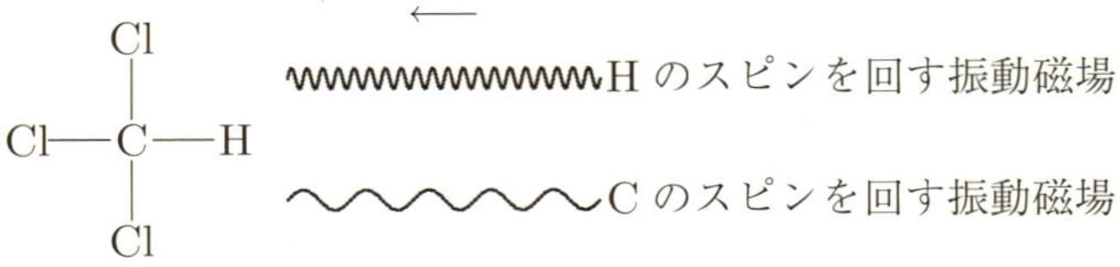

図 9.4 クロロホルムを用いた NMR コンピュータの仕組み．水素 ^{1}H と炭素 ^{13}C の原子核がスピン 1/2 をもつので量子ビットとして使うことができる．それぞれのスピンに合う振動数の磁場を当てることにより，別々に外から操作できる．

め核スピンの大きさが 1/2 の原子核を用いるのが便利である．たとえば，^{1}H，^{13}C，^{14}N，^{19}F，^{31}P 等が使われている．1 つの分子の中に，スピン 1/2 の原子核が 2 個あれば 2 ビットの，4 個あれば 4 ビットのコンピュータができる．実際には，個々の分子，原子核ではなく，液体等の分子の集団を利用する．そのために，常温での，アボガドロ数程度の個数の分子の統計力学的な取り扱いが必要になり，第 9.2 節のイオントラップコンピュータとは扱いがかなり異なる．以下で，この機構を詳細に見ていく．

9.1.2 核磁気共鳴とスピン回転

スピンの大きさが I，z 方向の成分が I_z の原子核が z 軸方向の B_0 の静磁場の中にあるとき，そのエネルギー E が $E = -gB_0 I_z$ となってゼーマン (Zeeman) 準位に分かれることが実験的に知られている．このような原子核のスピンの向きによるエネルギー準位を**超微細構造**と呼ぶ．ただし g は核の**磁気回転比** (gyromagnetic ratio) とか単に g 因子と呼ばれるもので，核の磁気双極子能率 μ とスピンの比で決定される定数である．分子中では，電子による遮蔽効果により，実効的な g の値は原子核が単独で存在する場合の値とは異なってくる．

z 軸方向に静磁場がかかったとき，分子中の N 個の原子核のハミルトニアンは

$$H = H_0 + H_1 \tag{9.1}$$

となる．ここで H_0 は各原子核の外からの静磁場によるエネルギーで

$$H_0 = -\sum_{i=1}^{N} \hbar\omega_i I_{zi} \tag{9.2}$$

である．ただし $\hbar\omega_i \equiv \gamma_i B_0$ はスピン上向きと下向きの状態の間のエネルギー差を与える．γ_i は各原子核の実効的な g 因子で，その値は周囲の電子の状況により，各原子核で異なるので i 番目の原子核の値を γ_i とした．また H_1 は核スピン間の相互作用で，

$$H_1 = 2\pi\hbar \sum_{i<j} J_{ij} I_{zi} I_{zj} \tag{9.3}$$

と近似される．J_{ij} は原子核 i と j の間のスピン相互作用の強さを表す．超微細構造のエネルギーは振動数にして数百 Hz であり，電波の領域であるので制御が容易である．

スピンの向きを制御することにより，量子ビットを操作する具体的な方法を考えてみよう．原子核のスピンの向きを制御するため，xy 方向に数百 Hz 程度の交流磁場をかける．この操作は，ハミルトニアン (9.1) にもう1つ，振動磁場の項が加わることに対応する．この振動磁場の働きを見るために，核スピンが $I = 1/2$ の原子核1個の場合を考える．このときは H_1 は考えなくてよい．振動磁場が xy 平面上で回転している場合のハミルトニアンは

$$H = -\gamma(B_0 s_z + B_1((\cos\omega t)s_x - (\sin\omega t)s_y)) \tag{9.4}$$

と書ける．$I = 1/2$ なので I_x, I_y, I_z の代わりに，s_x, s_y, s_z で (9.4) 式を表している．シュレディンガーの方程式は

$$i\hbar \frac{d}{dt}|\psi(t)\rangle = H|\psi(t)\rangle \tag{9.5}$$

となる．s_x, s_y, s_z は 2×2 のスピン行列なので，$|\psi(t)\rangle$ は2元ベクトルになる．(9.5) 式を解くために，

$$|\psi(t)\rangle \equiv e^{i\omega t s_z}|\phi(t)\rangle \tag{9.6}$$

として $|\phi(t)\rangle$ に関しての方程式に直すと，左辺は

$$i\hbar e^{i\omega t s_z}\left(i\omega s_z|\phi(t)\rangle + \frac{d}{dt}|\phi(t)\rangle\right) \tag{9.7}$$

右辺は

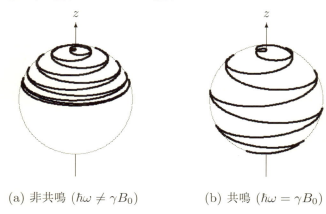

(a) 非共鳴 ($\hbar\omega \neq \gamma B_0$) (b) 共鳴 ($\hbar\omega = \gamma B_0$)

図 **9.5** 振動磁場によるスピンの向きの変化．実線は，スピンは最初に z 軸の正を向いていたとしたときの，スピンの頂点の時間変化を表している．一般に，B_0 は数百 MH$_z$，B_1 は，数十 kHz に共鳴する強さにとられ，$B_0 \gg B_1$ のため，極角の変わる速さよりも z 軸のまわりの回転の方が速い．(b) の共鳴の場合には，スピンの向きが自由に変化させることができることが示されている．

$$\left(-\gamma B_0 e^{i\omega t s_z} s_z - \gamma B_1 \cos(\omega t) s_x e^{i\omega t s_z} + \gamma B_1 \sin(\omega t) s_y e^{i\omega t s_z}\right) |\phi(t)\rangle \tag{9.8}$$

となる．そこで両辺に左から $e^{-i\omega t s_z}$ をかけて，公式：

$$e^{-i\omega t s_z} s_x e^{i\omega t s_z} = \cos(\omega t) s_x + \sin(\omega t) s_y, \tag{9.9}$$

$$e^{-i\omega t s_z} s_y e^{i\omega t s_z} = \cos(\omega t) s_y - \sin(\omega t) s_x \tag{9.10}$$

（例題 9.1 参照）を使うと

$$i\hbar \frac{d}{dt}|\phi(t)\rangle = -\left[(\gamma B_0 - \hbar\omega)s_z + \gamma B_1 s_x\right]|\phi(t)\rangle \tag{9.11}$$

が得られるので，右辺の行列の時間依存性が除かれ，解が

$$|\phi(t)\rangle = \exp\left\{\frac{it}{\hbar}\left[(\gamma B_0 - \hbar\omega)s_z + \gamma B_1 s_x\right]\right\}|\phi(0)\rangle \tag{9.12}$$

となる．特に振動磁場の ω と静磁場（磁束）B_0 の間に

$$\hbar\omega = \gamma B_0 \tag{9.13}$$

という関係が成り立っていれば，ベクトル $|\phi(t)\rangle$ は

9.1 核磁気共鳴コンピュータ **187**

$$|\phi(t)\rangle = \exp\left(\frac{i\gamma B_1 t}{\hbar} s_x\right) |\phi(0)\rangle \tag{9.14}$$

のように x 軸のまわりを核振動数 $\gamma B_1/\hbar$ で回転する．(9.14) 式を用いて表した (9.6) 式の核スピンの波動関数

$$|\psi(t)\rangle = \exp\left(\frac{i\gamma B_0 t}{\hbar} s_z\right) \exp\left(\frac{i\gamma B_1 t}{\hbar} s_x\right) |\psi(0)\rangle \tag{9.15}$$

は，(9.14) 式をさらに z 軸のまわりに回転運動させたものになる．スピン（自転）するものの回転軸が回るので，こまの歳差運動に相当する．なお，(9.13) 式は，振動磁場と，静磁場中の核スピンとの間の**共鳴**に対応し，振動磁場からのエネルギーの吸収が極大になる．図 9.5(b) には，振動磁場が共鳴している場合には，スピンの向きが自由に変化させることができることが示されている．

▶ 例題 9.1　スピン 1/2 の演算子について，p. 186 の公式：

$$e^{-i\lambda s_z} s_x e^{i\lambda s_z} = (\cos \lambda) s_x + (\sin \lambda) s_y, \tag{9.9}$$

$$e^{-i\lambda s_z} s_y e^{i\lambda s_z} = -(\sin \lambda) s_x + (\cos \lambda) s_y \tag{9.10}$$

を導け．ただし λ は任意の数である．

解　(1.55) 式の定理を用いると (1.113) 式が求まり，$\alpha = -\lambda$ とすると (9.9) 式が求まる．(9.10) 式も (1.55) 式の定理を用いて同じように求めることができる．別解として，左辺を λ の関数として 2 階微分してみる方法を考える．(9.9) 式の左辺を変数 λ の関数と考え，それを $F(\lambda)$ と書く．微分すると

$$\begin{aligned}
F'(\lambda) &= -e^{-i\lambda s_z} is_z s_x e^{i\lambda s_z} + e^{-i\lambda s_z} s_x is_z e^{i\lambda s_z} \\
&= -ie^{i\lambda s_z} \overbrace{[s_z, s_x]}^{is_y} e^{-i\lambda s_z} \\
&= e^{i\lambda s_z} s_y e^{-i\lambda s_z}
\end{aligned} \tag{9.16}$$

となる．もう一度微分すると

$$\begin{aligned}
F''(\lambda) &= -e^{-i\lambda s_z} is_z s_y e^{i\lambda s_z} + e^{-i\lambda s_z} s_x is_z e^{i\lambda s_z} \\
&= -ie^{-i\lambda s_z} \overbrace{[s_z, s_y]}^{-is_x} e^{i\lambda s_z}
\end{aligned}$$

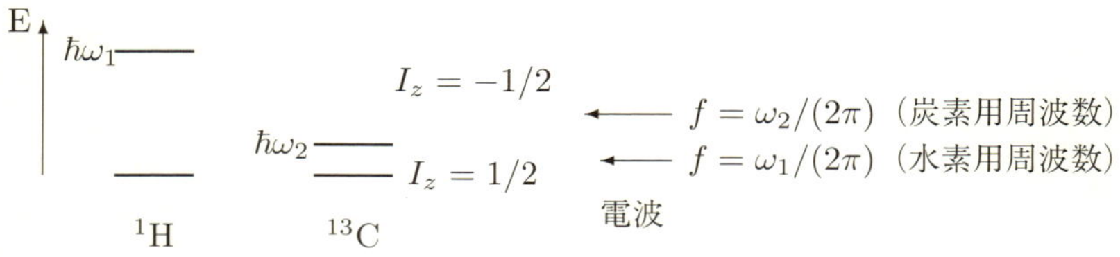

```
E ↑
  ℏω₁ ─────
                          I_z = -1/2      ←── f = ω₂/(2π) (炭素用周波数)
          ℏω₂ ─────
  ─────            I_z = 1/2       ←── f = ω₁/(2π) (水素用周波数)
   ¹H     ¹³C                 電波
```

図 9.6 水素原子核と炭素原子核の超微細構造のエネルギー H_0 と，それらを共鳴される電波．水素 ^{1}H と炭素 ^{13}C の磁気双極子能率はそれぞれ $\mu(^1\text{H}) \approx 2.8\ \mu_\text{N}$, $\mu(^{13}\text{C}) \approx 0.7\ \mu_\text{N}$ である．μ_N は陽子の磁気双極子能率（核磁子）で，$\mu_\text{N} = e\hbar/(2m_\text{p})$ で与えられる（ただし m_p は陽子の質量）．

$$= -e^{-i\lambda s_z} s_x e^{i\lambda s_z} = -F(\lambda) \tag{9.17}$$

となる．(9.17) 式は単振動の微分方程式の解で，その一般解は

$$F(\lambda) = (\cos \lambda)A + (\sin \lambda)B \tag{9.18}$$

と書ける．ただし A と B は λ に依存しない定数からなる 2×2 行列である．(9.9) 式の左辺と (9.18) 式に $\lambda = 0$ を代入すると，$A = s_x$ が決まる．また，(9.16) 式の両辺に $\lambda = 0$ を代入すると $B = s_y$ が決まる．次の公式 (9.10) も同様に求めることができる． □

▶**例題 9.2** 水素原子核に $10\ \text{T}$（テスラ）の静磁場をかける．基底状態から分かれて生ずる 2 準位に共鳴する電磁波の周波数が何 Hz 程度か求めよ．ただし，水素原子核の g 因子は $g = \mu/s = 5.6\ \mu_\text{N}$ である．ここで単位として使われている μ_N は $e\hbar/(2m_\text{p})$（ただし m_p は陽子の質量）のことで，核磁子と呼ばれる．値は $5.05 \times 10^{-27}\ \text{JT}^{-1}$ であり，プランク定数 h は $h = 6.63 \times 10^{-34}\ \text{J·s}$ である．^{13}C の場合（$g = 1.4\ \mu_\text{N}$）の場合はどうか．

【解】 $h\nu = gB_0$ より振動数は

$$\nu = \frac{gB_0}{h}. \tag{9.19}$$

^{1}H の場合は

$$\nu = \frac{5.6 \times 5.05 \times 10^{-27} \mathrm{JT^{-1}} \times 10\mathrm{T}}{6.63 \times 10^{-34} \mathrm{Js}} = 427 \times 10^{6} \mathrm{s^{-1}} \quad (9.20)$$

すなわち約 430 MHz となる．^{13}C の場合は

$$\nu = \frac{1.4 \times 5.05 \times 10^{-27} \mathrm{JT^{-1}} \times 10\mathrm{T}}{6.63 \times 10^{-34} \mathrm{Js}} = 107 \times 10^{6} \mathrm{s^{-1}} \quad (9.21)$$

すなわち約 110 MHz となる． □

　スピン上下のエネルギー差に対応する振動数の交流磁場をかけると，かける時間によってスピンの向きが回転する．静磁場によるスピン上向きと下向きのエネルギー準位は図 9.6 のようになっている．それぞれの $\hbar\omega_i$ の ω_i に一致する周波数の電波を外からかけると，別々にスピンの回転を操作できることになる．計算が終了したら，図 9.7 のようにスペクトルからの吸収や発光から，論理値が 0 か 1 かが観測できる．

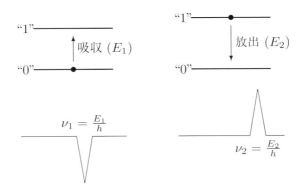

(a) 電磁波の原子による吸収　(b) 電磁波の原子からの放出

図 **9.7**　スペクトルからの電磁波の吸収と論理値の関係

9.1.3　統計的扱い

　実際の NMR コンピュータは，図 9.8 のように，クロロホルム溶液などに磁場を当て制御する．アボガドロ数程度の分子があることの問題や，実験は

第9章 量子コンピュータの設計

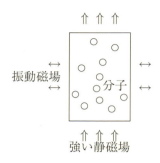

図 **9.8** 核磁気共鳴（NMR）コンピュータ

室温で行われるので，熱の効果等を考慮しなければならない．統計力学によると，絶対温度 T において熱平衡に達している系では，エネルギー E_i を持つ状態にある確率が $\exp(-E_i/(k_\mathrm{B}T))$ に比例するとされる．ただし k_B はボルツマン定数で，大きさは $k_\mathrm{B} = 1.381 \times 10^{-23}$ JK^{-1} である．そこで，物理量 O の期待値は

$$\langle O \rangle = \frac{\sum_i O_i \exp(-E_i/(k_\mathrm{B}T))}{\sum_i \exp(-E_i/(k_\mathrm{B}T))} \tag{9.22}$$

となる．

▶ 例題 9.3　^{1}H と ^{13}C を磁束密度 $B_0 = 10$ T の静磁場の中においた．温度が 20°C のとき，スピンが磁場に平行な状態と，反平行な状態との確率の比を求めよ．

解　^{1}H の場合のスピンが磁場に平行な状態と，反平行な状態とのエネルギー差 ΔE と $k_\mathrm{B}T$ の比は

$$\frac{\Delta E}{k_\mathrm{B}T} = \frac{gB_0}{k_\mathrm{B}T} = \frac{5.6 \times 5.05 \times 10^{-27} \mathrm{JT}^{-1} \times 10\mathrm{T}}{1.38 \times 10^{-23} \mathrm{JK}^{-1} \times (273 + 20)\mathrm{K}} \approx 7.0 \times 10^{-5}.$$

したがって，熱平衡の系での状態確率の比は

$$\text{磁場の向き：磁場の逆向き} = 1 : \exp(-\Delta E/(k_\mathrm{B}T)) = 1 : e^{-7.0 \times 10^{-5}}$$
$$\approx 1 : (1 - 7.0 \times 10^{-5})$$
$$= 100 : 99.993$$

となる. ^{13}C の場合は

$$\frac{\Delta E}{k_\mathrm{B} T} = \frac{gB_0}{k_\mathrm{B} T} = \frac{1.4 \times 5.05 \times 10^{-27} \mathrm{JT}^{-1} \times 10\mathrm{T}}{1.38 \times 10^{-23} \mathrm{JK}^{-1} \times (273+20)\mathrm{K}} \approx 1.7 \times 10^{-5}$$

となり,状態確率の比は

$$\text{磁場の向き}:\text{磁場の逆向き} \approx 1 : e^{-1.7 \times 10^{-5}}$$
$$\approx 1 : (1 - 1.7 \times 10^{-5})$$
$$\approx 100 : 99.998$$

となる.どちらの場合も,磁場の向きと磁場の逆向きの状態確率はほぼ同じことがわかった. □

密度行列を

$$\rho = \exp\left(-\frac{H}{k_\mathrm{B} T}\right) \tag{9.23}$$

と定義すれば,物理量 O の期待値は

$$\langle O \rangle = \frac{\mathrm{tr}(O\rho)}{\mathrm{tr}(\rho)} \tag{9.24}$$

と書くことができる.室温では $\langle H \rangle / k_\mathrm{B} T \sim 10^{-4}$ 程度なので,n スピン系の密度行列は

$$\rho \approx 2^{-n}[1 - H/k_\mathrm{B} T] \tag{9.25}$$

と近似できる.1スピン系で基底状態と励起状態のエネルギー差が $\hbar\omega_1$ とすると

$$\rho = \frac{1}{2} + \frac{\hbar\omega_1}{4k_\mathrm{B} T}\begin{bmatrix} 1 & 0 \\ 0 & -1 \end{bmatrix} \tag{9.26}$$

2スピン系で図9.6のようにそれぞれのエネルギー差が $\hbar\omega_1$ と $\hbar\omega_2$ の場合は

$$\rho = \frac{1}{4} + \frac{1}{8k_\mathrm{B} T}\begin{bmatrix} \hbar\omega_1 + \hbar\omega_2 & 0 & 0 & 0 \\ 0 & -\hbar\omega_1 + \hbar\omega_2 & 0 & 0 \\ 0 & 0 & +\hbar\omega_1 - \hbar\omega_2 & 0 \\ 0 & 0 & 0 & -\hbar\omega_1 - \hbar\omega_2 \end{bmatrix} \tag{9.27}$$

192 第 9 章 量子コンピュータの設計

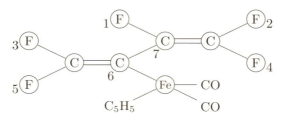

図 **9.9** 整数 15 の因数分解に使われた分子

となる．

計算の最初に系の初期状態を定めなければならない．基底状態から出発することが自然であるが，室温では，系の典型的なエネルギー差 ΔE に対して $k_B T \gg \Delta E$ となり，いろいろな励起状態のスピンが乱雑（ランダム）に混ざっているので，全スピンを同時に基底状態に持っていく操作は不可能である．そこで，いろいろな状態が混ざっていても，基底状態からの結果だけを抜き出す方法が工夫された．図 9.10 に示す時間平均法では，励起状態の分布を変化させて，その実験結果の時間的平均を取ることによって，励起状態からの効果が出ないようにすることが可能になる．

9.1.4 実際の計算例—因数分解の量子計算実験

2001 年 12 月に図 9.9 の分子を使った 7 ビット NMR コンピュータによる 15 の因数分解の実験の成功が報告されている[注13]．この実験は第 6 章の例題 6.2 で述べた方法で行われ，5 個の ^{19}F と 2 個の ^{13}C が量子ビットとして使用された．同じ核種でも，周囲の原子の配置によって実効的な g 因子が微妙に異なるので，別々の量子ビットとして扱うことができる．

実験は室温で行われるので，初期状態には多くの励起状態が混じっている．この励起状態の影響は図 9.10 の「時間平均法」によって取り去ることができ，

[注13] Lieven M. K. Vandersypen, Matthias Steffen, Gregory Breyta, Costatino S. Yannoni, Mark H. Sherwood and Isaac L. Chuang, *Nature* **414**, 883 (Dec. 2001).

9.1 核磁気共鳴コンピュータ **193**

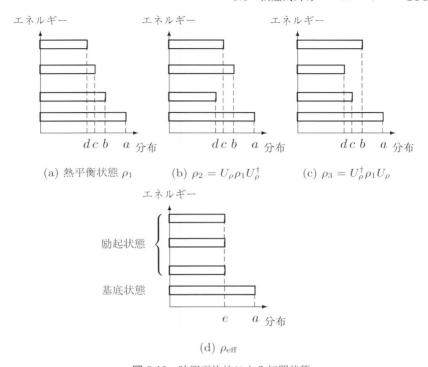

図 **9.10** 時間平均法による初期状態

論理値 0 に対応する基底状態から出発する．2 スピン系で時間平均法がどのように働くかを考えてみよう．室温での密度行列は (9.27) 式を書き換えて

$$\rho_1 = \begin{pmatrix} a & 0 & 0 & 0 \\ 0 & b & 0 & 0 \\ 0 & 0 & c & 0 \\ 0 & 0 & 0 & d \end{pmatrix} \tag{9.28}$$

としよう．ここで $a+b+c+d=1$ である．(4.28) 式で与えられる交換ゲートと (4.25) 式で与えられる制御 NOT の 2 つを組み合わせた変換 U_ρ

$$U_\rho = \begin{pmatrix} 1 & 0 & 0 & 0 \\ 0 & 0 & 1 & 0 \\ 0 & 1 & 0 & 0 \\ 0 & 0 & 0 & 1 \end{pmatrix} \begin{pmatrix} 1 & 0 & 0 & 0 \\ 0 & 1 & 0 & 0 \\ 0 & 0 & 0 & 1 \\ 0 & 0 & 1 & 0 \end{pmatrix} \tag{9.29}$$

を，(9.28) 式に作用させると

$$\rho_2 = U_\rho \rho_1 U_\rho^\dagger = \begin{pmatrix} a & 0 & 0 & 0 \\ 0 & d & 0 & 0 \\ 0 & 0 & b & 0 \\ 0 & 0 & 0 & c \end{pmatrix} \tag{9.30}$$

が与えられ，また U_ρ と $U_\rho^\dagger$ を入れ換えると

$$\rho_3 = U_\rho^\dagger \rho_1 U_\rho = \begin{pmatrix} a & 0 & 0 & 0 \\ 0 & c & 0 & 0 \\ 0 & 0 & d & 0 \\ 0 & 0 & 0 & b \end{pmatrix} \tag{9.31}$$

となる．時間平均法では (9.28) 式，(9.30) 式，(9.31) 式に対応する密度行列を用いた実験を 3 回行い，その測定結果を平均する．平均された密度行列 ρ_{eff} は $e \equiv (b+c+d)/3$ とすると

$$\begin{aligned} \rho_{\text{eff}} &= \frac{1}{3}(\rho_1 + \rho_2 + \rho_3) = \begin{pmatrix} a & 0 & 0 & 0 \\ 0 & e & 0 & 0 \\ 0 & 0 & e & 0 \\ 0 & 0 & 0 & e \end{pmatrix} \\ &= e \begin{pmatrix} 1 & 0 & 0 & 0 \\ 0 & 1 & 0 & 0 \\ 0 & 0 & 1 & 0 \\ 0 & 0 & 0 & 1 \end{pmatrix} + (a-e) \begin{pmatrix} 1 & 0 & 0 & 0 \\ 0 & 0 & 0 & 0 \\ 0 & 0 & 0 & 0 \\ 0 & 0 & 0 & 0 \end{pmatrix} \end{aligned} \tag{9.32}$$

と表され，励起状態の効果は，全体の一様な background として差し引くことが可能になり，$(a-e)$ の確率で基底状態を初期状態として用いた実験結果が得られる．これが時間平均法による初期状態の作り方である．

7 ビット NMR コンピュータによる 15 の因数分解の実験の回路図は図 9.11

9.1 核磁気共鳴コンピュータ

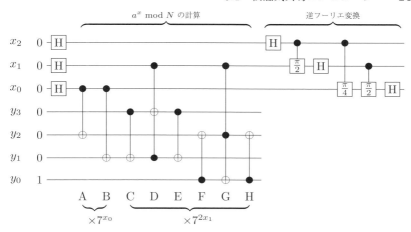

図 9.11 ショアのアルゴリズムの回路. x_0 から x_2 までの 3 量子ビットが第 1 レジスタ, y_0 から y_3 までの 4 量子ビットが第 2 レジスタである. 逆フーリエ変換の後, 第 1 レジスタを観測する.

のように設計された. x_0 から x_2 までの 3 量子ビットが第 1 レジスタ, y_0 から y_3 までの 4 量子ビットが第 2 レジスタである. 最初 $x=0$, $y=1$ とセットする. それから第 1 レジスタにアダマール変換を施す. 次の A から H までで示した回路では以下の方法で $a^x \pmod{N}$ の演算を行う. 求めるものは

$$
\begin{aligned}
a^x &= a^{x_0+2x_1+4x_2} \\
&= a^{x_0} \times (a^2)^{x_1} \times (a^4)^{x_2}
\end{aligned}
\tag{9.33}
$$

であるが, 具体的な値 $a=7$, $N=15$ を入れると

$$7^2 = 49 \equiv 4 \pmod{15}, \tag{9.34}$$

$$7^4 = (7^2)^2 \equiv 4^2 = 16 \equiv 1 \pmod{15} \tag{9.35}$$

となり,

$$a^x \equiv 7^{x_0} \times 4^{x_1} \pmod{15} \tag{9.36}$$

が求まる. 図 9.11 の A と B の 2 つの制御 NOT の結果として, 7^{x_0} の値が y に入る. なぜなら A, B のゲートは

- $x_0 = 0$ のとき y は 1 のまま不変であり,

- $x_0 = 1$ のとき y は 7 に変わる

という結果を与えるからである．続く C から H までの部分では，y に $7^{2x_1} \equiv 4^{x_1}$ をかけている．それを理解するために，

$$\begin{aligned}
4y &= 4(y_0 + 2y_1 + 4y_2 + 8y_3) \\
&= 4y_0 + 8y_1 + 16y_2 + 32y_3 \\
&= 4y_0 + 8y_1 + (15 + 1)y_2 + (2 \times 15 + 2)y_3 \\
&\equiv y_2 + 2y_3 + 4y_0 + 8y_1 \pmod{15}
\end{aligned} \quad (9.37)$$

に注意する．すなわち，4 ビットの y を 15 を法として 4 倍することは，2 進法で書くと $y_3 y_2 y_1 y_0 \to y_1 y_0 y_3 y_2$ のようにビットを並べ換えることと同じである．したがって，y に 4^{x_1} をかけることは，

- $x_1 = 0$ のとき y は不変とし，
- $x_1 = 1$ のとき y_1 と y_3 を交換し，y_0 と y_2 を交換する

ことになる．C から E に至る 3 つのゲートでは，x_1 を制御ビットとしての y_1 と y_3 の交換を行っている．なぜなら

- $x_1 = 0$ のときは D は何もしない．したがって y_3 は明らかに不変である．y_1 は C と E で y_3 からの制御を受けるが，

$$y_1 \xrightarrow{C} y_3 \oplus y_1 \xrightarrow{E} y_3 \oplus (y_3 \oplus y_1) = (y_3 \oplus y_3) \oplus y_1 = 0 \oplus y_1 = y_1$$

であるからこれも不変である．

- $x_1 = 1$ のときは，D は y_1 を制御ビット，y_3 を標的ビットとする制御 NOT として働く．したがって，各ゲートによって y は順に

$$\begin{array}{cccccc}
y_3 & \xrightarrow{C} & y_3 & \xrightarrow{D} & y_3 \oplus (y_3 \oplus y_1) = y_1 & \xrightarrow{E} & y_1 \\
y_1 & & y_3 \oplus y_1 & & y_3 \oplus y_1 & & y_1 \oplus (y_3 \oplus y_1) = y_3
\end{array}$$

となる．結果的に y_3 と y_1 が入れ替わる．

言い換えればゲート C〜E は x_1 を制御ビットとするフレドキンゲート（第 4.2 節）として働く．同様に，F〜H の 3 つのゲートは x_1 を制御ビットとし

て y_2 と y_0 の交換を行うフレドキンゲートとなる．このように，C～H によって y が 15 を法とする $(7^2)^{x_1}$ 倍の演算が実行されていることがわかる．この後で，第 1 レジスタに逆フーリエ変換を行い，その結果を観測すると因数が判明する．

外界や，分子内の他の原子との相互作用の影響のためデコヒーレンスが発生するが，それまでに 0.5 秒程度から 10 秒程度の時間があり，実験ではその時間内で量子計算を終わらせることが可能であった．

9.2 イオントラップコンピュータ

9.2.1 原理

イオントラップとは，いくつかの原子をイオンにして電磁力によって狭い空間に閉じこめる技術である．コンピュータとして使うとき，図 9.12 のように，個々の原子にレーザー光を当てて制御する．量子ビットとしては，個々の原子の中の電子の量子状態をビットに対応させる．また，原子自身の振動の量子状態も量子ビットとして使う．ちなみに，図 9.13 はこの技術を用いた計算の流れを表している．

9.2.2 イオントラップ

原子は電子を失ったり受け取ったりするとイオンになる．イオンはプラスやマイナスの電荷を持った粒子である．電荷を持つので，外から電磁場を与えることによって，加速したり，飛行軌道を曲げたりすることができる．と

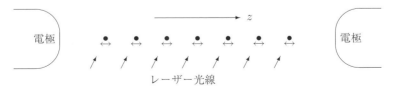

図 9.12 線形イオントラップ．● は直線上に並んだ原子（イオン）を表す．レーザー光線により個々の原子の状態を制御する．

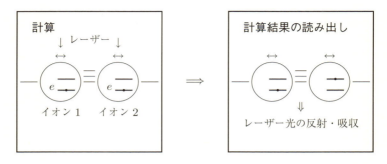

図 9.13 イオントラップコンピュータ．イオンの原子中の電子状態で論理値を表す．レーザー光線を当てて「計算」をする．計算が終わったところで，原子に吸収されたり原子から放出される光を調べると「結果」がわかる．

ころがイオンを空間の 1 カ所に留め置くことは難しい．なぜなら，マックスウェルの方程式によると，何もない空間では電場はラプラシアンが 0 のため極大値や極小値を取りえないからである．すなわち，イオンを真空中に静電場により安定して止めておくことは不可能となる．イオントラップでは，そこを何とかして狭い空間に閉じこめる．その中で，パウル・トラップという方法では，電場を交流にして高速に向きを変えることによって捕捉を可能にする．

図 9.14 のように，たとえば正イオンの場合，電位の低い方に行こうとしても，すぐに電位が逆転してしまうので，結局どちらへも行くことができなくなり，閉じこめることが可能になる．このように高速に交代する電場と，イオンに対する閉じこめのポテンシャルとして，xy 平面の方向には原点を中心とする調和振動子ポテンシャルで近似することができる．さらに，z 軸方向に，上方と下方に，イオンと逆符号の電極を置くことによって，z 軸方向でも運動の範囲を限ることができる．xy 平面での運動の固有振動数を z 方向の固有振動数よりはるかに大きくなるようにすることにして，以後 xy 平面に平行な向きの運動は無視する．

図 9.12 のようにイオンが N 個 z 軸上に直線上に並んだとき，ハミルトニアンは

9.2 イオントラップコンピュータ

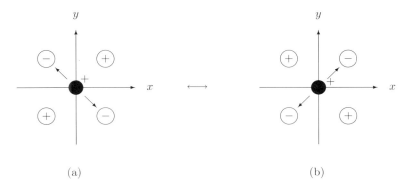

図 9.14 交流電場によるイオンの捕捉．中央の ● はイオンを表し，それを取り囲む ⊕ や ⊖ は電極を表す．(a) の場合，+イオンは ⊖ の電極へ移動しようとするが，高速で電位が ⊕ に変化するために移動できなくなる．このように電位の交代を高速に行うことにより，イオンを原点付近に閉じこめるのがイオントラップ法である．

$$H = \sum_i^N \left(\frac{1}{2m} p_i^2 + \frac{1}{2} k' z_i^2 + H_{\text{in}} \right) + \sum_{j>i}^N \frac{e^2}{4\pi\epsilon_0 |z_j - z_i|} \quad (9.38)$$

と表すことができる．ただし m は各イオンの質量，k' は各イオンの z 方向のバネ係数である．H_{in} は各イオンの内部運動のハミルトニアン，最後の項はイオン同士のクーロンポテンシャルである．

イオン同士はクーロン力で反発して離れようとする．イオンの運動は，イオン間のクーロン力により平衡点の近傍で振動する．一般にポテンシャル $V(z)$ は平衡点のまわりで2次までテイラー展開すると，

$$\begin{aligned} V(z) &\approx V(0) + \left.\frac{\partial V}{\partial z}\right|_{z=0} z + \frac{1}{2} \left.\frac{\partial^2 V}{\partial z^2}\right|_{z=0} z^2 \\ &= V(0) + \frac{1}{2} k z^2 \end{aligned} \quad (9.39)$$

と近似できる．ここで $k = \partial^2 V / \partial z^2|_{z=0}$ である．(9.38) 式を平衡点のまわりで展開し，$V(0) = 0$ とすると，線形近似できて，ハミルトニアンは

$$H = \sum_{i=1}^N \left(\frac{p_i^2}{2m} + \frac{1}{2} k' z_i^2 \right) + \sum_{j>i}^N \frac{1}{2} k (z_j - z_i)^2 \quad (9.40)$$

となる．すなわち基準振動に組み直せば，調和振動子の集合に帰着される．し

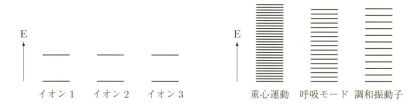

(a) イオン内部の電子のエネルギー準位 　　(b) 基準振動のエネルギー準位

図 9.15 イオントラップ中のエネルギー準位．(a) は各イオンの内部の電子のエネルギー準位，(b) は複数のイオンの間の振動の準位を示す．すべてを足し合わせたものが系としてのエネルギーとなる．

たがって，イオンの振動のエネルギーは図 9.15 の (b) のように分類される．量子コンピュータとしては，各イオン内部の基底状態と第 1 励起状態，それにイオン系の振動準位のうちの基底状態と，低い励起状態を使用する．

▶ **例題 9.4** 　図 9.16 のように，1 次元系で，質量 m の粒子がバネでつながっているとき，固有振動を求めよ．

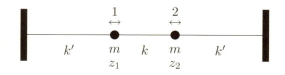

図 9.16 　2 粒子の振動モード

解 　古典的な運動方程式を立てる．両粒子とも，釣り合いの位置からの変位を $z_1(t)$, $z_2(t)$ とする．バネのポテンシャルエネルギーは

$$V(z_1, z_2) = \frac{1}{2}k'z_1^2 + \frac{1}{2}k(z_1 - z_2)^2 + \frac{1}{2}k'z_2^2 \tag{9.41}$$

なので，粒子 1，2 に働く力は $F_1 = -dV/dz_1$, $F_2 = -dV/dz_2$ で求まって，ニュートンの運動方程式は

$$m\frac{d^2 z_1}{dt^2} = -k'z_1 + k(z_2 - z_1), \tag{9.42}$$

$$m\frac{d^2 z_2}{dt^2} = k(-z_2 + z_1) - k'z_2 \tag{9.43}$$

となる．これより

$$\frac{d^2 z_1}{dt^2} = -\frac{k+k'}{m}z_1 + \frac{k}{m}z_2, \tag{9.44}$$

$$\frac{d^2 z_2}{dt^2} = \frac{k}{m}z_1 - \frac{k+k'}{m}z_2 \tag{9.45}$$

の z_1 と z_2 の連立線形微分方程式が得られる．z_1 と z_2 の試行関数として

$$z_1(t) = a_1 e^{i\omega t} \tag{9.46}$$

$$z_2(t) = a_2 e^{i\omega t} \tag{9.47}$$

という振動する解を取ってみる．ただし a_1, a_2, ω は（複素）定数である．もしこの形の解があれば，方程式の線形性より，実数部，虚数部それぞれ物理的運動方程式の解になっている．(9.46) 式，(9.47) 式を (9.44) 式，(9.45) 式に代入すると

$$-\omega^2 a_1 = -\frac{k+k'}{m}a_1 + \frac{k}{m}a_2, \tag{9.48}$$

$$-\omega^2 a_2 = \frac{k}{m}a_1 - \frac{k+k'}{m}a_2 \tag{9.49}$$

が得られ，a_1, a_2 に関する方程式

$$\begin{pmatrix} \left(\omega^2 - \frac{k+k'}{m}\right) & \frac{k}{m} \\ \frac{k}{m} & \left(\omega^2 - \frac{k+k'}{m}\right) \end{pmatrix} \begin{pmatrix} a_1 \\ a_2 \end{pmatrix} = \begin{pmatrix} 0 \\ 0 \end{pmatrix} \tag{9.50}$$

が $(a_1, a_2) = (0, 0)$ 以外の解を持つためには係数の行列式に対して

$$\left(\omega^2 - \frac{k+k'}{m}\right)^2 - \left(\frac{k}{m}\right)^2 = 0 \tag{9.51}$$

という条件が出て，ω について解くと

$$\omega = \sqrt{\frac{k+k'}{m} \pm \frac{k}{m}} \tag{9.52}$$

を得る．振動の $\omega < 0$ の解は物理的に意味がないので (9.52) 式では省いて

ある．振動の2つの解は

- $\omega_1 = \sqrt{\frac{k'}{m}}$ のとき $a_1 = a_2$ となる．両粒子の変位が全く同じになるので，相対的位置不変のまま重心が振動する．**重心モード**と呼ばれる．

- $\omega_2 = \sqrt{\frac{2k+k'}{m}}$ のとき $a_1 = -a_2$ となり，互いに変位の向きが反対になる．重心は動かず，粒子の間の距離が広がったり狭まったりするので，**呼吸**（breathing）**モード**と呼ばれる．

と分類される． □

例題からわかるように，全イオンが一斉に同じ振動をする「重心運動」の振動数が最も低いので，フォノンのエネルギーも小さい．もしバネ定数が同じならば（$k = k'$），$\omega_2 = \sqrt{3}\omega_1$ となる．

この振動の問題を量子力学的に考えてみよう．ハミルトニアン

$$H = \frac{1}{2m}p_1^2 + \frac{1}{2m}p_2^2 + \frac{k'}{2}z_1^2 + \frac{k}{2}(z_1 - z_2)^2 + \frac{k'}{2}z_2^2 \tag{9.53}$$

の p_1 と p_2 は z 軸方向の運動量演算子を

$$p_1 \rightarrow \frac{\hbar}{i}\frac{\partial}{\partial z_1}, \tag{9.54}$$

$$p_2 \rightarrow \frac{\hbar}{i}\frac{\partial}{\partial z_2} \tag{9.55}$$

により量子化すると，シュレディンガーの方程式

$$\left[-\frac{\hbar^2}{2m}\left(\frac{\partial^2}{\partial z_1^2} + \frac{\partial^2}{\partial z_1^2}\right) + \frac{k'}{2}z_1^2 + \frac{k}{2}(z_1 - z_2)^2 + \frac{k'}{2}z_2^2\right]\psi(z_1, z_2) = E\psi(z_1, z_2) \tag{9.56}$$

が得られる．このままでは z_1 と z_2 の積 $z_1 z_2$ の項が出てくるので解くのが難しい．そこで座標を変えて z_1 と z_2 の代わりに

$$q_1 = \frac{1}{\sqrt{2}}(z_1 + z_2), \tag{9.57}$$

$$q_2 = \frac{1}{\sqrt{2}}(z_1 - z_2) \tag{9.58}$$

という別の1組の座標を導入する．すると逆変換は

$$z_1 = \frac{1}{\sqrt{2}}(q_1 + q_2), \tag{9.59}$$

$$z_2 = \frac{1}{\sqrt{2}}(q_1 - q_2) \tag{9.60}$$

となる．また微分は

$$\frac{\partial}{\partial z_1} = \frac{\partial q_1}{\partial z_1}\frac{\partial}{\partial q_1} + \frac{\partial q_2}{\partial z_1}\frac{\partial}{\partial q_2}$$

$$= \frac{1}{\sqrt{2}}\left(\frac{\partial}{\partial q_1} + \frac{\partial}{\partial q_2}\right), \tag{9.61}$$

$$\frac{\partial}{\partial z_2} = \frac{1}{\sqrt{2}}\left(\frac{\partial}{\partial q_1} - \frac{\partial}{\partial q_2}\right) \tag{9.62}$$

となることから，新たに q_1, q_2 に関するシュレディンガー方程式

$$\left[-\frac{\hbar^2}{2m}\left(\frac{\partial^2}{\partial q_1^2} + \frac{\partial^2}{\partial q_2^2}\right) + \frac{k'}{2}q_1^2 + \frac{1}{2}(2k+k')q_2^2\right]\psi(q_1,q_2) = E\psi(q_1,q_2) \tag{9.63}$$

を得る．今度は q_1 と q_2 の混ざった項がないので，波動関数とエネルギーを

$$\psi(q_1,q_2) = \psi_1(q_1)\psi_2(q_2), \tag{9.64}$$

$$E = E_1 + E_2 \tag{9.65}$$

と分離すると，q_1 と q_2 に対する独立な2つの方程式：

$$\left[-\frac{\hbar^2}{2m}\frac{\partial^2}{\partial q_1^2} + \frac{k'}{2}q_1^2\right]\psi_1(q_1) = E_1\psi_1(q_1), \tag{9.66}$$

$$\left[-\frac{\hbar^2}{2m}\frac{\partial^2}{\partial q_2^2} + \frac{1}{2}(2k+k')q_2^2\right]\psi_2(q_2) = E_2\psi_2(q_2) \tag{9.67}$$

が得られる．(9.66) 式と (9.67) 式の方程式は古典的問題として解いた2つの振動の $\omega_1 = \sqrt{k'/m}$ と $\omega_2 = \sqrt{(2k+k')/m}$ にそれぞれ対応している．今回は古典的問題と量子的問題を別に解いたが，一般には古典的問題で行った行列の対角化によって得られた基準モードに対応して基準座標 q_1, q_2, ... が決まる．

2つの方程式 (9.66) 式と (9.67) 式は量子力学で**調和振動子**としてよく知られている問題（物理学スーパーラーニングシリーズ『量子力学』第7章）で，エネルギーは

のようになる．イオンの内部運動と重心振動のハミルトニアンは

$$E_1 = \frac{1}{2}\hbar\omega_1, \frac{3}{2}\hbar\omega_1, \frac{5}{2}\hbar\omega_1, ..., \tag{9.68}$$

$$E_2 = \frac{1}{2}\hbar\omega_2, \frac{3}{2}\hbar\omega_2, \frac{5}{2}\hbar\omega_2, ..., \tag{9.69}$$

のようになる．イオンの内部運動と重心振動のハミルトニアンは

$$H = \sum_i H_{\text{in}}(i) + \hbar\omega_1\left(a^\dagger a + \frac{1}{2}\right) \tag{9.70}$$

と書き換えることができる．ここで $\nu = \sqrt{m\omega_1/\hbar}$ として

$$a^\dagger = \frac{1}{\sqrt{2}}\left(\nu q_1 - \nu^{-1}\frac{\partial}{\partial q_1}\right), \tag{9.71}$$

$$a = \frac{1}{\sqrt{2}}\left(\nu q_1 + \nu^{-1}\frac{\partial}{\partial q_1}\right) \tag{9.72}$$

は生成，消滅演算子と呼ばれ，

$$N = a^\dagger a \tag{9.73}$$

は数演算子と呼ばれ，励起状態（フォノン状態）を区別する量子数（$n = <N> = 0, 1, 2, ...$）の値を持つ．

単純な模型では，各イオン内部の電子の状態は2準位だけとする．振動は重心運動だけを考えて，そのエネルギーは

$$E = \sum_i E_{\text{in}}(i) + \sum \hbar\omega_1\left(n + \frac{1}{2}\right) \tag{9.74}$$

とする．

9.2.3 計算法

イオンの内部の準位間エネルギーは eV の程度であるので可視光線近辺のものに対応する．レーザー光線は，光線の太さをその波長程度（$\approx 1\ \mu m$）まで絞ることができるので，イオン間が $10\ \mu m$ 程度の間隔で並んでいれば，ひとつひとつのイオンを区別して個々に光線を当てて制御することができる．各イオンの基底状態と第1励起状態を使用すると，イオン1個あたり1量子ビットとなる．また，イオン系の振動状態も量子ビットとして使用可能である．

9.2 イオントラップコンピュータ

制御には，エネルギー差に対応する振動数のレーザー光線をパルスとして一定時間当てると状態間の遷移が起こる**ラビフロッピング**を利用する．簡単のため，基底状態と励起状態（$E = \hbar\omega_0$）を

$$|0\rangle = \begin{pmatrix} 1 \\ 0 \end{pmatrix}, \qquad |1\rangle = \begin{pmatrix} 0 \\ 1 \end{pmatrix} \tag{9.75}$$

とする．電磁波のような振動を半古典的扱いで，非対角要素のみと見なし $Ve^{i\omega t}$ と書く．ハミルトニアンは2行2列の行列：

$$H = \hbar\omega_0 \begin{pmatrix} 0 & 0 \\ 0 & 1 \end{pmatrix} + V \begin{pmatrix} 0 & e^{+i\omega t} \\ e^{-i\omega t} & 0 \end{pmatrix} \tag{9.76}$$

となる．これは変形すると

$$\begin{aligned}
H = &-\hbar\omega_0 \begin{pmatrix} 1/2 & 0 \\ 0 & -1/2 \end{pmatrix} \\
&+ 2V\cos\omega t \begin{pmatrix} 0 & 1/2 \\ 1/2 & 0 \end{pmatrix} + 2V\sin\omega t \begin{pmatrix} 0 & i/2 \\ -i/2 & 0 \end{pmatrix} \\
&+ \frac{\hbar\omega_0}{2}\mathbf{I} \\
= &-\hbar\omega_0 s_z + 2V(\cos\omega t\, s_x - \sin\omega t\, s_y) + \frac{\hbar\omega_0}{2}\mathbf{I}
\end{aligned} \tag{9.77}$$

となるので，NMRで出てきた式 (9.4) を

$$\gamma B_0 \to \hbar\omega_0, \tag{9.78}$$

$$\gamma B_1 \to -2V \tag{9.79}$$

と直せば定数項を除いて全く同じ形になる．(9.77) 式での行列はスピンを意味するわけではないが，全く同じ導出法により (9.14) が求まる．光線の持続時間で論理の変化が決まるが，特に

$$|0\rangle \to |1\rangle, \tag{9.80}$$

$$|1\rangle \to |0\rangle \tag{9.81}$$

を起こす長さのパルスを $180°$ の回転に相当するので π **パルス**と呼び，また

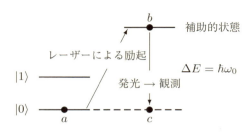

図 9.17　イオントラップからの読み出し

90°の回転に相当するものを $\pi/2$ パルスと呼ぶ．アダマール変換も $\pi/2$ によって実現できるが，余分な位相因子がかかる場合があるので注意を要する．2π パルスは論理値は変えないが，状態の符号を変える働きをする．

9.2.4　初期状態の達成

　トラップされたイオンは，そのままでは励起状態になっている可能性が大きいので，計算を始めるにあたっては，まずイオン系の状態をリセットする必要がある．普通は 0 すなわち基底状態にする．励起状態にあればいつかは光を放出して基底状態に落ちるが，準安定な励起状態になっている場合，極めて長い時間がかかる．そのため，**レーザー冷却法**という技術が使われる．この方法では，レーザー光によりエネルギーを与えてを少し上の状態に持ち上げ，そこからイオンが自然により多くのエネルギーを放出してより低い状態に落ちるようにする．それを繰り返して基底状態に導く．その後に，もし $|1\rangle$ や重ね合わせ状態にセットしたければ，$|0\rangle$ と $|1\rangle$ のエネルギー間隔に対応する振動数の光を適当な時間当てればよい．

9.2.5　計算結果の読み出し

　計算結果を読み出す必要がある．$|1\rangle$ が励起状態である場合，光を自然に放出して基底状態に落ちるので知ることができるが，その時間は量子計算の時間と比べて長い．そこで図 9.17 のように，$\Delta E = \hbar\omega_0$ に合う振動数のレーザー光を当てる．

- もし $|0\rangle$ であったとすると，レーザー光が吸収され，イオンが基底状態 a から補助的状態 b に励起する．それから再び基底状態に落ちるときの発光が，脇の検出器で検出される．
- もし $|0\rangle$ と直交する状態 $|1\rangle$ の場合，レーザー光の吸収が起こらないので，脇では何も観測されない．
- 重ね合わせた状態は，まず回転してから観測することにより波動関数を知ることができる．

励起状態からの光の自然放出によるデコヒーレンスまでの時間が限られるので，その間に計算，結果読み出しが終了する必要がある．

9.2.6 量子ゲートの例

制御 NOT

制御 NOT ゲートは，$|11\rangle$ 状態の波動関数の符号を 2π パルスにより反転する操作と，y 軸周りの回転との組合せにより可能である．2 量子ビット状態を

$$|00\rangle \to \begin{pmatrix} 1 \\ 0 \\ 0 \\ 0 \end{pmatrix}, \quad |01\rangle \to \begin{pmatrix} 0 \\ 1 \\ 0 \\ 0 \end{pmatrix}, \quad |10\rangle \to \begin{pmatrix} 0 \\ 0 \\ 1 \\ 0 \end{pmatrix}, \quad |11\rangle \to \begin{pmatrix} 0 \\ 0 \\ 0 \\ 1 \end{pmatrix} \tag{9.82}$$

のように列ベクトルで表す．

図 9.18 の働きは

$$D_y^s(\pi/2) \begin{pmatrix} 1 & 0 & 0 & 0 \\ 0 & 1 & 0 & 0 \\ 0 & 0 & 1 & 0 \\ 0 & 0 & 0 & -1 \end{pmatrix} D_y^s(-\pi/2)$$

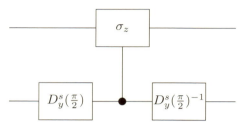

図 **9.18** 制御 NOT

$$
= \begin{pmatrix} 1/\sqrt{2} & -1/\sqrt{2} & 0 & 0 \\ 1/\sqrt{2} & 1/\sqrt{2} & 0 & 0 \\ 0 & 0 & 1/\sqrt{2} & -1/\sqrt{2} \\ 0 & 0 & 1/\sqrt{2} & 1/\sqrt{2} \end{pmatrix} \begin{pmatrix} 1 & 0 & 0 & 0 \\ 0 & 1 & 0 & 0 \\ 0 & 0 & 1 & 0 \\ 0 & 0 & 0 & -1 \end{pmatrix}
$$

$$
\times \begin{pmatrix} 1/\sqrt{2} & 1/\sqrt{2} & 0 & 0 \\ -1/\sqrt{2} & 1/\sqrt{2} & 0 & 0 \\ 0 & 0 & 1/\sqrt{2} & 1/\sqrt{2} \\ 0 & 0 & -1/\sqrt{2} & 1/\sqrt{2} \end{pmatrix}
$$

$$
= \begin{pmatrix} 1 & 0 & 0 & 0 \\ 0 & 1 & 0 & 0 \\ 0 & 0 & 0 & 1 \\ 0 & 0 & 1 & 0 \end{pmatrix} = 制御\ \text{NOT} \tag{9.83}
$$

となり，制御 NOT として働く．状態 $|11\rangle$ だけに選択的に 2π パルスを与える操作は，図 9.19 のように，量子ビットに使用していない準位を補助とする．この補助的準位と $|11\rangle$ とのエネルギー差に共鳴するレーザー光を 2π パルスとして当てると，一度補助的準位に遷移した上で $|11\rangle$ に戻るときに，波動関数の符号が逆転している．他の量子ビット（$|00\rangle$, $|01\rangle$, $|10\rangle$）になっているときには共鳴しないので，レーザー光を当ててもほとんど影響がない．このように，補助的な準位を導入することにより選択的な制御が可能となる．

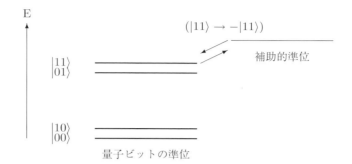

図 9.19 イオン 1 個の内部励起状態と振動の複合した準位を制御 NOT として用いるイオントラップ量子コンピュータ．補助的準位は $|11\rangle$ 状態の符号を変えるために用いる．ケットの対は，左側が振動，右側が電子準位を表す．

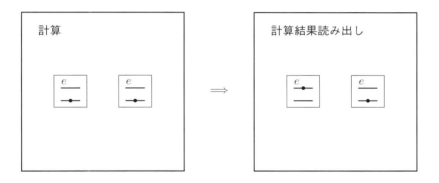

図 9.20 量子ドットコンピュータ

9.3 量子ドットコンピュータ
9.3.1 原理

性質の異なる半導体を重ねて微細加工することにより，電子を 1 個ずつドブロイ波長程度の小さい領域に閉じこめることができる．これを**量子ドット**という．各領域に閉じこめられた電子のエネルギー準位で量子ビットを表すのが量子ドットコンピュータである．

箱状の領域に閉じこめられた電子のエネルギー準位は，各箱に 2 つずつと

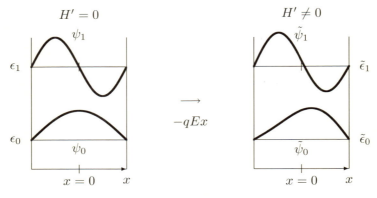

図 9.21 量子ドット中の基底状態，励起状態の波動関数とエネルギー

して考えよう．静電場をかけると，各準位とも，双極子能率が生ずる．図 9.21 のように，静電場の向きを x 軸の向きとすると，波動関数は x 軸方向に変化する．

▶ **例題 9.5** 量子ドット中の電子に対しての 2 準位の模型で，電場がかかっていないときのハミルトニアンを H_0 とし，一様な弱い電場 E が x 軸の向きにかかったとき，基底状態と励起状態の双極子能率を求めよ．基底状態は電場の向きに偏極し，励起状態は逆向きで大きさはほぼ等しいことを確認せよ．

[解] H_0 の基底状態と励起状態をそれぞれ $|\psi_0\rangle$, $|\psi_1\rangle$ とする：

$$H_0|\psi_0\rangle = \epsilon_0|\psi_0\rangle, \tag{9.84}$$

$$H_0|\psi_1\rangle = \epsilon_1|\psi_1\rangle \tag{9.85}$$

摂動 $H' = -qEx$ が加わったときの摂動論によると摂動後の波動関数 $\tilde{\psi}$ は

$$|\tilde{\psi}_0\rangle = |\psi_0\rangle + \frac{\langle\psi_1|H'|\psi_0\rangle}{\epsilon_0 - \epsilon_1}|\psi_1\rangle, \tag{9.86}$$

$$|\tilde{\psi}_1\rangle = |\psi_1\rangle + \frac{\langle\psi_0|H'|\psi_1\rangle}{\epsilon_1 - \epsilon_0}|\psi_0\rangle \tag{9.87}$$

と変化する．したがって基底状態の双極子能率は

$$\langle\tilde{\psi}_0|qx|\tilde{\psi}_0\rangle = 2q^2 E \frac{|\langle\psi_1|x|\psi_0\rangle|^2}{\epsilon_1 - \epsilon_0} \tag{9.88}$$

となり，励起状態に対しては

$$\langle \tilde{\psi}_1 | qx | \tilde{\psi}_1 \rangle = -2q^2 E \frac{|\langle \psi_1 | x | \psi_0 \rangle|^2}{\epsilon_1 - \epsilon_0} \tag{9.89}$$

となる．基底状態の双極子能率の符号は，電場 E と同じになる．励起状態では ϵ_1 と ϵ_0 が逆になるだけなので，符号が逆で大きさは等しい．これは**量子シュタルク効果**（quantum Stark effect）と呼ばれる．

また，エネルギーは

$$\tilde{\epsilon}_0 = \epsilon_0 - \frac{|\langle \psi_1 | x | \psi_0 \rangle|^2}{\epsilon_1 - \epsilon_0}, \tag{9.90}$$

$$\tilde{\epsilon}_1 = \epsilon_1 + \frac{|\langle \psi_1 | x | \psi_0 \rangle|^2}{\epsilon_1 - \epsilon_0} \tag{9.91}$$

となる． □

▶ 例題 9.6 電荷が離れた 2 カ所に集中して分布している場合のポテンシャルエネルギーを，双極子モーメントに依存するオーダーまで導け．

解 第 1 の電荷分布による電場を考える．第 1 の電荷分布の中心から，電場を求めたい点までの距離を $\mathbf{R}$ とする．図 9.22 の (a) のように $\mathbf{r_1}$ を取ると，点 $\mathbf{R}$ における電位は

$$\phi_1(\mathbf{R}) = \frac{1}{4\pi\epsilon_0} \int \frac{\rho_1(\mathbf{r_1})}{|\mathbf{R} - \mathbf{r_1}|} d\mathbf{r_1} \tag{9.92}$$

となる．電荷が集中していることを考慮して，積分の値のある範囲では $r_1 \ll R$ であるから分母を展開して

$$\frac{1}{|\mathbf{R} - \mathbf{r_1}|} \approx \frac{1}{|\mathbf{R}|} + \frac{(\mathbf{r_1} \cdot \mathbf{R})}{|\mathbf{R}|^3} \tag{9.93}$$

と近似し（章末演習問題 1 参照），積分は $\mathbf{r_1}$ について行うことに注意して，

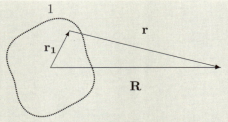

(a) 電荷分布 1 による電場の計算

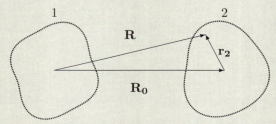

(b) 電荷分布 2 における電荷分布 1 によるポテンシャルの計算

図 9.22　2 つの電荷分布の間のポテンシャルの計算

$$\begin{aligned}\phi_1(\mathbf{R}) &= \frac{1}{4\pi\epsilon_0}\frac{1}{|\mathbf{R}|}\int \rho_1(\mathbf{r_1})\,d\mathbf{r_1} + \frac{1}{4\pi\epsilon_0}\frac{\mathbf{R}}{|\mathbf{R}|^3}\cdot\int \mathbf{r_1}\rho_1(\mathbf{r_1})\,d\mathbf{r_1} \\ &= \frac{1}{4\pi\epsilon_0}\frac{Q_1}{|\mathbf{R}|} + \frac{1}{4\pi\epsilon_0}\frac{(\mathbf{p_1}\cdot\mathbf{R})}{|\mathbf{R}|^3}\end{aligned} \quad (9.94)$$

となる．ただし

$$Q_1 = \int \rho_1(\mathbf{r_1})\,d\mathbf{r_1}, \quad (9.95)$$

$$\mathbf{p_1} = \int \mathbf{r_1}\rho_1(\mathbf{r_1})\,d\mathbf{r_1} \quad (9.96)$$

は電荷分布 1 の全電荷と双極子モーメントである．

次に，電位 ϕ_1 によって生ずる電荷分布 2 のポテンシャルエネルギーを求めよう．図 9.22 のように，電荷分布 1 の中心から電荷分布 2 の中心を結ぶベクトルを $\mathbf{R_0}$，電荷分布 2 の中心から電荷の位置までのベクトルを $\mathbf{r_2}$ とすれば

$$U = \int \rho_2(\mathbf{r_2})\phi_1(\mathbf{R_0}+\mathbf{r_2})\,d\mathbf{r_2}$$
$$= \frac{1}{4\pi\epsilon_0}Q_1\int\frac{\rho_2(\mathbf{r_2})}{|\mathbf{R_0}+\mathbf{r_2}|}\,d\mathbf{r_2} + \frac{1}{4\pi\epsilon_0}\mathbf{p_1}\cdot\int\frac{\rho_2(\mathbf{r_2})(\mathbf{R_0}+\mathbf{r_2})}{|\mathbf{R_0}+\mathbf{r_2}|^3}\,d\mathbf{r_2} \tag{9.97}$$

となる．ここでも，積分の寄与する範囲内では $r_2 \ll R_0$ となることを使って

$$\frac{1}{|\mathbf{R_0}+\mathbf{r_2}|} \approx \frac{1}{|\mathbf{R_0}|} - \frac{(\mathbf{r_2}\cdot\mathbf{R_0})}{|\mathbf{R_0}|^3}, \tag{9.98}$$

$$\frac{\mathbf{R_0}+\mathbf{r_2}}{|\mathbf{R_0}+\mathbf{r_2}|^3} \approx \frac{\mathbf{R_0}}{|\mathbf{R_0}|^3} + \frac{\mathbf{r_2}}{|\mathbf{R_0}|^3} - \frac{3(\mathbf{r_2}\cdot\mathbf{R_0})}{|\mathbf{R_0}|^5}\mathbf{R_0} \tag{9.99}$$

と近似する．すると

$$\begin{aligned}U =& \frac{1}{4\pi\epsilon_0}\frac{Q_1}{|\mathbf{R_0}|}\int\rho_2(\mathbf{r_2})\,d\mathbf{r_2} - \frac{1}{4\pi\epsilon_0}\frac{Q_1}{|\mathbf{R_0}|^3}\mathbf{R_0}\cdot\int\mathbf{r_2}\rho_2(\mathbf{r_2})\,d\mathbf{r_2} \\
&+ \frac{1}{4\pi\epsilon_0}\frac{(\mathbf{p_1}\cdot\mathbf{R_0})}{|\mathbf{R_0}|^3}\int\rho_2(\mathbf{r_2})\,d\mathbf{r_2} + \frac{1}{4\pi\epsilon_0}\frac{\mathbf{p_1}}{|\mathbf{R_0}|^3}\cdot\int\mathbf{r_2}\rho_2(\mathbf{r_2})\,d\mathbf{r_2} \\
&- \frac{1}{4\pi\epsilon_0}\frac{3(\mathbf{p_1}\cdot\mathbf{R_0})}{|\mathbf{R_0}|^5}\mathbf{R_0}\cdot\int\mathbf{r_2}\rho(\mathbf{r_2})\,d\mathbf{r_2} \\
=& \frac{1}{4\pi\epsilon_0}\frac{Q_1 Q_2}{|\mathbf{R_0}|} + \frac{1}{4\pi\epsilon_0}\frac{\mathbf{p_1}\cdot\mathbf{p_2}}{|\mathbf{R_0}|^3} - \frac{1}{4\pi\epsilon_0}\frac{3(\mathbf{p_1}\cdot\mathbf{R_0})(\mathbf{p_2}\cdot\mathbf{R_0})}{|\mathbf{R_0}|^5} \\
&- \frac{1}{4\pi\epsilon_0}\frac{Q_1(\mathbf{p_2}\cdot\mathbf{R_0})}{|\mathbf{R_0}|^3} + \frac{1}{4\pi\epsilon_0}\frac{Q_2(\mathbf{p_1}\cdot\mathbf{R_0})}{|\mathbf{R_0}|^3}\end{aligned} \tag{9.100}$$

となる．ただし

$$Q_2 = \int \rho_2(\mathbf{r_2})\,d\mathbf{r_2}, \tag{9.101}$$

$$\mathbf{p_2} = \int \mathbf{r_2}\rho_2(\mathbf{r_2})\,d\mathbf{r_2} \tag{9.102}$$

は電荷分布2の全電荷と双極子モーメントである．最初の項は電荷同士の相互作用によるものである．第2項以後が双極子を含んだ相互作用である．全電荷 $Q_1 = Q_2 = 0$ とすると，双極子間の相互作用

$$U = \frac{1}{4\pi\epsilon_0}\frac{\mathbf{p_1}\cdot\mathbf{p_2}}{(\mathbf{R_0})^3} - \frac{3}{4\pi\epsilon_0}\frac{(\mathbf{p_1}\cdot\mathbf{R_0})(\mathbf{p_2}\cdot\mathbf{R_0})}{(\mathbf{R_0})^5} \tag{9.103}$$

が求まる．各双極子の向きが2つの双極子を結ぶ直線に垂直なときは $\mathbf{p_1}\cdot\mathbf{R_0} = \mathbf{p_2}\cdot\mathbf{R_0} = 0$ であるので，この場合も (9.100) 式の第3項以後は消える．□

214   第9章 量子コンピュータの設計

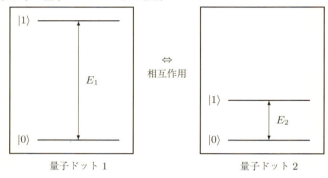

図 **9.23** 2つの量子ドット

2つの量子ドット間の双極子モーメントを利用して，量子ドットを制御 NOT として使用できることを示す．図 9.23 の 2 つの量子ドットのうち，第 1 の量子ビットを制御ビット，第 2 の量子ビットを標的ビットとして使う．基底状態に論理値 0 を，第一励起状態に論理値 1 を対応させることにする．互いに孤立している限り，それぞれの励起エネルギー（E_1, E_2）に共鳴する電磁波を加えると論理の反転等が起こるが，互いに制御するわけではない．図 9.23 の量子ドットに，x 軸の向きに静電場をかけると，例題 9.6 で示したように，基底状態は静電場と同じ向き，第一励起状態は逆の向きにほぼ同じ大きさの双極子モーメントを持つ．第 1，第 2 ドットの双極子モーメントをそれぞれ $\mathbf{p_1}$, $\mathbf{p_2}$ とすると，ハミルトニアンは

$$H = H_1 + H_2 + V_{12} \tag{9.104}$$

のように書ける．ただし H_i は i 番目の箱の電子のハミルトニアン，量子ドット 1 と量子ドット 2 で異なっていてよい．それぞれ静電場はすでに含まれているとする．V_{12} は量子ドット 1 と量子ドット 2 の間の電気的相互作用で，双極子モーメントが 2 つを結ぶ直線に垂直ならば

$$V_{12} = \frac{1}{4\pi\epsilon_0} \frac{\mathbf{p_1} \cdot \mathbf{p_2}}{R^3} \tag{9.105}$$

となる．この相互作用は，両双極子モーメントの向きが同じならば

$$\Delta E = \frac{1}{4\pi\epsilon_0} \frac{p_1 p_2}{R^3} \tag{9.106}$$

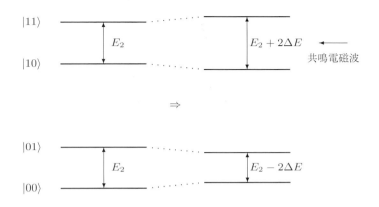

図 **9.24** 量子ドットによる制御 NOT

の寄与をし,逆ならば $-\Delta E$ の寄与をする.したがって,この相互作用によって 2 量子ドット系のエネルギー準位は図 9.24 の左から右のようにずれる.すなわち

- 制御ビット(量子ドット 1)が 0 のとき,標的ビット(量子ドット 2)のエネルギー間隔が $E_2 - 2\Delta E$ に狭まる,
- 制御ビットが 1 のとき,標的ビットのエネルギー間隔が $E_2 + 2\Delta E$ に広がる.

エネルギー差に対応する周波数を持つ電磁波をかけると,かける時間に応じて波動関数が回転する.それによって波動関数の傾きを制御する.そこで,標的ビットにエネルギー差 $E_2 + 2\Delta E$ に共鳴する電磁波をかけるとき,制御ビットが 1 のときのみ標的ビットに変化を起こすことができる.このようにして,2 つの量子ドットを制御 NOT として使うことができるのである.量子ドット間の粒子(負電荷)と正孔(正電荷)を利用して,双極子モーメントを誘起し,制御ビットとして用いる方法もある.

9.4 光子コンピュータ

光子の波動性からの干渉性はよく知られている．図 9.25 のように光を 2 つの細いスリットを通すとスクリーンに干渉縞が生じるのはよく知られている．たとえば上半分を論理値 "0"，下半分を "1" と決める．光子の経路に沿って計算を進めていく．もし下のスリットを閉じると，論理値 0 に対応する状態 $|0\rangle$ を入力することになり，上のスリットを閉じると論理値 1 に対応する $|1\rangle$ を入力することになる．両方のスリットとも通過できるようにしておくと，上か下かの確率が等しいので，状態は

$$\frac{1}{\sqrt{2}}|0\rangle + \frac{1}{\sqrt{2}}|1\rangle \tag{9.107}$$

すなわち 0 と 1 の重ね合わせを入力すると考えることができる．論理演算を行う素子として，

- アダマール変換 → ビームスプリッター（beam splitter）
- 位相 → 屈折率の異なる物質を通す

を使うことができる．光子コンピュータは，NMR コンピュータの例とは異なり，空間的にも移動するので，古典ゲートとの対応がつく．

たとえば，図 9.26 では，もし光子ビームが 0（上半分）として入ると 2 回の反射の後，H と書いたビームスプリッターでアダマール変換を受け，0 と

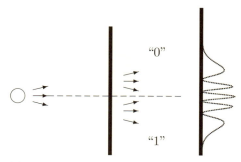

図 **9.25** 光子の干渉効果

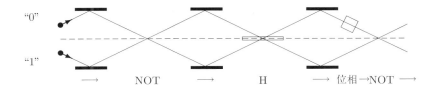

図 9.26 光子コンピュータ回路

1 との重ね合わせに変換される．一方のビームは再度の反射の後，位相と書いた部分で屈折率の異なる物質を通過する．そこで位相がちょうど180°だけずれるとしておく．他方のビームは反射の後そのままの位相で来る．そこで分かれたビームが再び合ったところの中心点では打ち消しが起こり強度がなくなる．もし光子ビームが 1（下半分）から入射しても同じことである．しかし，もし図 9.25 において両方のスリットを開けておいたときのように，0と 1 の重ね合わせで来れば強度が残る．このように，光子を入射して，進んだ先のどこかで強度を観測するということで演算をする．

9.5 演習問題

1 2つの座標ベクトル $\mathbf{R} = (X, Y, Z)$, $\mathbf{r} = (x, y, z)$ の大きさが $R \gg r$ として，$\mathbf{r}$ についての 1 次の展開から

$$\frac{1}{|\mathbf{R} - \mathbf{r}|} \approx \frac{1}{R} + \frac{(\mathbf{R} \cdot \mathbf{r})}{R^3} \tag{9.108}$$

を導け．

2 磁気共鳴コンピュータで，初期状態（$t = 0$）を

$$|\psi(0)\rangle = |0\rangle = \begin{pmatrix} 1 \\ 0 \end{pmatrix} \tag{9.109}$$

第 9 章　量子コンピュータの設計

とする．その後の状態変化は

$$|\psi(t)\rangle = \exp(i\omega t s_z) \exp(i\tfrac{\gamma B_1}{\hbar} t s_x)|\psi(0)\rangle \tag{9.110}$$

となる．簡単のため，適当な時間単位をとって

$$\omega = 10, \quad \frac{\gamma B_1}{\hbar} = 1 \tag{9.111}$$

となる場合，この波動関数について

$$\langle s_x \rangle = \langle \psi(t)|s_x|\psi(t)\rangle, \tag{9.112a}$$
$$\langle s_y \rangle = \langle \psi(t)|s_y|\psi(t)\rangle, \tag{9.112b}$$
$$\langle s_z \rangle = \langle \psi(t)|s_z|\psi(t)\rangle \tag{9.112c}$$

の時間変化を，$0 \leq t \leq 2\pi$ の間で調べよ．

3 (1) スピン 1 個の系で，3 方向の回転の角度を適当にとりながら何回かの掛け算と，定数倍だけで，アダマール変換：

$$H = \frac{1}{\sqrt{2}} \begin{pmatrix} 1 & 1 \\ 1 & -1 \end{pmatrix} \tag{9.113}$$

を作成せよ．ここで，スピン関数に対する公式

$$\exp(-iXt) = \cos t \mathbf{1} - i \sin t X \tag{9.114}$$

を用いる．

(2) スピン 2 個の系で，3 方向の回転の角度を適当にとりながら，何回かの掛け算と，定数倍だけで，スピン 1 によりスピン 2 を制御する「制御 Z ゲート」：

$$\begin{pmatrix} 1 & 0 & 0 & 0 \\ 0 & 1 & 0 & 0 \\ 0 & 0 & 1 & 0 \\ 0 & 0 & 0 & -1 \end{pmatrix} \tag{9.115}$$

を作れ．これはスピン 2 個の系でのスピンの直積 Z_1, Z_2；

$$Z_1 = Z \times \mathbf{1} = \begin{pmatrix} 0 & 0 & 1 & 0 \\ 0 & 0 & 0 & -1 \\ 1 & 0 & 0 & 0 \\ 0 & -1 & 0 & 0 \end{pmatrix} \tag{9.116}$$

$$Z_2 = \mathbf{1} \times Z = \begin{pmatrix} 1 & 0 & 0 & 0 \\ 0 & -1 & 0 & 0 \\ 0 & 0 & 01 & 0 \\ 0 & 0 & 0 & -1 \end{pmatrix}, \tag{9.117}$$

の組合せだけで作れることを示せ.

(3) スピン2個の系で, 同様に, スピン1によりスピン2を制御する「制御NOTゲート」:

$$\begin{pmatrix} 1 & 0 & 0 & 0 \\ 0 & 1 & 0 & 0 \\ 0 & 0 & 0 & 1 \\ 0 & 0 & 1 & 0 \end{pmatrix} \tag{9.118}$$

を作成せよ. (前の2小問を参考にする方法もある.)

(4) 同様に, 制御位相ゲート:

$$\begin{pmatrix} 1 & 0 & 0 & 0 \\ 0 & 1 & 0 & 0 \\ 0 & 0 & 1 & 0 \\ 0 & 0 & 0 & e^{i\phi} \end{pmatrix} \tag{9.119}$$

を作れ. 一般に行列 A の行列式とトレースの間に成り立つ公式 $|e^A| = e^{\mathrm{tr} A}$ を用いよ.

第10章
量子アニーリング

10.1 量子アニーリングとは

　巡回セールスマン問題 (traveling salesman problem, TSP) を代表とする，ほぼ無限個存在する解の候補の中から，与えられた「目的関数」を最小にする最適な解を求める方法 (最適化問題) の一つが**焼きなまし法**または**擬似焼きなまし法 (simulated annealing method)** と呼ばれる方法である．そもそもアニーリング (焼きなまし) という言葉は，金属の加工技術のことで硬い鋼を作るときに高温からなるべくゆっくりと冷ますことで安定したものを作る方法を指す．熱を加えてエネルギーの高い状態を作り，冷ましてエネルギーの低い状態を目指すときに，金属をゆっくりと冷やすと，金属の内部の原子がおさまりの良いところに落ちつき硬い金属が精製される．従来からコンピュータでの最適化アルゴリズムとしての擬似焼きなまし法では，高い温度の初期状態から温度が下がると図 10.1 の「古典的」と示したパネルのように安定したエネルギーの低い周辺の谷に落ちていく．初期条件により局所的な最小値 (local minimum) に行き着く可能性もあるが，この過程を繰り返しながら，最終的には真の最小値 (global minimum) を探し出すアルゴリズムが焼きなまし法である．つまり，コンピュータで温度を模したパラメーターを導入して最適化問題（目的関数の最小値問題）を解くアルゴリズムである．

　一方，量子アニーリング法は，巡回セールスマン問題のような組合せ最適化問題を解くことを目的として開発された量子力学の波動関数の時間発展を

222　第10章　量子アニーリング

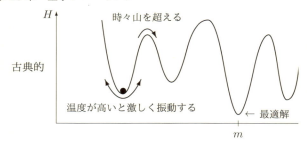

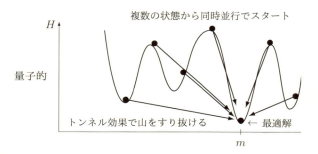

図 10.1　古典および量子アニーリング法の概念図．縦軸は温度，横軸は変数に対応する．古典的アニーリング法は焼きなまし法 (シミュレーテッド・アニーリング法) とも呼ばれる．この方法では，熱ゆらぎにより各状態間を確率的に移動させ，各時刻における平衡状態を実現させる．最後に，温度を 0 にすると高い確率で，求める基底状態 (解) が求まる．一方，量子アニーリング法では，初期状態としてすべての状態の重ね合わせを用意し，量子並列アルゴリズムにより，量子ゆらぎのトンネル効果を利用して，状態を探索する．最終的には，ゆらぎの効果を小さくし基底状態を求める．詳しくは本文参照．

利用する計算手法である．具体的には，離散値を取る多変数の関数 (目的関数) が与えられているとき，その関数の最小値とそれを与える離散変数の組を求めるアルゴリズムが量子アニーリング法である．この目的関数は具体的な問題により違ってくる．近年活発な研究分野になってきた，機械学習の多くの課題も組合せ最適化問題として定式化できることが知られている．古典的な焼きなまし法では最初の高温のときには系があらゆる状態を「往き来する」が，温度を下げるにしたがって，最小エネルギー，すなわち目的関数最小の

状態に落ち着いていくと期待する．一方，量子アニーリングでは，最初に系の初期状態として，目的のハミルトニアンのあらゆる固有状態の「重ね合わせ」を用意し，量子ゆらぎのトンネル効果を利用し，時間が経つにしたがって基底状態すなわち目的関数の最小の状態に落ち着かせる．古典アニーリング法と量子アニーリング法の違いは概念的に図 10.1 のように表されている．

量子計算アルゴリズムには，第 6 章で紹介した量子ゲートを用いた方法がある．量子ゲートを用いた方式 (量子回路方式) は，より汎用性の高い方式と考えられるが，多くのゲートを重ね合わせた実用性のある計算機は今の所実現していない．アメリカ Google 社は 2018 年 3 月，72 量子ビットの量子プロセッサを開発したが，さらなる発展は今後の研究に委ねられている．一方，量子アニーリング法を用いた量子コンピュータは，2018 年 12 月現在，カナダの D-Wave Systems（以下 D-Wave 社）より 2000 ビットのものが市販されている．第 6 章の量子計算は，初期状態 $|\psi_i\rangle$ としてすべての重ね合わせ状態を用意し，量子ゲート U を一定の個数組み合わせた回路を準備しておき，それを作用させ

$$\text{入力} \longrightarrow \text{出力} \qquad \text{式}$$
$$|\psi_i\rangle \dashv \boxed{U_1} \boxed{U_2} \dashv \cdots \dashv \boxed{U_N} \dashv |X\rangle \qquad |X\rangle = U_N \cdots U_2 U_1 |\psi_i\rangle$$
(10.1a)

のように解 X を求める方法である．

それに対して，量子アニーリング法では，

$$\text{入力} \longrightarrow \text{出力} \qquad \text{式}$$
$$|\psi_i\rangle \dashv \boxed{U(t)} \dashv |X\rangle \qquad |X\rangle \leftarrow U(t)|\psi_i\rangle$$
$$U(0) = U_1,\ U(T) = U_0$$
(10.1b)

という流れの図式で表わされ，初期状態 $|\psi_i\rangle$ を基底状態にするハミルトニアンによる作用 U_1 から，U_0 へゆっくりと時間変化させて (断熱的と呼ぶ)，求める状態 (解)$|\psi_f\rangle = |X\rangle$ に変えていく方法である．

図 10.1 の古典的アニーリングとしては，前述のようにシミュレーテッド・

アニーリング(擬似焼きなまし法)があり,現実の最適化問題に広く応用されている.具体的には,このアルゴリズムでは解のいくつかの候補の間の確率的な遷移を繰り返しながら,その確率を変化させていく.目的関数の値が現在の値よりも下がるような解の候補への遷移は好ましい遷移だから無条件に受け入れる.一方,目的関数値が上がる遷移も一律には却下せず,1より小さいが0でないある確率pで受け入れる.最初は確率pを1に近い値に取って,多くの解の候補を幅広く探索し,次第に0に向かって減少させていく.最終的に$p \to 0$とすることにより,最適化問題の解ないしそれに近いものに到達することができるというアルゴリズムである.

アニーリング法を量子力学の原理に基づいて行うのが量子アニーリング法で,まずすべての解の候補の量子力学的な重ね合わせ(線形結合)を時刻tの状態$|\psi(t)\rangle$とする.この状態は,

$$|\psi(t)\rangle = \sum_i^N a_i(t)|i\rangle \tag{10.2}$$

と表される.たとえば,3ビットの場合なら

$$\begin{aligned}|\psi(t)\rangle &= \sum_{i=0}^{2^3-1} a_i(t)|i\rangle \\ &= a_0(t)|000\rangle + a_1(t)|001\rangle + a_1(t)|010\rangle + a_3(t)|011\rangle + a_4(t)|100\rangle \\ &+ a_5(t)|101\rangle + a_6(t)|110\rangle + a_7(t)|111\rangle \end{aligned} \tag{10.3}$$

と表される.シミュレーテッド・アニーリングにおける解の候補の間の確率的な遷移は,量子アニーリングでは時間発展を記述する基本方程式であるシュレディンガー方程式に従った量子状態$|\psi(t)\rangle$の時間変化に置き換えられる.時間に依存するシュレディンガー方程式は,(1.13)式により

$$i\hbar \frac{d}{dt}|\psi(t)\rangle = H(t)|\psi(t)\rangle \tag{10.4}$$

で与えられる.ここで$H(t)$は時間に依存するハミルトニアンである.この(10.4)式に従って,すべての解の候補の確率振幅$a_i(t)$は,同時並行的に時間変化し,最終的には求める解に収束する.このアルゴリズムが,量子アニーリング法を量子力学的な並列性高速演算の実現に結びつけていることになる.

量子アニーリングが最適化問題の解の探索に威力を発揮するためには，求める解の確率振幅が 1 に向かって増大していくようハミルトニアンを適切に選ぶことが重要になる．つまり，(10.1b) 式に示されている量子ゲート $U_1 \to U_0$ をハミルトニアンを用いてどのように実現するかが，最適化のカギになる．

10.2 量子アニーリングの定式化
10.2.1 ハミルトニアン H_0, H_1 が時間に依存しない場合

入力 $|\psi_i\rangle$ を基底状態とするハミルトニアンを

$$H_1|\psi_i\rangle = E_i|\psi_i\rangle \tag{10.5}$$

とする．一方，解 $|\psi_f\rangle$ を基底状態にもつハミルトニアンを

$$H_0|\psi_f\rangle = E_f|\psi_f\rangle \tag{10.6}$$

とする．それぞれのハミルトニアンのエネルギー最小値を E_i, E_f と書いた．時間に依存するハミルトニアン $H(t)$ を条件 $H(0) = H_1$，$H(T) = H_0$ を満たすように，

$$H(t) = \frac{t}{T}H_0 + \frac{T-t}{T}H_1 \tag{10.7}$$

と表し，時刻 t を最初 ($t = 0$) から終了時間 ($t = T$) までゆっくり変化させる．なお，(10.1b) 式の $U(1)$，$U(0)$ や $U(t)$ は状態ベクトルの H_1，H_0，$H(t)$ による時間変化を表すユニタリ行列を表している．H_1 の自明な基底状態を初期状態とし，$H(t)$ の解を時間に依存したシュレディンガー方程式により求める．T が十分大きければ時間発展はゆっくり移行し，量子力学の断熱定理が適用できる．断熱定理は，系の状態は H_1 の基底状態から始まり連続的に移行し，最終的には $t = T$ で求める H_0 の基底状態に到達することを保証してくれる定理に他ならない．この定理は，$H(t)$ の解（基底状態）を各時間に対して求め，最終的に T を十分大きくとれば最適化問題の解を求めることができるという巧みなアルゴリズムと考えることができる．

(10.7) 式のようなハミルトニアンで，非常に簡単な系をとり，$t = 0$ で H_1 の基底状態から出発したら，$t = T$ でどうなるか，つまり正しく H_0 の基底状態に進化するか，調べてみよう．単一量子ビット系で

$$H_0 = \omega_0 \sigma_z = \omega_0 \begin{pmatrix} 1 & 0 \\ 0 & -1 \end{pmatrix}, \quad H_1 = -\omega_1 \sigma_x = -\omega_1 \begin{pmatrix} 0 & 1 \\ 1 & 0 \end{pmatrix} \tag{10.8}$$

とする．ここで ω_0 と ω_1 は正の定数である．初期状態は H_1 の基底状態であるから，スピン上向きの状態 $|0\rangle$ とスピン下向きの状態 $|1\rangle$ の重ね合わせ (第1章参照) で，

$$|\psi_0\rangle = \frac{1}{\sqrt{2}}(|0\rangle + |1\rangle) = \frac{1}{\sqrt{2}}\begin{pmatrix} 1 \\ 0 \end{pmatrix} + \frac{1}{\sqrt{2}}\begin{pmatrix} 0 \\ 1 \end{pmatrix} = \frac{1}{\sqrt{2}}\begin{pmatrix} 1 \\ 1 \end{pmatrix} \tag{10.9}$$

と表される．時刻 t における波動関数を

$$|\psi(t)\rangle = \begin{pmatrix} f(t) \\ g(t) \end{pmatrix} \tag{10.10}$$

とすると，時間依存シュレディンガー方程式 (10.4) 式は

$$i\frac{d}{dt}\begin{pmatrix} f \\ g \end{pmatrix} = \begin{pmatrix} \omega_0 \frac{t}{T} & -\omega_1(1-\frac{t}{T}) \\ -\omega_1(1-\frac{t}{T}) & -\omega_0 \frac{t}{T} \end{pmatrix}\begin{pmatrix} f \\ g \end{pmatrix} \tag{10.11}$$

と具体的に書ける．ここでプランク定数は $\hbar = 1$ とした (自然単位系)．f と g は時間 t に依存するが，表記が複雑になるので，これ以降は必要なときだけ明示することにする．(10.11) 式では f と g の時間微分がそれぞれ f と g の両方に依存して解きにくいから，線形代数の手法を用いて対角化する．つまり，

$$\begin{pmatrix} \tilde{f} \\ \tilde{g} \end{pmatrix} = \begin{pmatrix} \cos\theta & \sin\theta \\ -\sin\theta & \cos\theta \end{pmatrix}\begin{pmatrix} f \\ g \end{pmatrix}, \tag{10.12}$$

$$\begin{pmatrix} f \\ g \end{pmatrix} = \begin{pmatrix} \cos\theta & -\sin\theta \\ \sin\theta & \cos\theta \end{pmatrix}\begin{pmatrix} \tilde{f} \\ \tilde{g} \end{pmatrix} \tag{10.13}$$

と変換し，新しい関数 $\tilde{f}, \tilde{g}$ を導入する．ここで θ は十分ゆっくりに変化する時刻の関数と考え，

$$\left|\frac{d\theta}{dt}\right| \ll \omega_0, \omega_1 \qquad \text{すなわち} \qquad \frac{\omega_0}{T}, \frac{\omega_1}{T} \ll 1 \tag{10.14}$$

として，θ の時間微分は無視すると，$\cos\theta, \sin\theta$ は

$$\cos\theta = \sqrt{\frac{1}{2}\left(1 - \frac{\omega_0 \frac{t}{T}}{\sqrt{\omega_0^2\left(\frac{t}{T}\right)^2 + \omega_1^2\left(1-\frac{t}{T}\right)^2}}\right)}, \quad (10.15)$$

$$\sin\theta = \sqrt{\frac{1}{2}\left(1 + \frac{\omega_0 \frac{t}{T}}{\sqrt{\omega_0^2\left(\frac{t}{T}\right)^2 + \omega_1^2\left(1-\frac{t}{T}\right)^2}}\right)} \quad (10.16)$$

と求まる．(10.12) 式，(10.13) 式の変換に (10.15) 式，(10.16) 式を代入することにより，$\tilde{f}, \tilde{g}$ に対するハミルトニアンの行列は対角行列となり，

$$\frac{d\tilde{f}}{dt} = i\sqrt{\omega_0^2\left(\frac{t}{T}\right)^2 + \omega_1^2\left(1-\frac{t}{T}\right)^2}\,\tilde{f}, \quad (10.17)$$

$$\frac{d\tilde{g}}{dt} = -i\sqrt{\omega_0^2\left(\frac{t}{T}\right)^2 + \omega_1^2\left(1-\frac{t}{T}\right)^2}\,\tilde{g} \quad (10.18)$$

が成り立つ．この 2 つの式は変数分離法により解くことができて，答は

$$\tilde{f}(t) = \tilde{f}(0)\exp\left(i\int_0^t \sqrt{\omega_0^2\left(\frac{t'}{T}\right)^2 + \omega_1^2\left(1-\frac{t'}{T}\right)^2}\,dt'\right), \quad (10.19)$$

$$\tilde{g}(t) = \tilde{g}(0)\exp\left(-i\int_0^t \sqrt{\omega_0^2\left(\frac{t'}{T}\right)^2 + \omega_1^2\left(1-\frac{t'}{T}\right)^2}\,dt'\right) \quad (10.20)$$

となる．右辺の積分は解析的に実行可能である (章末演習問題 1(b) 参照)．(10.19) 式と (10.20) 式では exp の部分の絶対値が 1 になることに注目しておこう．

さて，初期状態 $t=0$ のときは (10.9) 式から $f(0) = g(0) = 1/\sqrt{2}$ であり，同時に (10.15) 式，(10.16) 式より $\cos\theta = 1, \sin\theta = 0$ であるから $\tilde{f}(0) = 1, \tilde{g}(0) = 0$ となる．結局 (10.20) 式よりいつも $\tilde{g}(t) = 0$ となる．したがって (10.13) 式からその項は消え

$$f(t) = (\cos\theta)\tilde{f}$$
$$= \exp\left(i\int_0^t \sqrt{\omega_0^2\left(\frac{t'}{T}\right)^2 + \omega_1^2\left(1-\frac{t'}{T}\right)^2}\,dt'\right)\cos\theta, \quad (10.21)$$

$$g(t) = (\sin\theta)\tilde{f}$$
$$= \exp\left(-i\int_0^t \sqrt{\omega_0^2\left(\frac{t'}{T}\right)^2 + \omega_1^2\left(1-\frac{t'}{T}\right)^2}\, dt'\right)\sin\theta \quad (10.22)$$

が求まる．終状態の $t=T$ のときは (10.15) 式，(10.16) 式より

$$\cos\theta = 0, \quad \sin\theta = 1 \quad (10.23)$$

となって，全体に掛かる位相因子を除いて

$$|\psi(T)\rangle = \begin{pmatrix} 0 \\ 1 \end{pmatrix} \quad (10.24)$$

となる．ここで (10.24) 式の波動関数は

$$H_0|\psi(T)\rangle = -\omega_0|\psi(T)\rangle \quad (10.25)$$

と H_0 の最小固有値を与えるため，ハミルトニアン H_0 の基底状態，つまり求める解になっていることがわかる．このように，時間に依存したハミルトニアン (10.7) 式を時間の関数としてゆっくり変化させれば，H_1 の基底状態から H_0 の基底状態へと解が変化していくことが示され，断熱定理が成り立っていることがわかった．もっと複雑な系でもこのような解の変化を一般的に示すことができ，断熱定理が広く成り立つことがわかっている．

10.2.2　時間依存ハミルトニアンの初期基底状態の時間変化

第 10.2.1 項では，H_0 および H_1 が時間に依存しない場合を考えた．より一般的な問題として，束縛状態でハミルトニアン $H(t)$ が時間 t の関数である場合を考えてみよう．各時刻 t における $H(t)$ の固有状態を，基底状態を $k=0$ とし順に番号を付けて，

$$H(t)|k(t)\rangle = E_k(t)|k(t)\rangle, \quad k = 0, 1, 2, \cdots \quad (10.26)$$

とする．ハミルトニアンが時間変化しない場合は，固有状態は，位相因子だけが時間発展に対して変化し，いくつかの固有状態の混合状態でもあっても各成分の係数の大きさは変わらない．ところがハミルトニアンが時間変化す

10.2 量子アニーリングの定式化

る場合は，各瞬間の固有状態は時間変化し，時間依存シュレディンガー方程式[注14]の状態ベクトル $|\psi\rangle$ として，

$$i\frac{d}{dt}|\psi(t)\rangle = H(t)|\psi(t)\rangle \tag{10.27}$$

と書き表される．ここで，解を各時間の固有状態と，(10.2) 式で現れた未知関数である係数 $a_k(t)$，さらに時間発展を考慮した位相因子を掛けた項で展開して

$$|\psi(t)\rangle = \sum_{k=0}^{\infty} \exp\left(-i\int_0^t E_k(t')\,dt'\right) a_k(t)\,|k(t)\rangle \tag{10.28}$$

とおく．(10.28) 式を (10.27) 式に代入すると左辺は

$$\begin{aligned}
i\frac{d}{dt}|\psi(t)\rangle &= \sum_{k=0}^{\infty} \exp\left(-i\int_0^t E_k(t')\,dt'\right) E_k(t) a_k(t)|k(t)\rangle \\
&\quad + i\sum_{k=0}^{\infty} \exp\left(-i\int_0^t E_k(t')\,dt'\right) \frac{da_k(t)}{dt}|k(t)\rangle \\
&\quad + i\sum_{k=0}^{\infty} \exp\left(-i\int_0^t E_k(t')\,dt'\right) a_k(t)\frac{d|k(t)\rangle}{dt}
\end{aligned} \tag{10.29}$$

となる．一方，(10.28) 式を (10.27) 式に入れた右辺は，(10.26) 式を使うと

$$H(t)|\psi(t)\rangle = \sum_{k=0}^{\infty} \exp\left(-i\int_0^t E_k(t')\,dt'\right) E_k(t) a_k(t)|k(t)\rangle \tag{10.30}$$

と書くことができる．(10.29) 式と (10.30) 式が等しいことから

$$\sum_{k=0}^{\infty} \exp\left(-i\int_0^t E_k(t')\,dt'\right) \left(\frac{da_k(t)}{dt}|k(t)\rangle + a_k(t)\frac{d|k(t)\rangle}{dt}\right) = 0 \tag{10.31}$$

が求められる．(10.31) 式と $\langle n(t)|$ との内積をとり，$|n\rangle$ と $|k\rangle$ の正規直交性に注意すると，

$$\begin{aligned}
&\exp\left(-i\int_0^t E_n(t')\,dt'\right) \frac{da_n(t)}{dt} \\
&\quad + \sum_{k=0}^{\infty} \exp\left(-i\int_0^t E_k(t')\,dt'\right) a_k(t)\langle n(t)|\frac{d|k(t)\rangle}{dt} = 0
\end{aligned} \tag{10.32}$$

[注14] ここでは $\hbar = 1$ としてある．

すなわち

$$\frac{da_n(t)}{dt} = -\sum_k \exp\left(-i\int_0^t (E_k(t') - E_n(t'))\,dt'\right) a_k(t)\langle n(t)|\frac{d|k(t)\rangle}{dt} \tag{10.33}$$

を得る．一方，(10.26) 式を微分すると

$$\frac{dH(t)}{dt}|k(t)\rangle + H(t)\frac{d|k(t)\rangle}{dt} = \frac{dE_k(t)}{dt}|k(t)\rangle + E_k(t)\frac{d|k(t)\rangle}{dt} \tag{10.34}$$

が得られる．これと $\langle n(t)|$ との内積をとると

$$\langle n(t)|\frac{dH(t)}{dt}|k(t)\rangle + E_n(t)\langle n(t)|\frac{d|k(t)\rangle}{dt}$$
$$= \frac{dE_k(t)}{dt}\langle n(t)|k(t)\rangle + E_k(t)\langle n(t)|\frac{d|k(t)\rangle}{dt} \tag{10.35}$$

ここで，もし $n(t) \neq k(t)$ なら $\langle n(t)|k(t)\rangle = 0$ であるから

$$\langle n(t)|\frac{d|k(t)\rangle}{dt} = \frac{\langle n(t)|\frac{dH(t)}{dt}|k(t)\rangle}{E_k(t) - E_n(t)} \tag{10.36}$$

を得る[注15]．また $n = k$ のときは，$\langle n(t)|n(t)\rangle = 1$ から

$$\langle n(t)|\frac{d|n(t)\rangle}{dt} = 0 \tag{10.37}$$

となるように固有ベクトルの位相をとることができる[注16]．(10.33) 式に (10.36) 式と (10.37) 式を代入すると，係数 $a_n(t)$ の時間変化として

$$\frac{da_n(t)}{dt} = -\sum_{k\neq n} \exp\left(-i\int_0^t (E_k(t') - E_n(t'))\,dt'\right) a_k(t) \frac{\langle n(t)|\frac{dH(t)}{dt}|k(t)\rangle}{E_k(t) - E_n(t)} \tag{10.38}$$

が得られる．

[注15] 縮退はないと仮定した．

[注16] 何故なら (10.26) 式を満たす $|k\rangle$ には位相の自由があるから，時間依存位相因子 $e^{i\alpha(t)}$ を掛けて固有ベクトルを条件 (10.37) 式を満たすように決めることができる．具体的な固有ベクトルの決め方は L. I. Schiff, *Quantum Mechanics*, Chapter 35 "methods for time-dependent problems – adiabatic approximation" (McGraw-Hill, New York, 1955) を参照．

10.2.3 断熱条件

断熱変化の下で量子計算を行った場合，エネルギー準位を時系列で追いかけると，基底状態と励起状態のエネルギー準位が接近する場合がある．励起状態が基底状態に近ければ近いほど励起確率が高くなるため，基底状態を保てなくなり，もはや断熱近似が成り立たなくなる．そこで，励起する確率を低く保つようにゆっくりと量子系を制御する必要がある．各時刻 t において，波動関数 $|\psi(t)\rangle$ がその瞬間の $H(t)$ の基底状態 $|\psi_{i=0}(t)\rangle$ に十分に近い，すなわち $\langle \psi_{i=0}(t)|\psi(t)\rangle \sim 1$ となる，という条件のためには，どのくらい大きい T をとる必要があるか，時間依存ハミルトニアンでこの問題を考えてみよう．

我々の問題は「最初に基底状態だった状態の時間発展」なので，最初 $t=0$ のときに

$$a_0 = 1, \quad a_n = 0 \quad (n \geq 1) \tag{10.39}$$

だった状態が，時間とともにどう変化するかを検討する．(10.38) 式の右辺の分母 $E_k - E_n$ を考えると，エネルギーの近い状態ほど混ざり方が大きい．したがって基底状態に対しては第一励起状態の混合が重要だから，a_1 の変化を調べてみよう．このとき，主要な寄与は基底状態から発生すると考えられるので，$a_0 \approx 1$ として他の成分を無視すると (10.38) 式は，

$$\frac{da_1(t)}{dt} \approx -\exp\left(-i\int_0^t (E_0(t') - E_1(t'))\, dt'\right) \frac{\langle 1(t)|\frac{dH(t)}{dt}|0(t)\rangle}{E_0(t) - E_1(t)} \tag{10.40}$$

となる．途中の時間 t まで積分すると a_1 は

$$a_1(t) \approx \int_0^t \exp\left(i\int_0^{t''} (E_1(t') - E_0(t'))\, dt'\right) \frac{\langle 1(t'')|\frac{dH(t'')}{dt''}|0(t'')\rangle}{E_1(t'') - E_0(t'')}\, dt'' \tag{10.41}$$

となる．ここで (10.41) 式を

$$a_1(t) \approx -i\int_0^t \left(i(E_1(t'') - E_0(t'')) \exp\left(i\int_0^{t''} (E_1(t') - E_0(t'))\, dt'\right)\right)$$
$$\times \frac{\langle 1(t'')|\frac{dH(t'')}{dt''}|0(t'')\rangle}{(E_1(t'') - E_0(t''))^2}\, dt'' \tag{10.42}$$

と変形しておく．この式を微分の関係：

$$\frac{d\left(\exp\left(i\int_0^t (E_1(t') - E_0(t'))\,dt'\right)\right)}{dt}$$
$$= i(E_1(t) - E_0(t))\exp\left(i\int_0^t (E_1(t') - E_0(t'))\,dt'\right)$$

を利用して部分積分すると

$$a_1(t) \approx -i\left[\exp\left(i\int_0^{t''} (E_1(t') - E_0(t'))\,dt'\right) \frac{\langle 1|\frac{dH(t'')}{dt''}|0\rangle}{(E_1(t'') - E_0(t''))^2}\right]_{t''=0}^{t''=t}$$
$$+ i\int_0^t \exp\left(i\int_0^{t''} (E_1(t') - E_0(t'))\,dt'\right) \frac{d\left(\frac{\langle 1|\frac{dH(t'')}{dt''}|0\rangle}{(E_1(t'') - E_0(t''))^2}\right)}{dt''}\,dt''$$

(10.43)

と計算できる．ここで，終了時間 T への依存性をはっきりさせるために，$t = Ts$ と書いて，t'' の積分では $t'' = Tu$ と変数変換して範囲を $0 < t'' < t$ から $0 < u < s$ と移して，計算を進めると

$$a_1(t) \approx \frac{-i}{T}\left[\exp\left(i\int_0^{Tu} (E_1(t') - E_0(t'))\,dt'\right) \frac{\langle 1|\frac{dH}{du}|0\rangle}{(E_1 - E_0)^2}\right]_{u=0}^{u=s}$$
$$+ \frac{i}{T}\int_0^s \exp\left(i\int_0^{Tu} (E_1(t') - E_0(t'))\,dt'\right) \frac{d\left(\frac{\langle 1|\frac{dH}{du}|0\rangle}{(E_1 - E_0)^2}\right)}{du}\,du$$
$$= \frac{-i}{T}\exp\left(i\int_0^{Ts} (E_1(t') - E_0(t'))\,dt'\right)\left(\frac{\langle 1|\frac{dH}{du}|0\rangle}{(E_1 - E_0)^2}\right)_{u=s}$$
$$- \frac{i}{T}\left(\frac{\langle 1|\frac{dH}{du}|0\rangle}{(E_1 - E_0)^2}\right)_{u=0}$$
$$+ \frac{i}{T}\int_0^s \exp\left(i\int_0^{Tu} (E_1(t') - E_0(t'))\,dt'\right) \frac{d\left(\frac{\langle 1|\frac{dH}{du}|0\rangle}{(E_1 - E_0)^2}\right)}{du}\,du$$

(10.44)

となる．系が十分にゆっくり変化して，いつも基底状態にあると見なされる条件が**断熱条件**であるが，(10.44) 式では右辺の第 2 項は $t = 0$ でのハミル

トニアンの時間変化であり，第3項は時間変化の2階微分である．これらの項のTへの依存性は小さいから，Tが十分に大きいときには無視することができる．残った第1項の大きさは

$$\left|\frac{-i}{T}\exp\left(i\int_0^{Ts}(E_1(t')-E_0(t'))\,dt'\right)\left(\frac{\langle 1|\frac{dH}{ds}|0\rangle}{(E_1-E_0)^2}\right)\right|=\frac{|\langle 1|\frac{dH}{dt}|0\rangle|}{(E_1(t)-E_0(t))^2} \tag{10.45}$$

であり，この最大値が十分に小さければ断熱条件は満たされることになる．つまり，基底状態と第一励起状態のエネルギー差E_1-E_0が大きくかつハミルトニアンの時間変化$\langle 1|\frac{dH}{dt}|0\rangle$が緩やかであれば，断熱条件が満たされることになる．(10.45)式の導出には，煩雑な手続きが必要だったが最終的な結果は，摂動論的に容易にに受け入れることができる表式になっている．

10.3 量子検索問題

第8章で述べたGroverの量子検索問題を，量子アニーリング法で考えてみよう．たとえば，N個のデータから，ある一つのデータを探す問題である．データに正規直交系をなす量子状態$|0\rangle,|1\rangle,\cdots,|N-1\rangle$を対応させ，$H_0$を

$$H_0 = I - |m\rangle\langle m| \tag{10.46}$$

とする．IはN次元の単位行列であり，mは0から$N-1$の中に存在する目的のデータの番号である．このハミルトニアンの解の一つ$|m\rangle$はエネルギー0の基底状態になっていて，他の状態$|k\rangle(k\neq m)$はH_0のエネルギー1の励起状態である．これらのN個の状態間の量子力学遷移を表すハミルトニアンとして

$$H_1 = I - |\psi_0\rangle\langle\psi_0|,\quad |\psi_0\rangle = \frac{1}{\sqrt{N}}\sum_{j=0}^{N-1}|j\rangle \tag{10.47}$$

を導入する．基底状態$|\psi_0\rangle$はすべての状態を同じ重みで足し合わせた波動関数で，目的の状態を知らなくても作ることができる．初期状態$t=0$でH_1と一致する量子アニーリング法のハミルトニアンは，時間のパラメータ$s\equiv t/T$を用いて書くと

$$H(t) = sH_0 + (1-s)H_1 \quad , s = t/T \tag{10.48}$$

となる．ハミルトニアン (10.48) 式を使って，データ検索問題を解いてみよう．このハミルトニアンの解は，解析的にすべて求めることができる．このハミルトニアンの固有値，固有関数は時間に依存するので，それぞれ $E(t)$, $|\Psi(t)\rangle$ と書くことにする．励起状態としてまず固有値 1 の固有状態は $N-2$ 個あり，次のように書ける；

$$|\Psi_k(t)\rangle = \frac{1}{\sqrt{N-1}} \left(\sum_{j=0}^{m-1} e^{i2\pi jk/(N-1)}|j\rangle + \sum_{j'=m+1}^{N-1} e^{i2\pi(j'-1)k/(N-1)}|j'\rangle \right)$$
$$(k = 0, 1, 2, \cdots, N-2 : k \neq m) \tag{10.49}$$

(10.49) 式の状態が固有値 $E_k(t) = 1$ を持つことは $\langle m|\Psi_k(t)\rangle = 0$ および $\langle \psi_0|\Psi_k(t)\rangle = 0$ [注17] から

$$H_0|\Psi_k(t)\rangle = |\Psi_k(t)\rangle, \quad H_1|\Psi_k(t)\rangle = |\Psi_k(t)\rangle \tag{10.50}$$

であるため，

$$H|\Psi_k(t)\rangle = |\Psi_k(t)\rangle \tag{10.51}$$

と確かめることができる．

次に，他の二つの固有状態を

$$|\Psi(t)\rangle = a(t)|\psi_0\rangle + b(t)|m\rangle \tag{10.52}$$

として求めてみよう．

$$H(t)|\Psi(t)\rangle = E(t)|\Psi(t)\rangle \tag{10.53}$$

として，エネルギー $E(t)$ を求めよう．$H(t)$ を，状態 (10.52) 式に作用させると，

$$H(t)|\Psi(t)\rangle = \left(sa - \frac{b(1-s)}{\sqrt{N}} \right)|\psi_0\rangle + \left((1-s)b - \frac{as}{\sqrt{N}} \right)|m\rangle \tag{10.54}$$

[注17] ここで $\langle\psi_0|\Psi_k(t)\rangle \propto \left(\sum_{j=0}^{m-1} e^{i2\pi kj/(N-1)} + \sum_{j'=m+1}^{N-1} e^{i2\pi k(j'-1)/(N-1)} \right)$．第 2 項で $j = j' - 1$ とすると $\langle\psi_0|\Psi_k\rangle \propto \sum_{j=0}^{N-2} e^{i2\pi kj/(N-1)} = 0$ となることを用いた．後者では j の和が 0 から $N-2$ のすべての値をとることに注意．

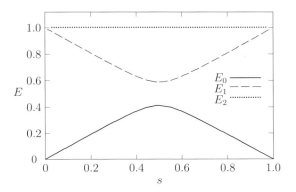

図 10.2 (10.48) 式のハミルトニアン $H(t)$ の基底状態と第 1 励起および第 2 励起状態のエネルギー．第 2 励起状態は $N-2$ 重に縮退している．横軸は時間 $s=t/T$．

となる．(10.53) 式と (10.54) 式の右辺が等しいことから，エネルギーは

$$E_{\pm}(t) = \frac{1}{2} \pm \frac{1}{2}\sqrt{1-4\left(1-\frac{1}{N}\right)s(1-s)} \quad (10.55)$$

と求まる．(10.55) 式の 2 つの固有値が，1 より小さいことは容易に確かめられる．固有値 $E_{\pm}(t)$ のエネルギー差は，

$$\Delta E(t) = \sqrt{1-4\left(1-\frac{1}{N}\right)s(1-s)} \quad (10.56)$$

であり，時間の関数として，図 10.2 のように表される．

10.4 イジングモデル
10.4.1 イジングモデルとは

イジングモデルは，磁石などの磁性体の物理的な仕組みを調べるために提案された モデル (模型) であり，上向きまたは下向きの二つの状態をとる格子点上のスピンから構成される．隣接するスピンは，相互作用および外部から与えられた磁場によってその状態が変化し，エネルギーの最小の状態が安定した物質の磁性に対応する．つまり，イジングモデルとは，固体が永久磁石になったりならなかったり，外から磁力がかかったときの磁性の変化，ま

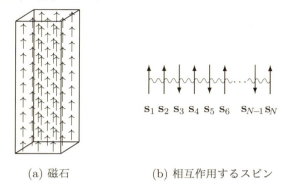

(a) 磁石　　　　　　　(b) 相互作用するスピン

図 **10.3**　磁石の，構成分子のスピンによる説明

た温度によって磁性が変化する仕組みなどをできるだけ簡単に，モデルを用いて説明しようとするものである．

　固体の中では原子の位置が格子点状に固定され，ひとつひとつの原子はスピンを持って，相互作用している．本当の磁石が2個ある場合，N極とS極が引き合い2個の磁石の向きは逆向きになる．しかしスピンの場合，周囲の状況により同じ方を向く方が安定になる (図 10.4)．

　いま，スピンの大きさは 1/2 とする．個々のスピンが上を向いたり，横を向いたりするので，本来3次元空間での向きを考えるべきであるが，簡単のために"一方向の向きだけ"（たとえば z 軸方向）を考えるのがイジングモデルである．図 10.3 のように一次元で大きさ 1/2 のスピンがたくさん一列に並

$$V = -J\sigma_1\sigma_2 \qquad\qquad V = -J\sigma_1\sigma_2$$
$$J < 0 \qquad\qquad\qquad J > 0$$

図 **10.4**　隣のスピンとの相互作用

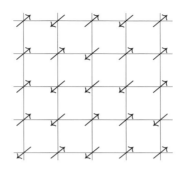

図 10.5 二次元のイジングモデル

んだ場合について，スピンごとの向きを変数とし，そのスピン系全体を考える．ハミルトニアンを Pauli のスピン行列 $\boldsymbol{\sigma} = 2\mathbf{s}$ を用いて書くことにする．最も単純な模型では，図 10.3 (b) のような一次元で N 個並んだスピンを考え，隣接するスピンの間だけに相互作用があると，そのハミルトニアンを

$$H = -J \sum_{i=1}^{N} \sigma_i^z \sigma_{i+1}^z \tag{10.57}$$

とする．ここで始点と終点が同じという条件 $\sigma_{N+1} = \sigma_1$ をとる場合もある．こういう設定は周期的境界条件といってよく仮定される．さらに現実に近づけて，二次元平面や三次元空間に格子状にスピンを並べたモデルもあるが (図10.5)，数式で厳密に解かれているものは僅かであり，多くはコンピュータを使った大規模な計算が必要になる．スピンの大きさを 1 や 3/2 に拡張したモデルもあるが，ここでは 1/2 に限っておく．

より一般的なイジングモデルのハミルトニアンは，外部からの磁場も考慮に入れて

$$H = -\frac{1}{2} \sum_{i=1}^{N} h_i \sigma_i^z - \sum_{i>j=1}^{N} J_{ij} \sigma_i^z \sigma_j^z \tag{10.58}$$

で与えられる．右辺第 1 項が外部磁場 h_i によるもので，第 2 項はスピン同士の相互作用を表している．このハミルトニアンの相互作用 J_{ij} は必ずしも隣同士のスピン間だけでなく，任意の 2 つのスピン間に働いている．

10.4.2 量子コンピュータへの応用

組合せ最適化問題を適切なイジングモデルへと変換し，そのイジングモデルの問題を量子アニーリングを用いて解くアルゴリズムが D-Wave 社の量子コンピュータである．このアルゴリズムでは，スピンはそのまま一つの量子ビットに対応させる．

ゲート方式の量子コンピュータでは，それぞれ独立した量子ビットがあり，外から一定時間，電磁場を与えることによりゲートを制御する．一方，イジングモデルを使う量子コンピュータでは，ひとつひとつのスピンがビットに対応する．ビット間すなわちスピン間には互いに相互作用を働いていると考える．特に量子アニーリングに利用するには，求めたい最適解が得られるようにビットの並び方や相互作用を工夫して，基底状態を求めるアルゴリズムをコンピュータ上に構築する必要がある．

10.4.3 量子アニーリングによる最適化法

量子アニーリング法のアルゴリズムは，与えられた問題に対してまずイジングモデルのハミルトニアン，

$$H_0 = -\frac{1}{2}\sum_{i=1}^{N} h_i \sigma_i^z - \sum_{i,j} J_{ij} \sigma_i^z \sigma_j^z \tag{10.59}$$

を適切に工夫して与える．それに加えて初期状態の重ね合わせを作るための項；

$$H_1 = -\Gamma \sum_{i=1}^{N} \sigma_i^x \tag{10.60}$$

を導入したハミルトニアンに対して，基底状態が最適解に相当するアルゴリズムである．ここでは σ_i^x は x 成分のスピン行列である．この項は横磁場と呼ばれ，係数 Γ はその強さを示している．スピン系が一定温度 T の下にある状況を考える場合は，量子統計力学の考え方からハミルトニアン

$$H = H_0 + H_1 \tag{10.61}$$

に対して，分配関数

$$Z(h_i, J_{ij}, \Gamma, \beta) = \sum_{\sigma_1{}'\sigma_2{}'\cdots\sigma_N{}'} \langle \sigma_1{}'\sigma_2{}'\cdots\sigma_N{}'|e^{-\beta H}|\sigma_1{}'\sigma_2{}'\cdots\sigma_N{}'\rangle \quad (10.62)$$

を導入し,さまざまな物理量を計算することができる.ここで温度 T の代わりに,ボルツマン定数 k により定義された逆温度 $\beta = 1/(kT)$ という変数を使っている.和の $\sigma_i{}'$ はそれぞれ $\pm$ をとり,その行列のトレース(対角成分の和を取ること)の計算を意味する.この関数 $Z(h_i, J_{ij}, \Gamma, \beta)$ が求まれば,その対数や微分などを組み合わせた操作からこの系の平均エネルギーなどいろいろな物理量が計算できる.分配関数 (10.62) 式のスピン相互作用に m という大きな整数を導入して,ここで $k = 1, 2, \cdots, m$ として

$$|\sigma_k{}'\rangle \equiv |\sigma_{1,k}{}'\sigma_{2,k}{}'\cdots\sigma_{N,k}{}'\rangle \quad (10.63)$$

を定義すると,

$$\sigma_i|\sigma_k{}'\rangle = \sigma_{i,k}{}'|\sigma_k{}'\rangle \quad (10.64)$$

と書くことができる.ここで $\sigma_{i,k}$ の "i" は i 番目のスピンを表す."k" は N 個のスピンの並びの組合せの k 番目 ($k = 1, \cdots, m$) を指定している.$\sigma_{i,k}{}'$ でその固有値を表す.かなり混みいった計算をすると,

$$H = -\sum_{i=1}^{N}\sum_{j=1}^{N}\sum_{k=1}^{m} J_{ij}\sigma_{i,k}\sigma_{j,k} - \sum_{i=1}^{N}\sum_{k=1}^{m} h_i\sigma_{i,k}$$
$$-\frac{mT}{2}\log\left(\left(\coth\frac{\Gamma}{mT}\right)\sum_{i=1}^{N}\sum_{k=1}^{m}\sigma_{i,k}\sigma_{i+1,k}\right) \quad (10.65)$$

というハミルトニアンの分配関数で近似できることが示されている.この関数形では量子的重ね合わせを生む σ_i^x が消えて,代わりに m 個のスピン系が相互作用する形になっている.この分配関数を用いて熱運動と量子的トンネル効果との両方を考慮に入れたシミュレーション手法が,従来の古典的コンピュータを使ってのアルゴリズムにも取り入れられている.このアルゴリズムはシミュレーテッドアニーリングの新しい手法として有効性が期待され,研究が進められている.

10.4.4 巡回セールスマン問題（TSP）への応用

第 3 章で紹介した巡回セールスマン問題（Traveling Salesman Problem, TSP）は数学的には，離散値をとる関数の最小値問題として考えることができる．この問題をビット列の形で扱うのに有効な方法として「QUBO 法 (Quadratic Unconstrained Binary Optimization)」が知られている．ここでしばらく古典的ビットの話に戻って TSP を考える．そこでセールスマンの行路をビット列で表し，そのビット列の関数の最小値問題にするために，0 か 1 だけとる変数 $x_{t,c}$ の組の関数として

$$H = \sum_{t,a,b} d^{a,b} x_{t,a} x_{t+1,b} \tag{10.66}$$

を導入する．ここで $x_{t,a}$ は t 番目に都市 a を通ったら 1，通らなかったら 0 と指定する論理変数で，$d^{a,b}$ は都市間距離の定数である．この H が最小になる $x_{t,c}$ の取り方を見つけることが TSP の QUBO 法による問題の書き換えとなる．ここでは出発した都市に戻る問題として，N 都市あるとき $x_{N+1,a} = x_{1,a}$ とする[注18]．

簡単のため，$N = 4$ として，その都市を A, B, C, D と名付けるなら $x_{t,a}$ は 16 個ある．その中で，たとえば A→C→D→B と行って A に戻る行路だったとしたら，その行路を表す $x_{t,a}$ のセットは

$$\begin{pmatrix} x_{1,\mathrm{A}} & x_{1,\mathrm{B}} & x_{1,\mathrm{C}} & x_{1,\mathrm{D}} \\ x_{2,\mathrm{A}} & x_{2,\mathrm{B}} & x_{2,\mathrm{C}} & x_{2,\mathrm{D}} \\ x_{3,\mathrm{A}} & x_{3,\mathrm{B}} & x_{3,\mathrm{C}} & x_{3,\mathrm{D}} \\ x_{4,\mathrm{A}} & x_{4,\mathrm{B}} & x_{4,\mathrm{C}} & x_{4,\mathrm{D}} \end{pmatrix} = \begin{pmatrix} 1 & 0 & 0 & 0 \\ 0 & 0 & 1 & 0 \\ 0 & 0 & 0 & 1 \\ 0 & 1 & 0 & 0 \end{pmatrix} \tag{10.67}$$

となる．この例では $x_{t,a} x_{t+1,b}$ のうち 0 でないのは $x_{1A} x_{2C}$, $x_{2C} x_{3D}$, $x_{3D} x_{4B}$ だけなので，H の値は

$$H = d^{\mathrm{AC}} + d^{\mathrm{CD}} + d^{\mathrm{DB}} + d^{\mathrm{BA}} \tag{10.68}$$

となって，確かに H は A→C→D→B と辿って A に戻った場合の距離となっ

[注18] ただしこうするとどの都市から出発しても同じだから最小ルートが N 重に縮退するが，この取り扱いはあとで議論する．

ている．こういう中で，距離が最小を探せばよいのであるが，無条件にビットの取り方をさがすと，自明の解全部 $x_{t,c} = 0$ という解が得られてしまう．

より現実的な問題設定として次のような条件を課す．各変数 $x_{t,a,b}$ はそれぞれ 0 か 1 のどちらかをとるが，

- 「一度に一都市しか回らない」から

$$t = 1, 2, 3, 4 \text{ のすべてについて} \qquad \sum_a x_{t,a} = 1 \qquad (10.69)$$

- 「どの都市も一度ずつ回る」

$$a = \mathrm{A}, \mathrm{B}, \mathrm{C}, \mathrm{D} \text{ のすべてについて} \qquad \sum_t x_{t,a} = 1 \qquad (10.70)$$

という条件が付く．これらはたとえば

$$C_1 \sum_t \left(\sum_a x_{t,a} - 1 \right)^2 + C_2 \sum_a \left(\sum_t x_{t,a} - 1 \right)^2 \qquad (10.71)$$

という項を H に追加した上で C_1 と C_2 を十分に大きくすれば，これらの条件を満たさない解は高いエネルギーの励起状態となり，基底状態にはなり得ないので，条件は事実上満たされることになる．ちなみに，この条件により 4 都市の巡回セールスマン問題では 16 個の $x_{t,a}$ の 0 と 1 の組合せ，全 $2^{16} = 65536$ 通りの組合せから $4! = 24$ 通りの組合せに絞られる．この組合せの中で (10.66) 式を最小にする 16 個の $x_{t,a}$ のセットを求めるのが問題となる．

ここから量子的扱いを考えてみる．ここまでは $x_{t,a}$ で表される長さ N^2 のビット列から最適なものを見つける古典的方法だったが，量子コンピュータで取り扱うためにビット $x_{t,a}$ をベクトル $\mathbf{x}_{t,a} = \begin{pmatrix} \alpha_{t,a} \\ \beta_{t,a} \end{pmatrix}$ とする．ここで $\alpha_{t,a}$ と $\beta_{t,a}$ はそれぞれ論理値 1 と 0 の成分である．TSP の 4 都市の場合，16 個の $x_{t,a}$ がすべてベクトルで表されるから，全次元は $2^{16} = 65536$ 次元となる．さらにスピン行列 $\sigma_{t,a}^z$ の固有値で論理値を扱うために，固有値 $+1$ を論理値 1 に，固有値 -1 を論理値 0 に対応させると

$$x_{t,a} \quad \rightarrow \quad \frac{\sigma_{t,a}^z + 1}{2} \qquad (10.72)$$

とスピン行列に置き換える必要がある[注19]．置き換え後は行列になっているが，固有ベクトルに作用させれば1か0の値を掛けたことになっていることは，容易に確かめられる．ハミルトニアンは(10.72)式を用いて

$$H = \sum_{t,a,b} d^{a,b} \frac{\sigma^z_{t,a}+1}{2} \frac{\sigma^z_{t+1,b}+1}{2} \tag{10.73}$$

となる．次の(10.74)式から(10.79)式までは，表記の煩雑さを避けるためσ^zのzは略す．波動関数$|\psi\rangle$は，「何回目に，どこの都市にいるか」というパターンを基底として，

$$|\psi\rangle = \sum_{\sigma_{1A}=\pm 1, \sigma_{1B}=\pm 1,\cdots} a_{\sigma_{1A}\sigma_{1B}\cdots} \left| \begin{array}{cccc} \sigma_{1A} & \sigma_{1B} & \sigma_{1C} & \sigma_{1D} \\ \sigma_{2A} & \sigma_{2B} & \sigma_{2C} & \sigma_{2D} \\ \sigma_{3A} & \sigma_{3B} & \sigma_{3C} & \sigma_{3D} \\ \sigma_{4A} & \sigma_{4B} & \sigma_{4C} & \sigma_{4D} \end{array} \right\rangle$$

$$= a_{11\cdots 11} \left| \begin{array}{cccc} \bullet & \bullet & \bullet & \bullet \\ \bullet & \bullet & \bullet & \bullet \\ \bullet & \bullet & \bullet & \bullet \\ \bullet & \bullet & \bullet & \bullet \end{array} \right\rangle + a_{11\cdots 1-1} \left| \begin{array}{cccc} \bullet & \bullet & \bullet & \bullet \\ \bullet & \bullet & \bullet & \bullet \\ \bullet & \bullet & \bullet & \bullet \\ \bullet & \bullet & \bullet & \circ \end{array} \right\rangle$$

$$+ \cdots + a_{-1-1\cdots -11} \left| \begin{array}{cccc} \circ & \circ & \circ & \circ \\ \circ & \circ & \circ & \circ \\ \circ & \circ & \circ & \circ \\ \circ & \circ & \bullet & \circ \end{array} \right\rangle + a_{-1-1\cdots -1-1} \left| \begin{array}{cccc} \circ & \circ & \circ & \circ \\ \circ & \circ & \circ & \circ \\ \circ & \circ & \circ & \circ \\ \circ & \circ & \circ & \circ \end{array} \right\rangle \tag{10.74}$$

と書ける．ただしケットベクトルの中で数字1と-1は黒石●と白石○で描いてある．解くべき問題は，この波動関数に表れる係数$a_{\sigma_{1A}\sigma_{1B}\cdots}$の下付指標（$\sigma_{1A}\sigma_{1B}\cdots$）を決めることである．なお$\left| \begin{array}{cccc} \bullet & \bullet & \bullet & \bullet \\ \bullet & \bullet & \bullet & \bullet \\ \bullet & \bullet & \bullet & \bullet \\ \bullet & \bullet & \bullet & \bullet \end{array} \right\rangle$は4回ともにAからDまで全部の都市に居ることになって不可能だが，初期状態の基底としては含まれ，条件(10.71)式を課すことで，基底状態ではそのような係数が事実上ゼロになる．ハミルトニアン(10.73)式を具体的に書いて整理すると

[注19] ゲート式の扱いでは± 1を$0,1$と「読んでおけば」こんな変換式は不要であったが，ここではハミルトニアンの期待値の大小が関わるので，この変換が必要になる．

10.4 イジングモデル

$$H = d^{AB}\Big(\frac{\sigma_{1,A}+1}{2}\frac{\sigma_{2,B}+1}{2} + \frac{\sigma_{1,B}+1}{2}\frac{\sigma_{2,A}+1}{2}$$
$$+ \frac{\sigma_{2,A}+1}{2}\frac{\sigma_{3,B}+1}{2} + \frac{\sigma_{2,B}+1}{2}\frac{\sigma_{3,A}+1}{2}$$
$$+ \frac{\sigma_{3,A}+1}{2}\frac{\sigma_{4,B}+1}{2} + \frac{\sigma_{3,B}+1}{2}\frac{\sigma_{4,A}+1}{2}$$
$$+ \frac{\sigma_{4,A}+1}{2}\frac{\sigma_{1,B}+1}{2} + \frac{\sigma_{4,B}+1}{2}\frac{\sigma_{1,A}+1}{2}\Big)$$
$$+ d^{AC}\Big(\cdots\Big) + d^{AD}\Big(\cdots\Big)$$
$$+ d^{BC}\Big(\cdots\Big) + d^{BD}\Big(\cdots\Big) + d^{CD}\Big(\cdots\Big)$$
$$= \frac{1}{4}d^{AB}\big(\sigma_{1,A}\sigma_{2,B} + \sigma_{1,B}\sigma_{2,A} + \sigma_{2,A}\sigma_{3,B} + \sigma_{2,B}\sigma_{3,A} + \cdots$$
$$\cdots + \sigma_{3,A}\sigma_{4,B} + \sigma_{3,B}\sigma_{4,A} + \sigma_{4,A}\sigma_{1,B} + \sigma_{4,B}\sigma_{1,A}\big)$$
$$+ \frac{1}{4}d^{AB}\big(\sigma_{1,A} + \sigma_{2,B} + \sigma_{1,B} + \sigma_{2,A} + \sigma_{2,A} + \sigma_{3,B} + \cdots$$
$$\cdots + \sigma_{3,A} + \sigma_{4,B} + \sigma_{3,B} + \sigma_{4,A} + \sigma_{4,A} + \sigma_{1,B} + \sigma_{4,B} + \sigma_{1,A}\big)$$
$$+ \frac{1}{4}d^{AB}(\text{定数})$$
$$+ d^{AC}\Big(\cdots\Big) + d^{AD}\Big(\cdots\Big)$$
$$+ d^{BC}\Big(\cdots\Big) + d^{BD}\Big(\cdots\Big) + d^{CD}\Big(\cdots\Big) \tag{10.75}$$

となる．このハミルトニアンを，σ に対して整理する．たとえば $\sigma_{t=1,A}$ に掛かる係数を考えてみよう．その中で，d^{AB} を係数とする項の中には，$\sigma_{1,A}$ は 2 回現れる．同様に，$d_{A,C}$ を係数とした項，$d_{A,D}$ を係数とした項にも 2 回ずつ現れる．まとめると

$$\frac{1}{2}\big(d^{AB} + d^{AC} + d^{AD}\big)\sigma_{1,A} \tag{10.76}$$

となる．これは $t=1$ だけでなるすべての t で共通だから，A に対する $\sigma_{t,A}$ は，

$$\frac{1}{2}\big(d^{AB} + d^{AC} + d^{AD}\big)\big(\sigma_{1,A} + \sigma_{2,A} + \sigma_{3,A} + \sigma_{4,A}\big) \tag{10.77}$$

と導かれる．量子的な取り扱いでは，条件 (10.70) 式に対する条件は，

$$a = \text{A, B, C, D のすべてについて} \qquad \sum_t \sigma_{t,a} = -2 \tag{10.78}$$

という条件が付き (10.77) 式は定数となる．この関係は $\sigma_{1\sim 4,\mathrm{B}}$, $\sigma_{1\sim 4,\mathrm{C}}$, $\sigma_{1\sim 4,\mathrm{D}}$ についても同じだから，$\sigma_{t,a}$ が一つ掛かっている項も定数項となる．

この性質を利用すると，定数項を省いたハミルトニアン (10.73) 式は

$$H = \frac{1}{4}\sum_{t,a,b} d^{a,b} \sigma_{t,a} \sigma_{t+1,b}, \tag{10.79}$$

となる．この式に TSP の必要条件 (10.71) 式は，いつもあると思って書くのを省いている．すなわち，「どの都市も一度だけ」，「一度に一つの都市だけ」という条件は (10.71) 式に対応する一体および二体相互作用を常にハミルトニアンに導入する必要がある．

ここで量子アニーリング法の手順を整理してみよう．(10.79) 式で 1/4 は結果に影響しないから省く．まず (10.7) 式に沿って，解くべきハミルトニアンは

$$H(t) = \frac{t}{T} H_0 + \frac{T-t}{T} H_1,$$
$$H_0 = \sum_{t,a,b} d^{a,b} \sigma^z_{t,a} \sigma^z_{t+1,b}$$

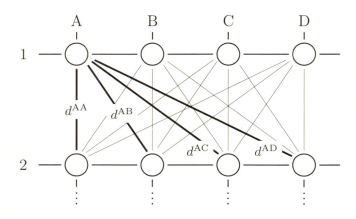

図 **10.6** 二次元格子で表した回路と相互作用としての距離．図では 1 回目から 2 回目の間の A からの回路だけ見やすくするために太く書いて，相互作用すなわち距離を書き入れた．B, C, D からの距離は書いていないが同様である．2 回目から 3 回目へのステップでも同様の図を書くことができる．

10.4 イジングモデル

$$+ C_1 \sum_t \left(\sum_a \hat{x}_{t,a} - 1 \right)^2 + C_2 \sum_a \left(\sum_t \hat{x}_{t,a} - 1 \right)^2, \quad (10.80)$$

$$H_1 = - \sum_{i=1\cdots 4;\, j=\mathrm{A}\cdots \mathrm{D}} \sigma^x_{i,j} \quad (10.81)$$

と書かれる．ここで (10.72) 式により $\hat{x}_{t,a} = \frac{\sigma_{t,a}+1}{2}$ である．
量子アニーリング計算の手順は次のようになる．

1. アニーリングの出発点は，H_1 の横磁場 σ^x を強くするため，すべての回，都市とも σ^x の固有状態

$$\frac{1}{\sqrt{2}}(|\uparrow\rangle + |\downarrow\rangle) \quad (10.82)$$

が基底状態となる．最初に H_1 だけを強くしておくと，(10.74) 式のすべての基底が等しい確率の重ね合わせになる．

$$|\psi\rangle = \left(\frac{1}{\sqrt{2}}\right)^{16} \left\{ \left| \begin{smallmatrix} \bullet & \bullet & \bullet & \bullet \\ \bullet & \bullet & \bullet & \bullet \\ \bullet & \bullet & \bullet & \bullet \\ \bullet & \bullet & \bullet & \bullet \end{smallmatrix} \right\rangle + \left| \begin{smallmatrix} \bullet & \bullet & \bullet & \bullet \\ \bullet & \bullet & \bullet & \bullet \\ \bullet & \bullet & \bullet & \bullet \\ \bullet & \bullet & \bullet & \circ \end{smallmatrix} \right\rangle \right.$$
$$\left. + \cdots + \left| \begin{smallmatrix} \circ & \circ & \circ & \circ \\ \circ & \circ & \circ & \circ \\ \circ & \circ & \circ & \circ \\ \circ & \circ & \circ & \bullet \end{smallmatrix} \right\rangle + \left| \begin{smallmatrix} \circ & \circ & \circ & \circ \\ \circ & \circ & \circ & \circ \\ \circ & \circ & \circ & \circ \\ \circ & \circ & \circ & \circ \end{smallmatrix} \right\rangle \right\} \quad (10.83)$$

2. 横磁場を小さくしていきながら TSP の項 H_0 を大きくして行くと，条件から排除される項は小さくなり，主な項は $4! = 24$ 個あり，

$$|\psi\rangle = a_{+\cdots +} \left| \begin{smallmatrix} \bullet & \circ & \circ & \circ \\ \circ & \bullet & \circ & \circ \\ \circ & \circ & \bullet & \circ \\ \circ & \circ & \circ & \bullet \end{smallmatrix} \right\rangle + a_{+\cdots -} \left| \begin{smallmatrix} \circ & \circ & \circ & \circ \\ \circ & \bullet & \circ & \circ \\ \circ & \circ & \circ & \bullet \\ \circ & \circ & \bullet & \circ \end{smallmatrix} \right\rangle$$
$$+ \cdots + a_{-\cdots -} \left| \begin{smallmatrix} \circ & \circ & \circ & \circ \\ \circ & \circ & \circ & \circ \\ \circ & \circ & \bullet & \circ \\ \circ & \bullet & \circ & \circ \end{smallmatrix} \right\rangle + a_{-\cdots -} \left| \begin{smallmatrix} \circ & \circ & \circ & \circ \\ \circ & \circ & \bullet & \circ \\ \circ & \bullet & \circ & \circ \\ \bullet & \circ & \circ & \circ \end{smallmatrix} \right\rangle$$
$$(10.84)$$

と表される．

3. 横磁場が消える頃には，スピン系が TSP のハミルトニアンの基底状態に

なっているはずである．最低でも 4 つの最短ルートがあるから，解はそれに対応する状態の重ね合わせとなっている．仮に A→C→D→B→A が最短なら B→A→C→D→B, C→D→B→A→C と D→B→A→C→D も同じ確率で解になる．また逆回り A→B→D→C→A 等も同じ確率で解になるので，

$$|\psi_f\rangle = \left(\frac{1}{\sqrt{2}}\right)^3 \Bigl\{ |\cdots\rangle + |\cdots\rangle$$
$$+ |\cdots\rangle + |\cdots\rangle$$
$$+ |\cdots\rangle + |\cdots\rangle$$
$$+ |\cdots\rangle + |\cdots\rangle \Bigr\} \tag{10.85}$$

が得られる．そのとき，各スピンの z 成分を観測すれば，$+1$ なら yes，-1 なら no に対応し，最短ルートの解が得られることになる．

10.5 量子アニーリングコンピュータの仕組み

量子アニーリングは，前に述べたように組合せ最適化問題に対して，量子力学を利用して汎用性のある解法を与える．確率的な探索法の一種であるシミュレーテッド・アニーリング(擬似焼きなまし法)における確率的探索の過程を量子力学的な処理で置き換えたものであり，古典的なシミュレーテッド・アニーリングに比べて格段に効率良く，求める解を与えることが知られている．カナダのベンチャー企業 D-Wave 社が開発して，すでに発売・稼働している量子コンピュータ D-Wave Two や D-Wave 2000Q は量子アニーリングをハードウェアレベルで実現した装置であり，初の商用量子計算機というキャッ

チフレーズにより注目を集めている．ここでは，これらの量子コンピュータがどのようにハード的に量子アニーリング法を実装しているかについての概説を述べる．

量子アニーリングで目的関数 H_0 の基底状態を見つけるには，シュレディンガー方程式に現れる演算子 $H(t)$ を上手に選ぶ必要があることを述べた．通常，次の形が用いられる；

$$H(t) = A(t)H_0 - B(t)\sum_{i=1}^{N} \sigma_i^x \tag{10.86}$$

ここで $A(t)$ は目的関数 H_0 の影響の大きさを決める係数であり，初期時刻 $t=0$ における最小値 $A(0)=0$ から最終時刻 $t=T$ での最大値 $A(T)=1$ まで単調増加する関数を選ぶ．$B(t)$ がかかった第2項は，解を求めるために与えられた外場で，量子ゆらぎを大きくする量子力学的な効果を表す．関数 $B(t)$ としては，初期値 $B(0)=1$ から最終値 $B(T)=0$ まで単調減少する関数を選ぶ．たとえば，(10.48) 式のように，$A(0)=s, B(t)=1-s, s=t/T$ のように選べばいい．σ_i^x は Pauli の2行2列のスピン行列で，下付きの添字 i は，この行列を各サイト i について割り当てることを示している．σ_i^x は，非対角行列であり，スペクトル表示では

$$\sigma_i^x = |1\rangle\langle 0| + |0\rangle\langle 1| \tag{10.87}$$

と表され，量子ビット状態 $|0\rangle$ を $|1\rangle$ に，$|1\rangle$ を $|0\rangle$ に変える演算子である．これが量子力学的な状態の遷移に対応する．

10.5.1 量子アニーリングにおけるパラメータ制御

ハミルトニアン $H(t)$ に現れる関数 $A(t)$ および $B(t)$ の初期値は，$A(0)=0$ および $B(0)=1$ と設定されているので，時刻 $t=0$ では $H(0) = -\sum_{i=1}^{N} \sigma_i^x$ であり，この演算子の最小固有値に対応する状態は第1章で示されているように ((1.64) 式参照)，

$$|\Psi(t=0)\rangle = \prod_{i=1}^{N} \left(\frac{1}{\sqrt{2}}(|0\rangle + |1\rangle)\right)_i \tag{10.88}$$

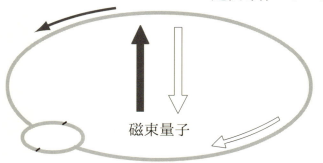

図 10.7 D-Wave 社の量子コンピュータの量子ビット (qubit) の模式図．ニオブ製のループを絶対零度近くまで冷却し超伝導状態にすると時計回りと反時計回りの2つの電流が同時に流れる．反時計回りの電流がスピン上向き $|1\rangle$ の状態，時計回りの電流がスピン下向き $|0\rangle$ の状態に対応する．2つの電流の重ね合わせにより量子ビット $\frac{1}{\sqrt{2}}(|0\rangle + |1\rangle)$ の量子回路を実現している．

と N 個の状態の積で表され，ビット列を二進数と読めば $|\Psi(t=0)\rangle$ は $|0\rangle = |00\cdots 0\rangle$ から $|2^N - 1\rangle = |11\cdots 1\rangle$ までの数の 2^N 個の状態が，同じ重み (同じ係数) で線形結合された状態になっている．すべての解の候補が同じ確率振幅 (同じ係数) を持つので，初期状態は解について全く知識がない白紙の状態から始めると解釈できる．この初期状態から出発して，時間とともに $A(t)$ を 0 から 1 に向けて増加させ，目的関数の影響を次第に大きくしていく．同時に，$B(t)$ を 1 から 0 に向けて減少させていくことにより，量子効果を次第に小さくしていく．このとき，$|\Psi(t)\rangle$ はシュレディンガー方程式に従って時間発展する．言い換えれば，すべての解の候補の線形結合 (10.2) 式の係数 $a_\alpha(t)(\alpha = 0, \cdots, 2^N - 1)$ が同時に時間変化していくので，量子力学的な並列処理と見なすことができる．このプロセスをゆっくりと行うと (断熱的)，各時刻で演算子 $H(t)$ の最小固有値に対応する状態をたどっていき，時刻 $t = T$ においては $H(T) = H_0$(目的関数) の最小固有値に対応する状態，すなわち最適化問題の解に行き着くと期待されるのである．

10.5.2 ハードウエアの構成

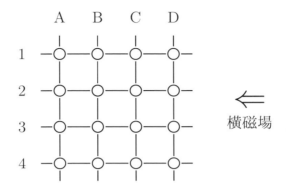

図 10.8 イジングモデルの量子回路．量子ビットを格子点に並べ，その量子ビット間の回路に微小な電流を流し，結合係数 J_{ij} を制御する．この回路に，焼きなまし法の温度に対応する横磁場をかける．まず強い磁場をかけ，量子ゆらぎを大きくし，いろいろな状態がとれるようにする．その後次第に弱めていく．すると次第に，量子ビット間の相互作用が強まり最も安定な最適解 (基底状態) が実現される．

　D-Wave 社は，量子アニーリングを直接ハードウェア的に実現する装置を開発した．図 10.7 に示されたニオブ製のループからできている微小な閉回路は，絶対零度近くまで冷却すると超伝導状態になり，時計回りと反時計回りの 2 つの電流が同時に流れる性質を持つ．この超伝導回路を基本素子とし，閉回路上を超伝導電流が右に回るか左に回るかを，それぞれ $|0\rangle$ と $|1\rangle$ に対応させ量子ビット (qubit) とする．超伝導閉回路上で実際にどちらに回っているかは測定するまで不確定であり，回路上で 2 つの状態の量子力学的な重ね合わせ $a|0\rangle + b|1\rangle$ が実現される．たとえば，右回りと左回りが完全に同じ確率なら，$(|0\rangle + |1\rangle)/\sqrt{2}$ である．こうして作られた量子ビットを縦に横に必要なビット数だけ並べ，縦横の素子が交差する場所に配置された別の超伝導回路を介して結合する．結合点の間に問題に合わせた適切な大きさの電流を流すことにより，2 つの量子ビット i, j の間の相互作用 J_{ij} を問題に合わせて決められた値に設定することが可能である．

2018 年 12 月現在, 最もビット数の多い量子コンピュータ D-Wave 2000Q は約 3 メートル立方の黒い箱だが, 2000 量子ビットを有しており中心となる超伝導回路の部分は親指の爪ほどの大きさしかない. 超伝導回路を外部磁場から遮蔽するとともに, 絶対零度に近い温度に保つための周辺装置や, 内部に人が入って各種調整をするためのスペースなどが大部分を占めている. 演算回路が超伝導素子で構成されているので, 演算自体はほとんど電力を消費しない. 従来のスーパーコンピュータが膨大な電力を消費するのに比べ, 量子コンピュータのこの省エネルギー構造は大きな利点と捉えられている. 2000 量子ビットは 3 次元的に格子状に図 10.8 のように配置されている. 量子ビット間の結合 J_{ij} や h_i を問題に応じて指定された値 (たとえば巡回セールスマン問題) に調整した後, 係数 $A(t)$ および $B(t)$ を適切に時間変化させられるように作られている. この回路に, 焼きなまし法の温度に対応する横磁場をかける. まず強い磁場をかけ, 量子ビット間の量子ゆらぎを大きくし, 解のいろいろな候補の重なり合った初期状態を作る. 次第に横磁場を弱めていくと, 次第に量子ビット間の相互作用が主になりあらかじめ設定された相互作用 J_{ij} に従って最も安定な最適解 (基底状態) に向けて, 各量子ビットが上向きや下向きに決まっていく. このような過程を繰り返すことにより, 最適解が実現されることになる.

10.6 演習問題

1. (a) (10.15) 式, および (10.16) 式を $\tilde{f}, \tilde{g}$ は対角化の条件から求めよ. ただし, θ の時間微分は無視する.

   (b) (10.19) 式, および (10.20) 式の右辺の積分を求めよ.

2. (10.53) 式と (10.54) 式から (10.55) 式を導け.

付　録

A　整数論の基礎知識

数 $1, 2, 3, \cdots$ を自然数といい，その全体を $\mathbf{N}$ で表す；

$$\mathbf{N} = \{1, 2, 3, \cdots\}. \tag{A.1}$$

自然数と 0 と負の数 $-1, -2, -3, \cdots$ を合わせて整数といい，その全体を $\mathbf{Z}$ で表す；

$$\mathbf{Z} = \{\cdots, -3, -2, -1, 0, 1, 2, 3, \cdots\}. \tag{A.2}$$

また，有理数全体を $\mathbf{Q}$，実数全体を $\mathbf{R}$，複素数全体を $\mathbf{C}$ と表す．これらの集合の包含関係は

$$\mathbf{N} \subset \mathbf{Z} \subset \mathbf{Q} \subset \mathbf{R} \subset \mathbf{C} \tag{A.3}$$

となる．

A.1　合同式

整数 a, b の差が n の倍数のとき，a と b は n を法（modulus）として合同 (congruent) であるといい，

$$a \equiv b \bmod n \tag{A.4}$$

と表される．(A.4) 式は**合同式**（congruence）と呼ばれ，この記法はガウスにより考案された．合同式には

$$a \equiv b \bmod n \text{ ならば } b \equiv a \bmod n, \tag{A.5}$$

$$a \equiv b \bmod n \text{ かつ } b \equiv c \bmod n \text{ ならば } a \equiv c \bmod n \tag{A.6}$$

と表される性質を持つために，ある数と合同な数を**同類**と呼び，不合同な数を**異類**として，すべての整数を分類できる．たとえば，2 を法とすると，すべての整数は偶数と奇数との 2 類に分類できる．

n を法として，すべての整数に対して次々に割り算を行うと剰余 $0, 1, 2, \cdots, n-1$ が周期的に表れる．つまり，n を法として整数は n 類に分割される．n を法とするとき，1 つの類に属する 1 つの整数 a がわかれば，その類に属するすべての整数は

$$a + nt \quad (t = 0, \pm 1, \pm 2, \pm 3, \cdots) \tag{A.7}$$

の形で表すことができる．相異なる n 個の類のそれぞれから，任意の 1 個の整数を取り出して作られた n 個の整数を**剰余系**と呼ぶ．また，n と互いに素である数のみを含む類を n を法とする**既約類**と呼ぶ．n を法とする既約類の数が**オイラー関数** $\varphi(n)$ である．各類の代表の中から既約類を代表する $\varphi(n)$ 個の数の組を**既約剰余系**と呼ぶ．

▶例 $n = 8$ を法として整数を分類せよ．

表 A.1 $n = 8$ を法とする整数の類

c_0	c_1	c_2	c_3	c_4	c_5	c_6	c_7
$\vdots$	$\vdots$	$\vdots$	$\vdots$	$\vdots$	$\vdots$	$\vdots$	$\vdots$
-16	-15	-14	-13	-12	-11	-10	-9
-8	-7	-6	-5	-4	-3	-2	-1
0	1	2	3	4	5	6	7
8	9	10	11	12	13	14	15
16	17	18	19	20	21	22	23
$\vdots$	$\vdots$	$\vdots$	$\vdots$	$\vdots$	$\vdots$	$\vdots$	$\vdots$

解 $n = 8$ を法として，整数を順番に割り算すると表 A.1 のように分類される．剰余類を c_i とすると類は 8 個あり，$c_i = \{c_0, c_1, \cdots, c_7\}$ となる．表 A.1 の各縦列から 1 つずつ数を選べば剰余系は，たとえば，

$$-8 \quad 1 \quad 10 \quad -13 \quad -4 \quad 5 \quad 6 \quad 23$$
$$0 \quad 1 \quad 2 \quad 3 \quad 4 \quad 5 \quad 6 \quad 7$$

のように自由に選ぶことができる．n を法として，n より小さな正の剰余を最小正剰余と呼ぶ．表 A.1 では

$$1, 2, 3, 4, 5, 6, 7 \tag{A.8}$$

が最小正剰余である．$n = 8$ に対する既約類は 4 個であり，オイラー関数は $\varphi(8) = 4$ となる．既約剰余系は，たとえば

$$\begin{array}{cccc} -7 & -13 & 5 & 15 \\ 1 & 3 & 5 & 7 \end{array}$$

のように選ぶことができる． □

▶ 例題 A.1　$a \equiv a' \bmod m$, $b \equiv b' \bmod m$ ならば，加法，減法，乗法に対する合同式

$$a \pm b \equiv (a' \pm b') \bmod m, \tag{A.9}$$

$$ab \equiv (a'b') \bmod m \tag{A.10}$$

が成り立つことを証明せよ．また，一般に $a \equiv a' \bmod m$, $b \equiv b' \bmod m$, $c \equiv c' \bmod m, \cdots$ で関数 $f(x, y, z, \cdots)$ が $x, y, z, \cdots$ に関する整係数の多項式なら

$$f(a, b, c, \cdots) \equiv f(a', b', c', \cdots) \bmod m \tag{A.11}$$

であることを示せ．

解　$a \equiv a' \bmod m$, $b \equiv b' \bmod m$ より $a - a'$ は m の倍数で

$$a = a' + \alpha m, \quad b = b' + \beta m \quad (\alpha, \beta \text{ は整数}) \tag{A.12}$$

から

$$a + b = a' + b' + (\alpha + \beta)m, \tag{A.13}$$

$$a - b = a' - b' + (\alpha - \beta)m \tag{A.14}$$

となり，加減法に対して

$$a \pm b \equiv a' \pm b' \mod m \tag{A.15}$$

また，乗法に対しては

$$ab - a'b' = (a - a')b + a'(b - b') \tag{A.16}$$
$$= (\alpha b + \beta a')m \tag{A.17}$$

より，

$$ab \equiv a'b' \mod m \tag{A.18}$$

となる．N が整数なら $Na = Na' + N\alpha m$ から

$$Na \equiv Na' \mod m \tag{A.19}$$

も成り立つ．(A.18) 式と (A.19) 式から因数の数に関係なく

$$Na^p b^q c^r \cdots \equiv Na'^p b'^q c'^r \cdots \mod m \tag{A.20}$$

が成り立ち，加え合わされる数がいくつあってもいいから

$$\sum_i N_i a^{p_i} b^{q_i} c^{r_i} \cdots \equiv \sum_i N_i a'^{p_i} b'^{q_i} c'^{r_i} \cdots \mod m \tag{A.21}$$

も成り立つ．よって，整係数の関数 $f(x, y, z, \cdots)$ に対して

$$f(a, b, c, \cdots) \equiv f(a', b', c', \cdots) \mod m \tag{A.22}$$

が成り立つ． □

▶ 例題 A.2

$$ac \equiv bc \mod m \tag{A.23}$$

のとき，最大公約数 $\gcd(c, m) = 1$ なら

$$a \equiv b \mod m \tag{A.24}$$

であり，$\gcd(c, m) = d$ なら，$m' = m/d$ として

$$a \equiv b \mod m' \tag{A.25}$$

となることを示せ.

> **解** (A.23) 式より
>
> $$ac = bc + \alpha m \quad (\alpha は整数), \tag{A.26}$$
> $$(a-b)c = \alpha m \tag{A.27}$$
>
> であり，$\gcd(c,m)=1$ なら $(a-b)$ は m の倍数であり
>
> $$a \equiv b \bmod m \tag{A.28}$$
>
> となる．一方，$\gcd(c,m)=d$ なら $m=dm'$, $c=dc'$ より
>
> $$(a-b)dc' = \alpha dm', \quad (a-b)c' = \alpha m' \tag{A.29}$$
>
> で $a-b$ は m' の倍数となり
>
> $$a \equiv b \bmod m' \quad (m' = m/d) \tag{A.30}$$
>
> となる． □

A.2 オイラーの定理（フェルマーの小定理）

自然数 n と整数 a に対して $\gcd(a,n)=1$ のとき

$$a^{\varphi(n)} \equiv 1 \bmod n \tag{A.31}$$

が成り立つことをオイラーの定理と呼ぶ．ただし $\varphi(n)$ はオイラー関数である．オイラー関数は n と互いに素な n より小さな自然数の個数を表すので，n が素数のときは $\varphi(n) = n-1$ となり，そのとき，(A.31) 式はフェルマーの小定理と呼ばれる．オイラー関数は自然数 $\{1,2,3,\cdots n\}$ の中で n と互いに素な数の個数であるから，n を法（modulus）とする既約剰余系の要素の個数に等しい．$n=12$ とすると，n より小さな互いに素な数は

$$\{1, 5, 7, 11\} \tag{A.32}$$

であり，任意の整数 k に対して n と互いに素な数

$$c_1 = 12k + 1, \tag{A.33}$$
$$c_5 = 12k + 5, \tag{A.34}$$
$$c_7 = 12k + 7, \tag{A.35}$$
$$c_{11} = 12k + 11 \tag{A.36}$$

が既約剰余類となる．その個数は $\varphi(n=12)=4$ である．既約剰余類からそれぞれ 1 つずつ選んだ

$$\{1, 5, 7, 11\}, \quad \{13, -7, 19, -1\}, \quad \cdots \tag{A.37}$$

等は既約剰余系であるが，その 1 つ $\{y_1, y_2, y_3, \cdots y_l\}$ $(l = \varphi(n))$ に $gcd(a, n) = 1$ である数 a をかけた ay_i から求められる $ay_i \equiv z_i \bmod n$ の解 z_i の集合 $\{z_1, z_2, z_3, \cdots z_l\}$ $(l = \varphi(n))$ も，やはり n を法とする既約剰余系を作ることが示される．

▶ 例題 A.3 n を法とする 1 つの既約剰余系を

$$\{y_1, y_2, y_3, \cdots, y_l\} \quad (l = \varphi(n)) \tag{A.38}$$

とする．この既約剰余系に n と互いに素な整数 a をかけた数も n を法とする既約剰余系を作ることを示せ．

解 ay_i に対しての合同式

$$ay_i \equiv z_i \bmod n \tag{A.39}$$

の解 z_i の集合 $\{z_1, \cdots, z_l\}$ が既約剰余系を作ることは，$gcd(a, n) = gcd(y_i, n) = 1$ の関係を用いて次のように証明できる．もし異なる 2 つの元 $y_i \neq y_j$ に対して

$$ay_i \equiv ay_j \bmod n \tag{A.40}$$

が成り立つとすると，$gcd(a, n) = 1$ であるから例題 A.2 の (A.23) 式と (A.24) 式より

$$y_i \equiv y_j \bmod n \tag{A.41}$$

が成り立つことになり，y_i と y_j が既約剰余系の 2 つの異なる元であるこ

とに矛盾する．よって，z_i と z_j はやはり剰余系の異なる元になる．また，$\gcd(a,n) = \gcd(y_i,n) = 1$ から $\gcd(ay_i,n) = 1$ となり，z_i は既約剰余系の元であることがわかる．以上から，$\{z_1,\cdots,z_l\}$ が既約剰余系を作ることが示された． □

たとえば (A.37) 式の既約剰余系 $\{1,5,7,11\}$ に $a=5$ をかけると

$$\{a=5, 5a=25, 7a=35, 11a=55\} \xrightarrow{\text{mod }(12)} \{5,1,11,7\} \quad (A.42)$$

となり，順番は変わるが既約剰余系を作っていることがわかる．

オイラーの定理の証明

自然数 n を法とする合同式から求められる既約剰余系 $\{y_1,y_2,\cdots,y_l\}$ から作られる 2 つの積

$$P = y_1 y_2 \cdots y_l, \tag{A.43}$$
$$Q = ay_1 \, ay_2 \cdots ay_l = a^l P \tag{A.44}$$

を考える．ここで整数 a は $\gcd(n,a) = 1$ を満たす．$\{y_1,\cdots,y_l\}$ と $\{ay_1,\cdots,ay_l\}$ はいずれも既約剰余系だから，各 ay_i に対し例題 A.3 より

$$ay_i \equiv y_j \bmod n \tag{A.45}$$

を満たす y_j がただ 1 つ存在し，y_j の集合は既約剰余系を作り，すべての元の積は P となる．よって，例題 A.1 の合同式の乗法の定理 (A.10) 式より

$$Q \equiv a^l P \equiv P \bmod n \tag{A.46}$$

が導かれる．また，$\gcd(P,n) = 1$ だから，例題 A.2 で証明されたように (A.46) 式の両辺を P で割っても合同式は成り立つから

$$a^l \equiv a^{\varphi(n)} \equiv 1 \bmod n \tag{A.47}$$

が求まり，オイラーの定理が証明された．n が素数の場合は (A.47) 式はフェルマーの小定理と呼ばれる．

▶例 オイラーの定理の例

i) $n=7, a=2$ とすると $\varphi(7)=6$ で，$2^6 = 64$ であり，

$$2^6 \equiv 1 \bmod 7, \quad 2^6 - 1 = 63 = 7 \times 9.$$

ii) $n = 8, a = 9$ とすると $\varphi(8) = 4$ から，$9^4 = 6561$ で
$$9^4 \equiv 1 \bmod 8, \quad 9^4 - 1 = 6560 = 8 \times 820.$$

iii) $n = 19, a = 2$ とすると $\varphi(19) = 18$ から，$2^{18} = 262144$ で
$$2^{18} \equiv 1 \bmod 19, \quad 2^{18} - 1 = 262143 = 19 \times 13797.$$

iv) $n = 11, a = 7$ とすると $\varphi(11) = 10$ から，$7^{10} = 282475249$ で
$$7^{10} \equiv 1 \bmod 11, \quad 7^{10} - 1 = 282475248 = 11 \times 25679568.$$

A.3 ユークリッドの互除法

ユークリッドの互除法は 2 つの自然数 a, b の最大公約数を求めるためのアルゴリズムである．

命題 ユークリッドの互除法

<u>ステップ 1</u> : $a > b$ として
a を b で割り，余りを r_1 とする．
<u>ステップ 2</u> :
b を r_1 で割り，余りを r_2 とする．
<u>ステップ 3</u> :
r_1 を r_2 で割り，余りを r_3 とする．
$$\vdots$$
<u>ステップ $n+1$</u> :
r_{n-1} を r_n で割り，余り $r_{n+1} = 0$ となったときに計算は終了し
$$\gcd(a, b) = r_n \tag{A.48}$$
と求められる．

証明
$$a = qb + r \quad (0 < r < b) \tag{A.49}$$
に対して，$\gcd(a, b) = d$ とすると

$$a = da', \quad b = db' \ (a', b' \in \mathbf{Z}) \tag{A.50}$$

と書ける．また $\gcd(b, r) = f$ とすると

$$b = fb'', \quad r = fr'' \ (b'', r'' \in \mathbf{Z}) \tag{A.51}$$

となる．(A.49) 式と (A.51) 式から

$$a = qfb'' + fr'' = f(qb'' + r'') \tag{A.52}$$

となり，f は a と b の約数となる．d は a と b の最大公約数だから，$f \leqq d$ である．一方，(A.49) 式より

$$r = a - qb = da' - qdb' = d(a' - qb') \tag{A.53}$$

となり，d は b と r の約数であることがわかる．f が b と r の最大公約数だから $d \leqq f$ である．よって $d = f$ が証明され，

$$\gcd(a, b) = \gcd(b, r) \tag{A.54}$$

となる．

ユークリッドの互除法のアルゴリズムでは

$$a = q_1 b + r_1 \ (b > r_1), \tag{A.55}$$

$$b = q_2 r_1 + r_2 \ (r_1 > r_2), \tag{A.56}$$

$$r_1 = q_3 r_2 + r_3 \ (r_2 > r_3), \tag{A.57}$$

$$\vdots$$

$$r_{n-1} = q_{n+1} r_n + r_{n+1} \ (r_n > r_{n+1} = 0) \tag{A.58}$$

となる．(n+1) 回のステップで $\gcd(r_{n-1}, r_n) = r_n$ となるが，(A.54) 式から

$$\gcd(a, b) = \gcd(b, r_1) = \gcd(r_1, r_2) = \cdots = \gcd(r_{n-1}, r_n) = r_n \tag{A.59}$$

が示されるから，a, b の最大公約数

$$\gcd(a, b) = r_n \tag{A.60}$$

が求められることになる． □

▶ 例題 A.4 195 と 143 の最大公約数を求めよ．

解 ユークリッドの互除法により
$$195 = 1 \times 143 + 52,$$
$$143 = 2 \times 52 + 39,$$
$$52 = 1 \times 39 + 13,$$
$$39 = 3 \times 13 + 0$$

となり，$\gcd(195, 143) = 13$ が求まる．また，最小公倍数も
$$195 \times 143 / \gcd(195, 143) = 2145$$
と求まる． □

A.4 ディオファントスの方程式（不定方程式）

　係数が整数で 2 つ以上の未知数を含む方程式の整数解を求める問題は，解が存在すると無数の整数解があるために不定方程式と呼ばれる．1 次不定方程式の解法は西暦 300 年頃アレキサンドリアで活躍したとされるディオファントス（Diophantus）の著書『アリスメティカ（Arithmetica，算術）』に記述されている．そのために，整数係数の不定方程式は一般にディオファントス方程式と呼ばれる．

　整数 a, b, d と未知数 x, y に対する 1 次不定方程式
$$ax + by = d \ (ab \neq 0) \tag{A.61}$$
の整数解を求める問題を考える．特に $d = \gcd(a, b)$ のとき，またはその整数倍のときはユークリッドの互除法を用いて解を求めることができる．

▶ 例題 A.5
$$195x + 143y = 13 \tag{A.62}$$
の不定解を求めよ．

[解] 例題 A.4 のユークリッドの互除法を逆に考えていくと

$$13 = 52 - 1 \times 39. \tag{A.63}$$

ここに1つ前のステップ $39 = 143 - 2 \times 52$ を代入すると

$$13 = 52 - 1 \times (143 - 2 \times 52) = 3 \times 52 - 1 \times 143. \tag{A.64}$$

次に $52 = 195 - 143$ を代入すると

$$\begin{aligned}13 &= 3 \times (195 - 143) - 143 \\ &= 3 \times 195 - 4 \times 143\end{aligned} \tag{A.65}$$

となり, $195x + 143y = 13$ は $x = 3, y = -4$ の解を持つことがわかる. 一般解は x, y を

$$x = 3 + t_1 k, \quad y = -4 + t_2 k \ (k \in \mathbf{Z}) \tag{A.66}$$

と表して, (A.62)式に代入すると

$$195 \times (3 + t_1 k) + 143(-4 + t_2 k) = 13 \tag{A.67}$$

から

$$195 t_1 + 143 t_2 = 0 \tag{A.68}$$

(A.68)式を $\gcd(195, 143) = 13$ で割ると

$$15 t_1 + 11 t_2 = 0 \tag{A.69}$$

となり, $t_1 = 11, t_2 = -15$ を選ぶと

$$x = 3 + 11k, \quad y = -4 - 15k \ (k \in \mathbf{Z}) \tag{A.70}$$

が (A.62) 式の一般解となる. □

ディオファントスの方程式 (A.61) の一般解は, $d = \gcd(a, b)$ のときの解の1つが x_1 と y_1 とすると, $a' = \frac{a}{d}, b' = \frac{b}{d}$ より

$$x = x_1 + b' k, \quad y = y_1 - a' k \tag{A.71}$$

と求まる．一般に一次の不定方程式

$$ax + by = d \tag{A.72}$$

が解を持つための必要十分条件は d が $\gcd(a,b)$ で割り切れることである．

A.5 中国式剰余定理

中国式剰余定理はユークリッドの互除法の1種である．この解法は西暦300年頃に中国で書かれた「孫子算経」に見られるため，中国式剰余定理または孫子剰余定理と呼ばれる．

▶ 命題　n 個の互いに素な自然数 m_i $(i = 1, \cdots, n)$ $(\gcd(m_i, m_j) = 1 \text{ if } i \neq j)$ に対する連立方程式

$$x \equiv a_1 \bmod m_1,$$
$$x \equiv a_2 \bmod m_2,$$
$$\vdots$$
$$x \equiv a_n \bmod m_n \tag{A.73}$$

を満たす解 x が常に存在し，どの解も $M = m_1 m_2 \cdots m_n$ を法として合同である．

証明　まず $M_i = M/m_i$ を定義すると，$\gcd(M_i, m_i) = 1$ だから

$$M_i N_i \equiv 1 \bmod m_i \tag{A.74}$$

の合同式を満たす N_i が存在することは，ディオファントスの方程式を用いて次のように示される．(A.74) 式をある整数 b を用いて

$$M_i N_i - m_i b = 1 \tag{A.75}$$

と表すと，未知数 N_i と b を持つ一次の不定方程式であり，A.1.4項で示されたように，右辺が $\gcd(M_i, m_i) = 1$ で割り切れるから (A.75) 式は解を持つ．

$$x = \sum_{i=1}^{n} a_i M_i N_i \tag{A.76}$$

と定義すると $M_i N_i \equiv 1 \bmod m_i$ であり，$i \neq j$ に対しては $M_j N_j = 0 \bmod m_i$ だから，合同式の加法の定理より

$$x \equiv \sum_{i=1}^{n} a_i M_i N_i \equiv a_i \bmod m_i \tag{A.77}$$

が導かれ，(A.76) 式の x が連立方程式 (A.73) の解であることが示された．

次に法 M についての解の一意性を証明する．x と x' が共に連立方程式 (A.73) の解としてみよう．するとその差はすべての m_i に対して

$$x - x' \equiv 0 \bmod m_i \quad (i = 1, 2, \cdots, n) \tag{A.78}$$

だから，$\gcd(m_i, m_j) = 1$ $(i \neq j)$ なので $M = m_1 m_2 \cdots m_n$ に対しても

$$x - x' \equiv 0 \bmod M \tag{A.79}$$

であり

$$x \equiv x' \bmod M \tag{A.80}$$

が導かれ，2つの解 x と x' は M を法として合同である． □

▶ 例題 A.6 （オイラー関数の乗法性）

m, n が互いに素であるとき，積 mn のオイラー関数 $\varphi(mn)$ は $\varphi(mn) = \varphi(m)\varphi(n)$ と $\varphi(m)$ と $\varphi(n)$ の積として求めることができることを示せ．

解 $M = mn$ より小さな，かつ M と互いに素な自然数の個数が $\varphi(mn)$ である．いま $x = \{x_1, x_2, \cdots, x_{\varphi(m)}\}$ および $y = \{y_1, y_2, \cdots, y_{\varphi(n)}\}$ をそれぞれ，m, n を法とする既約剰余系とすれば x, y の $\varphi(m)\varphi(n)$ 個の組合せの各々に対して

$$z \equiv x_i \bmod m,$$
$$z \equiv y_j \bmod n$$

を満たす z が M を法として1つずつ存在する（中国式剰余定理）．このとき，z はもちろん M と互いに素であるから $\gcd(z, M) = 1$ である．逆に $\gcd(z, M) = 1$ なら，$\gcd(z, m) = 1$, $\gcd(z, n) = 1$ であるから

$$z = x_i \bmod m,$$
$$z = y_j \bmod n$$

である (x_i, y_j) は一意的に決まってしまう．つまり，M を法とする既約剰余系 z の中の 1 つの数と (x_i, y_j) との間に一対一の対応が成り立つ．したがって，$\varphi(M) = \varphi(mn) = \varphi(m)\varphi(n)$ が証明された． □

▶例　$m = 3$, $n = 7$ の場合にオイラー関数の乗法性を考えてみる．この場合 $M = mn = 21$ である．$\varphi(m) = 2$, $\varphi(n) = 6$ より，それぞれの既約剰余系

$$x = \{1, 2\}, \quad y = \{1, 2, 3, 4, 5, 6\}$$

とすると，x, y のそれぞれの数に対して中国式剰余定理より z は表 A.2 のように決定される．小さい順に整理すると

$$z = \{1, 2, 4, 5, 8, 10, 11, 13, 16, 17, 19, 20\}$$

となり，$\varphi(M) = 12 = 2 \cdot 6 = \varphi(m)\varphi(n)$ が成り立っていることがわかる．

表 **A.2**　既約剰余系 x, y, z

x	1	1	1	1	1	1	2	2	2	2	2	2
y	1	2	3	4	5	6	1	2	3	4	5	6
z	1	16	10	4	19	13	8	2	17	11	5	20

B　連分数展開

$a_0, \cdots, a_N$ を正の整数として連分数は

$$a_0 + \cfrac{1}{a_1 + \cfrac{1}{a_2 + \cfrac{1}{a_3 + \cfrac{1}{a_4 + \cfrac{1}{\cdots + \cfrac{1}{a_N}}}}}} \tag{B.1}$$

B 連分数展開

と定義される．(B.1) 式は

$$[a_0, \cdots, a_N] \tag{B.2}$$

とも書かれる．$n < N$ のとき $[a_0, \cdots, a_n]$ は $[a_0, \cdots, a_N]$ の第 n 近似と呼ぶ．第 n 近似を p_n/q_n と書くと

$$\begin{aligned} &p_0 = a_0, \quad q_0 = 1, \\ &\text{および} \\ &\frac{p_1}{q_1} = a_0 + \frac{1}{a_1} = \frac{a_0 a_1 + 1}{a_1} \end{aligned} \tag{B.3}$$

より

$$p_1 = a_0 a_1 + 1, \quad q_1 = a_1 \tag{B.4}$$

これを繰り返すと

$$\begin{aligned} p_1 &= a_1 p_0 + 1, \quad \cdots \quad p_n = a_n p_{n-1} + p_{n-2}, \\ q_1 &= a_1 q_0, \quad\quad\quad \cdots \quad q_n = a_n q_{n-1} + q_{n-2} \end{aligned} \tag{B.5}$$

と p_n と q_n に対する漸化式が求まる．連分数を用いてすべての正の有理数 x は次のような手順で書き表せる．$\lfloor x \rfloor$ は x より小さな最大の整数を表すとする（同じものも含む）．また，$\lceil x \rceil$ は x より大きな最小の整数を表す．

$$\begin{aligned} a_0 &= \lfloor x \rfloor, \\ x &= a_0 + \xi_0 \; (0 \le \xi_0 < 1) \end{aligned} \tag{B.6}$$

- $\xi_0 \ne 0$ なら $a_1 = \lfloor \frac{1}{\xi_0} \rfloor$ として

$$\frac{1}{\xi_0} = a_1 + \xi_1 \; (0 \le \xi_1 < 1)$$

- $\xi_1 \ne 0$ なら $a_2 = \lfloor \frac{1}{\xi_1} \rfloor$

これを $\xi_n = 0$ になるまで繰り返す．

▶ 例題 B.1 $x = \dfrac{19}{11}$ を連分数で表せ．

解 次のような手続きで求まる.

$$a_0 = 1 \qquad \xi_0 = \frac{19}{11} - 1 = \frac{8}{11}.$$
$$a_1 = \lfloor \tfrac{11}{8} \rfloor = 1 \quad \xi_1 = \frac{11}{8} - 1 = \frac{3}{8}.$$
$$a_2 = \lfloor \tfrac{8}{3} \rfloor = 2 \quad \xi_2 = \frac{8}{3} - 2 = \frac{2}{3}.$$
$$a_3 = \lfloor \tfrac{3}{2} \rfloor = 1 \quad \xi_3 = \frac{3}{2} - 1 = \frac{1}{2}.$$
$$a_4 = 2.$$

よって

$$x = 1 + \cfrac{1}{1 + \cfrac{1}{2 + \cfrac{1}{1 + \cfrac{1}{2}}}}$$

$$= 1 + \cfrac{1}{1 + \cfrac{1}{2 + \cfrac{2}{3}}}$$

$$= 1 + \cfrac{1}{1 + \cfrac{3}{8}}$$

$$= 1 + \frac{8}{11}$$

$$= \frac{19}{11}.$$

□

▶ **例題 B.2** 2行2列の行列式

$$\begin{vmatrix} p_n & p_{n-1} \\ q_n & q_{n-1} \end{vmatrix} = (-1)^{n-1}$$

を証明せよ.

B 連分数展開

[解] p_n の漸化式より

$$\begin{vmatrix} p_n & p_{n-1} \\ q_n & q_{n-1} \end{vmatrix} = \begin{vmatrix} p_{n-1}a_n + p_{n-2} & p_{n-1} \\ q_{n-1}a_n + q_{n-2} & q_{n-1} \end{vmatrix}$$

$$= \begin{vmatrix} p_{n-2} & p_{n-1} \\ q_{n-2} & q_{n-1} \end{vmatrix} = -\begin{vmatrix} p_{n-1} & p_{n-2} \\ q_{n-1} & q_{n-2} \end{vmatrix}$$

となり，これを $n-1$ 回繰り返すと

$$\begin{vmatrix} p_n & p_{n-1} \\ q_n & q_{n-1} \end{vmatrix} = (-1)^{n-1} \begin{vmatrix} p_1 & p_0 \\ q_1 & q_0 \end{vmatrix} = (-1)^{n-1} \begin{vmatrix} a_1 a_0 + 1 & a_0 \\ a_1 & 1 \end{vmatrix}$$

$$= (-1)^{n-1} \begin{vmatrix} 1 & a_0 \\ 0 & 1 \end{vmatrix} = (-1)^{n-1}$$

となる． □

▶[命題] p と q を整数とし，x と p/q がそれぞれ有理数で，

$$\left| \frac{p}{q} - x \right| \leq \frac{1}{2q^2} \tag{B.7}$$

を満たすとき p/q は x の連分数近似である．

[証明] p/q は連分数 $[a_0, \cdots, a_n]$ で表されるとする．(B.7) 式を $|\delta| < 1$ を用いて

$$x = \frac{p}{q} + \frac{\delta}{2q^2}$$

と表す．また λ を

$$\lambda = 2\frac{q_n p_{n-1} - p_n q_{n-1}}{\delta} - \frac{q_{n-1}}{q_n}$$

と定義すると

$$\frac{\lambda p_n + p_{n-1}}{\lambda q_n + q_{n-1}} = \frac{2p_n q_n(q_n p_{n-1} - p_n q_{n-1}) + \delta(q_n p_{n-1} - p_n q_{n-1})}{2q_n^2(q_n p_{n-1} - p_n q_{n-1})}$$

$$= \frac{p_n}{q_n} + \frac{\delta}{2q_n^2} = x$$

となり，x は連分数 $x = [a_0, \cdots, a_n, \lambda]$ で表される．n を偶数とすると，(B.7) 式より $p_n q_{n-1} - q_n p_{n-1} = -1$ なので

$$\lambda = \frac{2}{\delta} - \frac{q_{n-1}}{q} > 2 - 1 = 1$$

となり，λ は 1 より大きい有理数なので $\lambda = [b_0, \cdots, b_m]$ と表される．結局，$x = [a_0, \cdots, a_n, b_0, \cdots, b_m]$ となり $p/q = [a_0, \cdots, a_n]$ は x の n 次の連分数近似である． □

演習問題 解答

第 1 章

1 (1.81) 式, (1.82) 式から

$$|\updownarrow\rangle = \frac{1}{\sqrt{2}}\{|R\rangle + |L\rangle\}, \tag{1}$$

$$|\leftrightarrow\rangle = -\frac{i}{\sqrt{2}}\{|R\rangle - |L\rangle\} \tag{2}$$

であり,

$$|\Psi\rangle_{12} = \frac{1}{\sqrt{2}}\{|R\rangle_1|R\rangle_2 + |L\rangle_1|L\rangle_2\} \tag{3}$$

となる.

2 s_y の $\pm 1/2$ の固有値を持つ固有状態を $|\uparrow_y\rangle, |\downarrow_y\rangle$ とする. まず,

$$|\uparrow_y\rangle = c|\uparrow_z\rangle + d|\downarrow_z\rangle = \begin{pmatrix} c \\ d \end{pmatrix} \tag{4}$$

と, 規格化条件から

$$|c|^2 + |d|^2 = 1. \tag{5}$$

つぎに,

$$\sigma_y|\uparrow_y\rangle = \begin{pmatrix} 0 & -i \\ i & 0 \end{pmatrix} \begin{pmatrix} c \\ d \end{pmatrix} = \begin{pmatrix} -id \\ ic \end{pmatrix} = \begin{pmatrix} c \\ d \end{pmatrix} \tag{6}$$

から

が求まる．c を正の実数とすると

$$|\uparrow_y\rangle = \frac{1}{\sqrt{2}}\begin{pmatrix}1\\i\end{pmatrix} = \frac{1}{\sqrt{2}}(|\uparrow_z\rangle + i|\downarrow_z\rangle) \tag{8}$$

となる．また，$|\downarrow_y\rangle$ に対しては

$$\sigma_y|\downarrow_y\rangle = \begin{pmatrix}0 & -i\\i & 0\end{pmatrix}\begin{pmatrix}c'\\d'\end{pmatrix} = \begin{pmatrix}-id'\\ic'\end{pmatrix} = -\begin{pmatrix}c'\\d'\end{pmatrix} \tag{9}$$

から，$d' = -ic'$ となり

$$|\downarrow_y\rangle = \frac{1}{\sqrt{2}}\begin{pmatrix}1\\-i\end{pmatrix} = \frac{1}{\sqrt{2}}(|\uparrow_z\rangle - i|\downarrow_z\rangle) \tag{10}$$

となる．

3

$$\begin{aligned}[\mathbf{s}^2, s_z] &= [s_x^2, s_z] + [s_y^2, s_z] + [s_z^2, s_z]\\ &= s_x[s_x, s_z] + [s_x, s_z]s_x + s_y[s_y, s_z] + [s_y, s_z]s_y\\ &= s_x\left(-\frac{i}{2}s_y\right) + \left(-\frac{i}{2}s_y\right)s_x + s_y\frac{i}{2}s_x + \frac{i}{2}s_xs_y = 0\end{aligned} \tag{11}$$

となり，$\mathbf{s}^2$ と s_z が可換であることが証明された．$[\mathbf{s}^2, s_x] = [\mathbf{s}^2, s_y] = 0$ となることも同様に証明できる．ここで $[s_i^2, s_j]$ に対する関係

$$\begin{aligned}[s_i^2, s_j] &= s_i^2 s_j - s_j s_i^2\\ &= s_i(s_is_j - s_js_i) + (s_is_j - s_js_i)s_i\\ &= s_i[s_i, s_j] + [s_i, s_j]s_i\end{aligned} \tag{12}$$

を用いた．

4 (1.50) 式は

第 1 章 **271**

$$\begin{aligned}
[\sigma_x, \sigma_y] =& \big[(|\uparrow\rangle\langle\downarrow| + |\downarrow\rangle\langle\uparrow|), -i(|\uparrow\rangle\langle\downarrow| - |\downarrow\rangle\langle\uparrow|)\big] \\
=& -i(|\uparrow\rangle\langle\downarrow| + |\downarrow\rangle\langle\uparrow|)(|\uparrow\rangle\langle\downarrow| - |\downarrow\rangle\langle\uparrow|) \\
& + i(|\uparrow\rangle\langle\downarrow| - |\downarrow\rangle\langle\uparrow|)(|\uparrow\rangle\langle\downarrow| + |\downarrow\rangle\langle\uparrow|) \\
=& -i\big(-|\uparrow\rangle\langle\uparrow| + |\downarrow\rangle\langle\downarrow|\big) + i\big(|\uparrow\rangle\langle\uparrow| - |\downarrow\rangle\langle\downarrow|\big) \\
=& 2i\big(|\uparrow\rangle\langle\uparrow| - |\downarrow\rangle\langle\downarrow|\big) = 2i\sigma_z
\end{aligned}$$

(13)

と証明できる．$[\sigma_y, \sigma_z] = 2i\sigma_x, [\sigma_z, \sigma_x] = 2i\sigma_y$ も同様に証明できる．また，(1.51) 式は

$$\begin{aligned}
\{\sigma_x, \sigma_y\} =& \sigma_x\sigma_y + \sigma_y\sigma_x \\
=& -i\big(-|\uparrow\rangle\langle\uparrow| + |\downarrow\rangle\langle\downarrow|\big) - i\big(|\uparrow\rangle\langle\uparrow| - |\downarrow\rangle\langle\downarrow|\big) \\
=& 0.
\end{aligned}$$

また，$\{\sigma_y, \sigma_z\} = \{\sigma_z, \sigma_x\} = 0$ も同様に証明できる．

5

$$\begin{aligned}
[l_x, l_y] =& [yp_z - zp_y, zp_x - xp_z] \\
=& [yp_z, zp_x] + [zp_y, xp_z] \\
=& y[p_z, z]p_x + x[z, p_z]p_y \\
=& -iyp_x + ixp_y = l_z.
\end{aligned}$$

ここで (1.33) 式と $[ab, c] = a[b, c] + [a, c]b$ の関係を用いた．$[l_y, l_z] = il_x$，$[l_z, l_x] = il_y$ も同様に証明できる．

6 偏光状態，$|\leftrightarrow\rangle$，$|\updownarrow\rangle$ は x 方向，y 方向の 3 次元ベクトルと考えることができるから，z 軸のまわりに $d\alpha$ だけ回転させると

$$\begin{aligned}
D_z(d\alpha)|\leftrightarrow\rangle =& \cos d\alpha |\leftrightarrow\rangle + \sin d\alpha |\updownarrow\rangle \\
\approx& |\leftrightarrow\rangle + d\alpha |\updownarrow\rangle, \\
D_z(d\alpha)|\updownarrow\rangle =& \cos d\alpha |\updownarrow\rangle - \sin d\alpha |\leftrightarrow\rangle \\
\approx& |\updownarrow\rangle - d\alpha |\leftrightarrow\rangle
\end{aligned}$$

と変換される．ここで，$d\alpha \ll 1$ とした．よって

$$D_z(d\alpha)|L\rangle = \frac{1}{\sqrt{2}}\{|\updownarrow\rangle - d\alpha|\leftrightarrow\rangle - i|\leftrightarrow\rangle - id\alpha|\updownarrow\rangle\}$$

$$= (1-id\alpha)\frac{1}{\sqrt{2}}\{|\updownarrow\rangle - i|\leftrightarrow\rangle\}$$

$$= (1-id\alpha)|L\rangle, \tag{14}$$

$$D_z(d\alpha)|R\rangle = \frac{1}{\sqrt{2}}\{|\updownarrow\rangle - d\alpha|\leftrightarrow\rangle + i|\leftrightarrow\rangle + id\alpha|\updownarrow\rangle\}$$

$$= (1+id\alpha)|R\rangle \tag{15}$$

(1.96) 式からの $D_z(d\alpha) \approx 1 - il_z d\alpha$ と (14) 式，(15) 式の比較から

$$l_z|L\rangle = +1|L\rangle, \quad l_z|R\rangle = -1|R\rangle$$

が求められる．光子のスピンの大きさが 1 なので，$|L\rangle$ の円偏光状態は進行方向とスピンが平行，$|R\rangle$ の円偏光状態は進行方向とスピンが反平行である．

ヘリシティー h は，粒子の運動量方向の単位ベクトルを $\hat{p}$ とすると

$$h = (\mathbf{l} \cdot \hat{\mathrm{p}})$$

と定義される．円偏光状態 $|L\rangle, |R\rangle$ は xy 平面に偏光しているので，運動量方向は

$$\hat{\mathrm{p}} = \boldsymbol{\varepsilon}_1 \times \boldsymbol{\varepsilon}_2 = \boldsymbol{\varepsilon}_3$$

と z 方向になる．よってヘリシティーは

$$h = l_z$$

で表され，

$$h(L) = +1, \quad h(R) = -1$$

のヘリシティーを持つ．

第2章

[1] (2.2) 式から

$$\mathbf{S}^2 = \frac{1}{2}(3 + \boldsymbol{\sigma}_1 \boldsymbol{\sigma}_2)$$

$|\Psi^{(+)}\rangle$ に対しては (2.4) 式で非対角項の位相が + となり

$$\langle \Psi^{(+)}|\boldsymbol{\sigma}_1 \cdot \boldsymbol{\sigma}_2|\Psi^{(+)}\rangle = {}_1\langle \uparrow|{}_2\langle \downarrow|\{\sigma_{x_1}\sigma_{x_2} + \sigma_{y_1}\sigma_{y_2}\}|\downarrow\rangle_1|\uparrow\rangle_2$$
$$+ {}_1\langle \uparrow|{}_2\langle \downarrow|\sigma_{z_1}\sigma_{z_2}|\uparrow\rangle_1|\downarrow\rangle_2$$
$$= (1 \cdot 1 - i \cdot i) + (1 \cdot (-1)) = 1$$

より

$$\langle \Psi^{(+)}|\mathbf{S}^2|\Psi^{(+)}\rangle = S(S+1) = 2$$

となり，全スピンは $S = 1$ と求められた.

<u>2</u>

$$|\Psi\rangle_{123} = |\phi\rangle_1 |\Psi\rangle_{23}$$
$$= (a|\uparrow\rangle_1 + b|\downarrow\rangle_1)\frac{1}{\sqrt{2}}\{|\uparrow\rangle_2|\downarrow\rangle_3 - |\downarrow\rangle_2|\uparrow\rangle_3\}$$
$$= \frac{a}{\sqrt{2}}\{|\uparrow\rangle_1|\uparrow\rangle_2|\downarrow\rangle_3 - |\uparrow\rangle_1|\downarrow\rangle_2|\uparrow\rangle_3\}$$
$$+ \frac{b}{\sqrt{2}}\{|\downarrow\rangle_1|\uparrow\rangle_2|\downarrow\rangle_3 - |\downarrow\rangle_1|\downarrow\rangle_2|\uparrow\rangle_3\} \qquad (16)$$

(16) 式に

$$|\uparrow\rangle_1|\uparrow\rangle_2 = \frac{1}{\sqrt{2}}\left\{|\Phi^{(+)}\rangle + |\Phi^{(-)}\rangle\right\},$$
$$|\downarrow\rangle_1|\downarrow\rangle_2 = \frac{1}{\sqrt{2}}\left\{|\Phi^{(+)}\rangle - |\Phi^{(-)}\rangle\right\},$$
$$|\uparrow\rangle_1|\downarrow\rangle_2 = \frac{1}{\sqrt{2}}\left\{|\Psi^{(+)}\rangle + |\Psi^{(-)}\rangle\right\},$$
$$|\downarrow\rangle_1|\uparrow\rangle_2 = \frac{1}{\sqrt{2}}\left\{|\Psi^{(+)}\rangle - |\Psi^{(-)}\rangle\right\}$$

を代入すると (2.9) 式が求まる.

<u>3</u> 図 2.7 の $\mathbf{a}, \mathbf{b}, \mathbf{a}', \mathbf{b}'$ の配置より

$$E_{ab} = \frac{2\phi}{\pi} - 1,$$
$$E_{ab'} = \frac{2(\theta+\chi)}{\pi} - 1,$$
$$E_{a'b'} = \frac{2\chi}{\pi} - 1,$$
$$E_{a'b} = \frac{2(\theta-\phi)}{\pi} - 1$$

であり，

$$S = \left|\frac{2\phi}{\pi} - 1 - \left(\frac{2(\theta+\chi)}{\pi} - 1\right)\right| + \left|\frac{2\chi}{\pi} - 1 + \frac{2(\theta-\phi)}{\pi} - 1\right|$$
$$= 2\frac{\theta+\chi-\phi}{\pi} \pm 2\left(1 - \frac{\theta+\chi-\phi}{\pi}\right)$$

となる．測定器の配置から $\pi \geqq \theta+\chi-\phi \geqq 0$ であることに注意すると

$$S = 2$$

となり，CHSH 不等式を満たしていることが示された．

第3章

1. テープの左のマス目から順に，2^0 の桁の数字，2^1 の数字，の順に入力してあるとする．計算の方針としては，一番下の桁に 1 を足して，桁上がりがなければ停止，桁上がりがあれば制御部に 1 を入れて，ヘッドをテープの次のマス目に移動して，同様の動作をすればよい．

- 制御部の状態：$q = 0, 1$
- テープ記号：0 か 1 か B の 3 種類
- 動作規則： 次の表に従う．

制御部状態	テープ記号		
	0	1	B
0	Halt	Halt	Halt
1	01R	10R	01R

- 初期状態：$q = 1$ でヘッドはテープ左端とする．

第4章

1. ● フレドキンゲートについては，(4.29) 式より $A = A'$ となる．あとは，$A' = A = 0$ のとき B と C は不変，$A' = A = 1$ のときは B と C が交換されるので，(4.29)～(4.31) 式の入力と出力の文字を逆にした関係：

$$A = A',$$
$$B = (\overline{A'} \cdot B') + (A' \cdot C'),$$
$$C = (\overline{A'} \cdot C') + (A' \cdot B')$$

となる．

● トッフォリゲートについては，(4.33) 式と (4.34) 式より入力 A と B はそれぞれ出力 A' と B' に等しい．C は (4.35) 式の両辺に $\oplus (A \cdot B)$ を作用させることにより

$$\text{左辺} = C' \oplus (A \cdot B) = C' \oplus (A' \cdot B'),$$
$$\text{右辺} = C \oplus (A \cdot B) \oplus (A \cdot B)$$
$$= C \oplus ((A \cdot B) \oplus (A \cdot B))$$
$$= C \oplus 0$$

よって $C' \oplus (A' \cdot B')$ を得る．すなわち，これも (4.33)～(4.35) 式において入力と出力の文字を逆にしたものとなる．

2. たとえば図 1 のようにすればよい．

3. たとえば，例題 4.5 を参考にして，図 2 のようにすれば A と B に対して $A + B$ を出力することができる．

4. たとえば図 3 のようにすればよい．

5. ベクトル $\begin{pmatrix} u_0 \\ \vdots \\ u_{q-1} \end{pmatrix}$ をベクトル $\begin{pmatrix} f_0 \\ \vdots \\ f_{q-1} \end{pmatrix}$ に変換する行列 T の要素は，(4.37) 式より

276 演習問題 解答

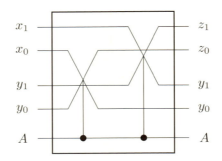

図1 フレドキンゲートでマルチプレクサ

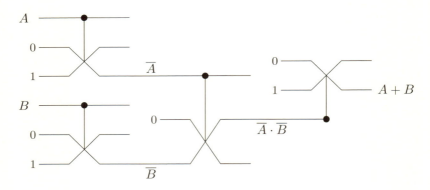

図2 フレドキンゲートを組み合わせた OR ゲート

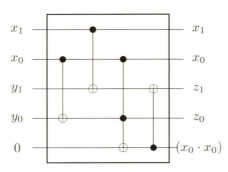

図3 $Z = X + Y \pmod 4$ の加算器

$$T_{ca} = \frac{1}{\sqrt{q}} e^{2\pi i ac/q}$$

である．その中の c 番目と c' 番目の行ベクトル同士の内積は

$$\sum_{a=0}^{q-1} T_{ca}^* T_{c'a} = \frac{1}{q} \sum_{a=0}^{q-1} e^{2\pi i a(c-c')/q}$$

となり，この和は解析的に求められて

$$\sum_{a=0}^{q-1} T_{ca}^* T_{c'a} = \begin{cases} \dfrac{1}{q} \cdot \dfrac{1 - e^{2\pi i(c-c')}}{1 - e^{2\pi i(c-c')/q}} = 0 & (c \neq c' \text{のとき}) \\ \dfrac{1}{q} \cdot q = 1 & (c = c' \text{のとき}) \end{cases}$$
$$= \delta_{cc'}$$

となる．したがって，T はユニタリ行列，すなわち変換はユニタリなので，逆行列は $R = T^\dagger$ すなわち $R_{ac} = (T_{ca})^* = \frac{1}{\sqrt{q}} e^{-2\pi i ac/q}$ であり (4.38) 式で逆変換できる．

6 $|a_2 a_1 a_0\rangle = |000\rangle, |001\rangle, |010\rangle, |011\rangle, |100\rangle, |101\rangle, |110\rangle, |111\rangle$ の変換に対する行列において，最初の a_2 成分のアダマール変換は

$$\frac{1}{\sqrt{2}} \begin{pmatrix} 1 & 0 & 0 & 0 & 1 & 0 & 0 & 0 \\ 0 & 1 & 0 & 0 & 0 & 1 & 0 & 0 \\ 0 & 0 & 1 & 0 & 0 & 0 & 1 & 0 \\ 0 & 0 & 0 & 1 & 0 & 0 & 0 & 1 \\ 1 & 0 & 0 & 0 & -1 & 0 & 0 & 0 \\ 0 & 1 & 0 & 0 & 0 & -1 & 0 & 0 \\ 0 & 0 & 1 & 0 & 0 & 0 & -1 & 0 \\ 0 & 0 & 0 & 1 & 0 & 0 & 0 & -1 \end{pmatrix} \tag{17}$$

で表される．以後，順に

$$\begin{pmatrix} 1 & 0 & 0 & 0 & 0 & 0 & 0 & 0 \\ 0 & 1 & 0 & 0 & 0 & 0 & 0 & 0 \\ 0 & 0 & 1 & 0 & 0 & 0 & 0 & 0 \\ 0 & 0 & 0 & 1 & 0 & 0 & 0 & 0 \\ 0 & 0 & 0 & 0 & 1 & 0 & 0 & 0 \\ 0 & 0 & 0 & 0 & 0 & 1 & 0 & 0 \\ 0 & 0 & 0 & 0 & 0 & 0 & e^{i\pi/2} & 0 \\ 0 & 0 & 0 & 0 & 0 & 0 & 0 & e^{i\pi/2} \end{pmatrix}, \begin{pmatrix} 1 & 0 & 0 & 0 & 0 & 0 & 0 & 0 \\ 0 & 1 & 0 & 0 & 0 & 0 & 0 & 0 \\ 0 & 0 & 1 & 0 & 0 & 0 & 0 & 0 \\ 0 & 0 & 0 & 1 & 0 & 0 & 0 & 0 \\ 0 & 0 & 0 & 0 & 1 & 0 & 0 & 0 \\ 0 & 0 & 0 & 0 & 0 & e^{i\pi/4} & 0 & 0 \\ 0 & 0 & 0 & 0 & 0 & 0 & 1 & 0 \\ 0 & 0 & 0 & 0 & 0 & 0 & 0 & e^{i\pi/4} \end{pmatrix},$$

$$\frac{1}{\sqrt{2}} \begin{pmatrix} 1 & 0 & 1 & 0 & 0 & 0 & 0 & 0 \\ 0 & 1 & 0 & 1 & 0 & 0 & 0 & 0 \\ 1 & 0 & -1 & 0 & 0 & 0 & 0 & 0 \\ 0 & 1 & 0 & -1 & 0 & 0 & 0 & 0 \\ 0 & 0 & 0 & 0 & 1 & 0 & 1 & 0 \\ 0 & 0 & 0 & 0 & 0 & 1 & 0 & 1 \\ 0 & 0 & 0 & 0 & 1 & 0 & -1 & 0 \\ 0 & 0 & 0 & 0 & 0 & 1 & 0 & -1 \end{pmatrix}, \begin{pmatrix} 1 & 0 & 0 & 0 & 0 & 0 & 0 & 0 \\ 0 & 1 & 0 & 0 & 0 & 0 & 0 & 0 \\ 0 & 0 & 1 & 0 & 0 & 0 & 0 & 0 \\ 0 & 0 & 0 & e^{i\pi/2} & 0 & 0 & 0 & 0 \\ 0 & 0 & 0 & 0 & 1 & 0 & 0 & 0 \\ 0 & 0 & 0 & 0 & 0 & 1 & 0 & 0 \\ 0 & 0 & 0 & 0 & 0 & 0 & 1 & 0 \\ 0 & 0 & 0 & 0 & 0 & 0 & 0 & e^{i\pi/2} \end{pmatrix},$$

$$\frac{1}{\sqrt{2}} \begin{pmatrix} 1 & 1 & 0 & 0 & 0 & 0 & 0 & 0 \\ 1 & -1 & 0 & 0 & 0 & 0 & 0 & 0 \\ 0 & 0 & 1 & 1 & 0 & 0 & 0 & 0 \\ 0 & 0 & 1 & -1 & 0 & 0 & 0 & 0 \\ 0 & 0 & 0 & 0 & 1 & 1 & 0 & 0 \\ 0 & 0 & 0 & 0 & 1 & -1 & 0 & 0 \\ 0 & 0 & 0 & 0 & 0 & 0 & 1 & 1 \\ 0 & 0 & 0 & 0 & 0 & 0 & 1 & -1 \end{pmatrix}, \begin{pmatrix} 1 & 0 & 0 & 0 & 0 & 0 & 0 & 0 \\ 0 & 0 & 0 & 0 & 1 & 0 & 0 & 0 \\ 0 & 0 & 1 & 0 & 0 & 0 & 0 & 0 \\ 0 & 0 & 0 & 0 & 0 & 0 & 1 & 0 \\ 0 & 1 & 0 & 0 & 0 & 0 & 0 & 0 \\ 0 & 0 & 0 & 0 & 0 & 1 & 0 & 0 \\ 0 & 0 & 0 & 1 & 0 & 0 & 0 & 0 \\ 0 & 0 & 0 & 0 & 0 & 0 & 0 & 1 \end{pmatrix}$$

となる．(17) 式から始めて順に左側にかけていけば，結果 $\frac{1}{\sqrt{8}}e^{2\pi iac}$ ($a=0,1,\ldots,7,\ c=0,1,\ldots,7$) の行列要素の行列を得る．

7 微分方程式の解は

$$|x(t)\rangle = \exp\left(\frac{V}{i}t\right)|x(t=0)\rangle$$

となる．ここで，スピンの指数関数に対する公式 ($X = \sigma_x$ とした)

$$\exp(-iXt) = \mathbf{1} - iX + (-iX)^2/2 + (-iX)^3/3 + \cdots$$
$$= \cos t\,\mathbf{1} - i\sin t\,X \tag{18}$$

を用いると

$$\exp\left(\frac{V}{i}t\right) = \exp\left\{t\begin{pmatrix} 0 & -1 \\ 1 & 0 \end{pmatrix}\right\}$$

$$= \cos t \mathbf{1} + \sin t \begin{pmatrix} 0 & -1 \\ 1 & 0 \end{pmatrix} = \begin{pmatrix} \cos t & -\sin t \\ \sin t & \cos t \end{pmatrix}$$

となり，この式からは直接アダマールゲートはできない．ただし，$t = 7\pi/4$ のとき，

$$\frac{1}{\sqrt{2}} \begin{pmatrix} 1 & 1 \\ -1 & 1 \end{pmatrix} = \frac{1}{\sqrt{2}} \begin{pmatrix} 1 & 0 \\ 0 & -1 \end{pmatrix} \begin{pmatrix} 1 & 1 \\ 1 & -1 \end{pmatrix} \qquad (19)$$

となり，アダマールゲートにパウリのスピン行列 $Z = \sigma_z$ のかかったものとなる．また，$t = 3\pi/4$ では

$$\frac{1}{\sqrt{2}} \begin{pmatrix} -1 & -1 \\ 1 & -1 \end{pmatrix} = -\frac{1}{\sqrt{2}} \begin{pmatrix} 1 & 0 \\ 0 & -1 \end{pmatrix} \begin{pmatrix} 1 & 1 \\ 1 & -1 \end{pmatrix} \qquad (20)$$

と全体の符号を除いてアダマールゲートにスピン行列 Z のかかったものになる．

第 5 章

1̄ (5.17) 式の対数を取ると

$$M \leq L - \log_2 L! + \log(L - qL)! + \log qL! \qquad (21)$$

となる．スターリングの公式より

$$\log_2 L! = \log_2 e \ln L! \cong \log_2 e (L \ln L - L) \qquad (22)$$

となり，(21) 式は

$$\begin{aligned} M &\leq L - \log_2 e \left(L \ln L - L - (L - qL) \ln(L - qL) + (L - qL) \right. \\ &\quad \left. - qL \ln qL + qL \right) \\ &= L - \log_2 e (L \ln L - (L - qL) \ln(L - qL) - qL \ln qL) \\ &= L[1 + (1 - q) \ln(1 - q) + q \ln q] \end{aligned} \qquad (23)$$

となる．

2̄ 最大値については，$\sum_{i=1}^{N} p_i = 1$ に注意しながら，不等式

を利用すれば
$$\ln x \leq x - 1 \tag{24}$$
$$I \leq \log_2 N \tag{25}$$
が示される．なぜなら

$$\begin{aligned}
\left(-\sum_{i=1}^{N} p_i \ln p_i\right) - \ln N &= \left(-\sum_{i=1}^{N} p_i \ln p_i\right) - \left(\sum_{i=1}^{N} p_i\right) \ln N \\
&= -\sum_{i}^{N} p_i (\ln p_i + \ln N) \\
&= \sum_{i=1}^{N} p_i \ln\left(\frac{1}{N p_i}\right) \\
&\leq \sum_{i=1}^{N} p_i \left(\frac{1}{N p_i} - 1\right) \\
&= \frac{1}{N}\left(\sum_{i=1}^{N} 1\right) - \sum_{i=1}^{N} p_i \\
&= 0 \tag{26}
\end{aligned}$$

より，対数の底を e から 2 に変更すればよい．等号は $p_1 = p_2 = \ldots = p_N = 1/N$ のときに成立する．したがって最大値は $\log_2 N$ である．

最小値は，どれか 1 つの p_i のみが 1 でその他が 0 というときにすべての項が 0 となるので，これが最小値となる．

第 6 章

[1] x^a は $a = a_{n-1} 2^{n-1} + a_{n-2} 2^{n-2} + \cdots + a_1 2^1 + a_0 2^0$ を用いると
$$x^a = x^{a_{n-1} 2^{n-1}} x^{a_{n-2} 2^{n-2}} \cdots x^{a_1 2^1} x^{a_0 2^0} \tag{27}$$
と書ける．2 つの整数 a, b に対して
$$a \equiv a' \bmod N,$$
$$b \equiv b' \bmod N$$

なら，合同式の乗法定理 (A.18) 式より

$$ab \equiv a'b' \bmod N.$$

この乗法定理を (27) 式に応用すると

$$x^{a_{n-1}2^{n-1}} \equiv x'_{n-1} \bmod N,$$
$$x^{a_{n-2}2^{n-2}} \equiv x'_{n-2} \bmod N,$$
$$\vdots$$
$$x^{a_1 2^1} \equiv x'_1 \bmod N,$$
$$x^{a_0 2^0} \equiv x'_0 \bmod N$$

から

$$\begin{aligned}x^a &= x^{a_{n-1}2^{n-1}} x^{a_{n-2}2^{n-2}} \cdots x^{a_1 2^1} x^{a_0 2^0} \\ &\equiv x'_{n-1} x'_{n-2} \cdots x'_1 x'_0 \ \bmod \ N\end{aligned}$$

となり，(6.83) 式が証明された．

2 初期状態を

$$|\psi_1\rangle = |0\rangle|0\rangle|0\rangle \tag{28}$$

とする．第 1 レジスタ，第 2 レジスタはそれぞれ n ビットの状態である．

ステップ 1：

アダマール変換を第 1，第 2 レジスタに作用させる．$q = 2^n$ として

$$|\psi_2\rangle = \frac{1}{q} \sum_{x_1, x_2 = 0}^{q-1} |x_1\rangle|x_2\rangle|0\rangle \tag{29}$$

となる．

ステップ 2：

オラクル演算子 U を $|\psi_2\rangle$ に作用させる．

$$|\psi_3\rangle = U|\psi_2\rangle = \frac{1}{q} \sum_{x_1, x_2 = 0}^{q-1} |x_1\rangle|x_2\rangle|f(x_1, x_2)\rangle \tag{30}$$

ここで, s が (6.84) 式の解とすると $f(x_1, x_2) = b^{x_1} a^{x_2} = a^{sx_1+x_2}$ mod N と書けるから,

$$|\psi_3\rangle = \frac{1}{q} \sum_{x_1,x_2=0}^{q-1} |x_1\rangle|x_2\rangle|a^{sx_1+x_2} \bmod N\rangle \qquad (31)$$

となる. (6.49) 式

$$|a^{sx_1+x_2} \bmod N\rangle = \sum_{t=0}^{r-1} \frac{1}{\sqrt{r}} e^{2\pi i(sx_1+x_2)t/r} |\Phi_t\rangle \qquad (32)$$

を用いて第 3 レジスタ状態を書き換えると

$$|\psi_3\rangle = \frac{1}{q}\frac{1}{\sqrt{r}} \sum_{t=0}^{r-1} \left[\sum_{x_1=0}^{q-1} e^{2\pi i s x_1 t/r} |x_1\rangle \sum_{x_2=0}^{q-1} e^{2\pi i x_2 t/r} |x_2\rangle |\Phi_t\rangle \right] \qquad (33)$$

となり, 状態 $|x_1\rangle$, $|x_2\rangle$ についてフーリエ変換が実行されていることになる. ここで r は $a^r \equiv 1 \bmod N$ を満たす位数である.

__ステップ 3__ :

状態 x_1, x_2 に対して逆フーリエ変換を行う;

$$\begin{aligned}|\psi_4\rangle &= \mathrm{QFT}^\dagger_{x_1} \mathrm{QFT}^\dagger_{x_2} |\psi_3\rangle \\ &= \frac{1}{q^2}\frac{1}{\sqrt{r}} \sum_{t=0}^{r-1} \left[\sum_{x_1,y_1=0}^{q-1} e^{2\pi i x_1(st/r - y_1/q)} |y_1\rangle \right] \left[\sum_{x_2,y_2=0}^{q-1} e^{2\pi i x_2(t/r - y_2/q)} |y_2\rangle \right] |\Psi_t\rangle. \end{aligned} \qquad (34)$$

(34) 式で x_1 と x_2 のそれぞれの和を取ると

$$|\psi_4\rangle = \frac{1}{\sqrt{r}} \sum_{t=0}^{r-1} \left|\widetilde{st\frac{q}{r}}\right\rangle \left|\widetilde{t\frac{q}{r}}\right\rangle |\Psi_t\rangle \qquad (35)$$

となり, 第 1 レジスタと第 2 レジスタの異なった周期性を観測し, その周期の比から, 離散対数問題の解 s が決定される.

第 7 章

1

$$\cos\left(\frac{\pi}{2} - \phi_A\right) = \sin\phi_A, \quad \cos\phi_A + \sin\phi_A = \sqrt{2}\cos\left(\phi_A - \frac{\pi}{4}\right)$$

を用いて

$$\cos(-\phi_A)\cos\left(\frac{\pi}{4} - \theta_B\right) + \cos\left(\frac{\pi}{2} - \phi_A\right)\cos\left(\frac{\pi}{4} - \theta_B\right)$$
$$= \sqrt{2}\cos\left(\phi_A - \frac{\pi}{4}\right)\cos\left(\frac{\pi}{4} - \theta_B\right)$$

また,$\sin\phi_A - \cos\phi_A = \sqrt{2}\sin\left(\phi_A - \frac{\pi}{4}\right)$ より

$$-\cos(-\phi_A)\cos\left(\frac{3}{4}\pi - \theta_B\right) + \cos\left(\frac{\pi}{2} - \phi_A\right)\cos\left(\frac{3}{4}\pi - \theta_B\right)$$
$$= \sqrt{2}\sin\left(\phi_A - \frac{\pi}{4}\right)\cos\left(\frac{3}{4}\pi - \theta_B\right)$$
$$= \sqrt{2}\sin\left(\phi_A - \frac{\pi}{4}\right)\sin\left(\theta_B - \frac{\pi}{4}\right)$$
$$= -\sqrt{2}\sin\left(\phi_A - \frac{\pi}{4}\right)\sin\left(\frac{\pi}{4} - \theta_B\right)$$

よって (7.69) 式は

$$\sqrt{2}\cos\left(\phi_A - \frac{\pi}{4}\right)\cos\left(\frac{\pi}{4} - \theta_B\right) - \sqrt{2}\sin\left(\phi_A - \frac{\pi}{4}\right)\sin\left(\frac{\pi}{4} - \theta_B\right)$$
$$= \sqrt{2}\cos(\phi_A - \phi_B)$$

となる.

2   1. 図 7.6 より

$$|P(\mathbf{a}, \mathbf{b}) - P(\mathbf{a}, \mathbf{b}')| = |\cos(\alpha + \beta) - \cos(\alpha - \beta)|$$
$$= 2|\sin\alpha \sin\beta|.$$

したがって,

$$\begin{cases} \alpha = \pm\pi/2 \text{ のとき} & \text{最大値: } 2\sin\beta \\ \alpha = 0, \pi \text{ のとき} & \text{最小値: } 0 \end{cases}$$

2. 図 7.6 より

$$|P(\mathbf{a}',\mathbf{b}) + P(\mathbf{a}',\mathbf{b}')| = |\cos(\alpha' + \beta) + \cos(\alpha' - \beta)|$$
$$= 2|\cos\alpha' \cos\beta|$$

したがって,

$$\begin{cases} \alpha' = 0, \pi \text{のとき} & \text{最大値}: 2\cos\beta \\ \alpha' = \pm\pi/2 \text{のとき} & \text{最小値}: 0 \end{cases}$$

3. 以上より

- 最大値を取るのは $\alpha = \pm\pi/2$, $\alpha' = 0, \pi$ のときで

$$2\sin\beta + 2\cos\beta = 2\sqrt{2}\sin(\beta + \pi/4)$$

したがって $\beta = \pi/4$ のとき最大値 $2\sqrt{2}$ を取る.

- 最小値は $\alpha = 0, \pi$, $\alpha' = \pm\pi/2$ のときで, β にかかわらず最小値 0 を取る.

第 8 章

[1] $\sin\dfrac{\theta}{2} = \dfrac{1}{\sqrt{8}}$, $\cos\dfrac{\theta}{2} = \sqrt{\dfrac{7}{8}}$ から三角関数の加法定理を順に用いて

$$\sin\theta = 2\sin\dfrac{\theta}{2}\cos\dfrac{\theta}{2} = \dfrac{\sqrt{7}}{4}, \quad \cos\theta = \dfrac{3}{4}$$

$$\sin\left(\dfrac{3}{2}\theta\right) = \sin\dfrac{\theta}{2}\cos\theta + \cos\dfrac{\theta}{2}\sin\theta = \dfrac{5}{4\sqrt{2}}, \quad \cos\left(\dfrac{3}{2}\theta\right) = \dfrac{1}{4}\sqrt{\dfrac{7}{2}}$$

$$\sin\left(\dfrac{5}{2}\theta\right) = \sin\left(\dfrac{3\theta}{2}\right)\cos\theta + \cos\left(\dfrac{3\theta}{2}\right)\sin\theta = \dfrac{11}{8\sqrt{2}}$$

が導かれ,

$$P(z_0)_{k=1} = \dfrac{25}{32},$$
$$P(z_0)_{k=2} = \dfrac{121}{128}$$

となる.

2 (1)
$$|\psi\rangle = \sqrt{\frac{N-M}{N}}|\alpha\rangle + \sqrt{\frac{M}{N}}|\beta\rangle$$
から
$$\sin\frac{\theta}{2} = \sqrt{\frac{M}{N}} = \sqrt{\frac{1}{4}} = \frac{1}{2} \quad\Rightarrow\quad \theta = \frac{\pi}{3}$$

(2)
$$\frac{2k+1}{2}\theta = \frac{2k+1}{2}\frac{\pi}{3} \approx \frac{\pi}{2} \quad\Rightarrow\quad k \approx 1 \quad\Rightarrow\quad 1\,\text{回}$$

(3)
$$|\psi\rangle = \frac{1}{2}\begin{pmatrix}1\\1\\1\\1\end{pmatrix}$$

(4)
$$U_f = \begin{pmatrix} 1 & 0 & 0 & 0 \\ 0 & 1 & 0 & 0 \\ 0 & 0 & -1 & 0 \\ 0 & 0 & 0 & 1 \end{pmatrix}$$

(5)
$$2\cdot\frac{1}{2}\begin{pmatrix}1\\1\\1\\1\end{pmatrix}\cdot\frac{1}{2}\begin{pmatrix}1 & 1 & 1 & 1\end{pmatrix} - \begin{pmatrix} 1 & 0 & 0 & 0 \\ 0 & 1 & 0 & 0 \\ 0 & 0 & 1 & 0 \\ 0 & 0 & 0 & 1 \end{pmatrix}$$

$$= \frac{1}{2}\begin{pmatrix} 1 & 1 & 1 & 1 \\ 1 & 1 & 1 & 1 \\ 1 & 1 & 1 & 1 \\ 1 & 1 & 1 & 1 \end{pmatrix} - \begin{pmatrix} 1 & 0 & 0 & 0 \\ 0 & 1 & 0 & 0 \\ 0 & 0 & 1 & 0 \\ 0 & 0 & 0 & 1 \end{pmatrix}$$

$$= \frac{1}{2}\begin{pmatrix} -1 & 1 & 1 & 1 \\ 1 & -1 & 1 & 1 \\ 1 & 1 & -1 & 1 \\ 1 & 1 & 1 & -1 \end{pmatrix}\begin{pmatrix} 1 & 0 & 0 & 0 \\ 0 & 1 & 0 & 0 \\ 0 & 0 & -1 & 0 \\ 0 & 0 & 0 & 1 \end{pmatrix}$$

$$= \frac{1}{2}\begin{pmatrix} -1 & 1 & 1 & 1 \\ 1 & -1 & 1 & 1 \\ 1 & 1 & -1 & 1 \\ 1 & 1 & 1 & -1 \end{pmatrix}$$

(6)

$$U(G) = \frac{1}{2}\begin{pmatrix} -1 & 1 & 1 & 1 \\ 1 & -1 & 1 & 1 \\ 1 & 1 & -1 & 1 \\ 1 & 1 & 1 & -1 \end{pmatrix}\begin{pmatrix} 1 & 0 & 0 & 0 \\ 0 & 1 & 0 & 0 \\ 0 & 0 & -1 & 0 \\ 0 & 0 & 0 & 1 \end{pmatrix}$$

$$= \frac{1}{2}\begin{pmatrix} -1 & 1 & -1 & 1 \\ 1 & -1 & -1 & 1 \\ 1 & 1 & 1 & 1 \\ 1 & 1 & -1 & -1 \end{pmatrix}$$

(7) 演算子を $k=1$ 回作用させたものは,

$$U(G)|\psi\rangle = \frac{1}{2}\begin{pmatrix} -1 & 1 & -1 & 1 \\ 1 & -1 & -1 & 1 \\ 1 & 1 & 1 & 1 \\ 1 & 1 & -1 & -1 \end{pmatrix}\frac{1}{2}\begin{pmatrix} 1 \\ 1 \\ 1 \\ 1 \end{pmatrix}$$

$$= \frac{1}{4}\begin{pmatrix} 0 \\ 0 \\ 4 \\ 0 \end{pmatrix} = \begin{pmatrix} 0 \\ 0 \\ 1 \\ 0 \end{pmatrix} = |2\rangle$$

第9章

1 関数 $f(|\mathbf{R}-\mathbf{r}|)$ の $\mathbf{R}$ の近傍でのテーラー展開から

$$f(|\mathbf{R}-\mathbf{r}|) \approx f(|\mathbf{R}|) + \sum_i \frac{\partial f(|\mathbf{R}|)}{\partial X_i}(-x_i) \tag{36}$$

ここで,

$$\frac{\partial f(|\mathbf{R}|)}{\partial X_i} = \frac{\partial}{\partial X_i}\frac{1}{|\mathbf{R}-\mathbf{r}|}\bigg|_{r=0} = -\frac{X_i}{|\mathbf{R}-\mathbf{r}|^3}\bigg|_{r=0} = -\frac{X_i}{R^3} \tag{37}$$

より,

$$\frac{1}{|\mathbf{R}-\mathbf{r}|} \approx \frac{1}{R} + \sum_i \frac{X_i x_i}{R^3} = \frac{1}{R} + \frac{(\mathbf{R}\cdot\mathbf{r})}{R^3} \tag{38}$$

2 具体的な数字を入れると

$$\begin{pmatrix} a_0(t) \\ a_1(t) \end{pmatrix} = \begin{pmatrix} \exp(5it) & 0 \\ 0 & \exp(-5it) \end{pmatrix} \begin{pmatrix} \cos\frac{t}{2} & i\sin\frac{t}{2} \\ i\sin\frac{t}{2} & \cos\frac{t}{2} \end{pmatrix} \begin{pmatrix} 1 \\ 0 \end{pmatrix}$$
$$= \begin{pmatrix} \exp(5it) & 0 \\ 0 & \exp(-5it) \end{pmatrix} \begin{pmatrix} \cos\frac{t}{2} \\ i\sin\frac{t}{2} \end{pmatrix} = \begin{pmatrix} \exp(5it)\cos\frac{t}{2} \\ i\exp(-5it)\sin\frac{t}{2} \end{pmatrix} \tag{39}$$

ここで,一般に,状態ベクトル $\begin{pmatrix} a_0 \\ a_1 \end{pmatrix}$ に対してどうなるか見ておくと,

$$\langle s_x \rangle = \begin{pmatrix} a_0^* & a_1^* \end{pmatrix} \begin{pmatrix} 0 & \frac{1}{2} \\ \frac{1}{2} & 0 \end{pmatrix} \begin{pmatrix} a_0 \\ a_1 \end{pmatrix}$$
$$= \frac{1}{2}(a_0^* a_1 + a_1^* a_0) = (a_0^* a_1) \text{ の実部}. \tag{40}$$

$$\langle s_y \rangle = \begin{pmatrix} a_0^* & a_1^* \end{pmatrix} \begin{pmatrix} 0 & -\frac{i}{2} \\ \frac{i}{2} & 0 \end{pmatrix} \begin{pmatrix} a_0 \\ a_1 \end{pmatrix}$$
$$= \frac{i}{2}(-a_0^* a_1 + a_1^* a_0) = (a_0^* a_1) \text{ の虚部}. \tag{41}$$

$$\langle s_z \rangle = \begin{pmatrix} a_0^* & a_1^* \end{pmatrix} \begin{pmatrix} \frac{1}{2} & 0 \\ 0 & -\frac{1}{2} \end{pmatrix} \begin{pmatrix} a_0 \\ a_1 \end{pmatrix}$$
$$= \frac{1}{2}\left(|a_0|^2 - |a_1|^2\right) \tag{42}$$

具体的な形を代入すると,

$$(a_0(t))^* a_1(t) = \left(\exp(-5it)\cos\frac{t}{2}\right)\left(i\exp(-5it)\sin\frac{t}{2}\right)$$
$$= i(\cos 10t - i\sin 10t)\cos\frac{t}{2}\sin\frac{t}{2}$$
$$= (\sin 10t + i\cos 10t)\cos\frac{t}{2}\sin\frac{t}{2}, \tag{43}$$

$$|a_0(t)|^2 = \cos^2\frac{t}{2}, \tag{44}$$

$$|a_1(t)|^2 = \sin^2\frac{t}{2} \tag{45}$$

となる. したがって

$$\langle s_x \rangle = \sin 10t \cos\frac{t}{2}\sin\frac{t}{2} = \frac{1}{2}\sin 10t \sin t, \tag{46}$$

$$\langle s_y \rangle = \cos 10t \cos\frac{t}{2}\sin\frac{t}{2} = \frac{1}{2}\cos 10t \sin t, \tag{47}$$

$$\langle s_z \rangle = \frac{1}{2}\left(\cos^2\frac{t}{2} - \sin^2\frac{t}{2}\right) = \frac{1}{2}\cos t \tag{48}$$

となる. その振る舞いは図のように示される.

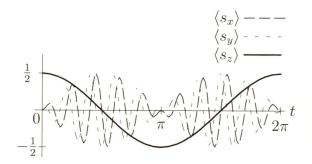

3 (1)

$$\exp\left(-i\frac{\pi}{2}X\right) = -i\begin{pmatrix} 0 & 1 \\ 1 & 0 \end{pmatrix}, \tag{49}$$

$$\exp\left(-i\frac{\pi}{4}Y\right) = \frac{1}{\sqrt{2}}\begin{pmatrix} 1 & -1 \\ 1 & 1 \end{pmatrix} \tag{50}$$

より

$$i \exp\left(-i\frac{\pi}{2}X\right) \exp\left(-i\frac{\pi}{4}Y\right)$$
$$= i(-i)\begin{pmatrix} 0 & 1 \\ 1 & 0 \end{pmatrix} \frac{1}{\sqrt{2}}\begin{pmatrix} 1 & -1 \\ 1 & 1 \end{pmatrix}$$
$$= \frac{1}{\sqrt{2}}\begin{pmatrix} 1 & 1 \\ 1 & -1 \end{pmatrix} = H \qquad (51)$$

(2)

$$\exp\left(-i\tfrac{\pi}{4}Z_1\right) = \frac{1-i}{\sqrt{2}}\begin{pmatrix} 1 & 0 & 0 & 0 \\ 0 & 1 & 0 & 0 \\ 0 & 0 & i & 0 \\ 0 & 0 & 0 & i \end{pmatrix}, \qquad (52)$$

$$\exp\left(-i\tfrac{\pi}{4}Z_2\right) = \frac{1-i}{\sqrt{2}}\begin{pmatrix} 1 & 0 & 0 & 0 \\ 0 & i & 0 & 0 \\ 0 & 0 & 1 & 0 \\ 0 & 0 & 0 & i \end{pmatrix}, \qquad (53)$$

$$\exp\left(i\tfrac{\pi}{4}Z_1Z_2\right) = \frac{1+i}{\sqrt{2}}\begin{pmatrix} 1 & 0 & 0 & 0 \\ 0 & -i & 0 & 0 \\ 0 & 0 & -i & 0 \\ 0 & 0 & 0 & 1 \end{pmatrix} \qquad (54)$$

だから

$$\frac{1+i}{\sqrt{2}} \exp\left(-i\tfrac{\pi}{4}Z_1\right) \exp\left(-i\tfrac{\pi}{4}Z_2\right) \exp\left(i\tfrac{\pi}{4}Z_1Z_2\right)$$
$$= \frac{1+i}{\sqrt{2}} \frac{1-i}{\sqrt{2}}\begin{pmatrix} 1 & 0 & 0 & 0 \\ 0 & 1 & 0 & 0 \\ 0 & 0 & i & 0 \\ 0 & 0 & 0 & i \end{pmatrix}$$

$$\frac{1-i}{\sqrt{2}}\begin{pmatrix} 1 & 0 & 0 & 0 \\ 0 & i & 0 & 0 \\ 0 & 0 & 1 & 0 \\ 0 & 0 & 0 & i \end{pmatrix} \frac{1+i}{\sqrt{2}}\begin{pmatrix} 1 & 0 & 0 & 0 \\ 0 & -i & 0 & 0 \\ 0 & 0 & -i & 0 \\ 0 & 0 & 0 & 1 \end{pmatrix}$$

$$= \begin{pmatrix} 1 & 0 & 0 & 0 \\ 0 & 1 & 0 & 0 \\ 0 & 0 & 1 & 0 \\ 0 & 0 & 0 & -1 \end{pmatrix} \tag{55}$$

(3) スピン 2 だけに作用するアダマール変換：

$$\frac{1}{\sqrt{2}}\begin{pmatrix} 1 & 1 & 0 & 0 \\ 1 & -1 & 0 & 0 \\ 0 & 0 & 1 & 1 \\ 0 & 0 & 1 & -1 \end{pmatrix} \tag{56}$$

は問題 1 よりスピン 2 の回転で実現可能．これで問題 2 で実現可能の制御 Z を挟むと

$$\frac{1}{\sqrt{2}}\begin{pmatrix} 1 & 1 & 0 & 0 \\ 1 & -1 & 0 & 0 \\ 0 & 0 & 1 & 1 \\ 0 & 0 & 1 & -1 \end{pmatrix}\begin{pmatrix} 1 & 0 & 0 & 0 \\ 0 & 1 & 0 & 0 \\ 0 & 0 & 1 & 0 \\ 0 & 0 & 0 & -1 \end{pmatrix}$$

$$\times \frac{1}{\sqrt{2}}\begin{pmatrix} 1 & 1 & 0 & 0 \\ 1 & -1 & 0 & 0 \\ 0 & 0 & 1 & 1 \\ 0 & 0 & 1 & -1 \end{pmatrix}$$

$$= \frac{1}{2}\begin{pmatrix} 1 & 1 & 0 & 0 \\ 1 & -1 & 0 & 0 \\ 0 & 0 & 1 & -1 \\ 0 & 0 & 1 & 1 \end{pmatrix}\begin{pmatrix} 1 & 1 & 0 & 0 \\ 1 & -1 & 0 & 0 \\ 0 & 0 & 1 & 1 \\ 0 & 0 & 1 & -1 \end{pmatrix}$$

$$= \begin{pmatrix} 1 & 0 & 0 & 0 \\ 0 & 1 & 0 & 0 \\ 0 & 0 & 0 & 1 \\ 0 & 0 & 1 & 0 \end{pmatrix} \tag{57}$$

のように制御 NOT となる．

(4)

$$\exp(-i\phi_1 Z_1)\exp(-i\phi_2 Z_2)\exp(-i\phi_3 Z_1 Z_2) = \begin{pmatrix} e^{i(-\phi_1-\phi_2-\phi_3)} & 0 & 0 & 0 \\ 0 & e^{i(-\phi_1+\phi_2+\phi_3)} & 0 & 0 \\ 0 & 0 & e^{i(\phi_1-\phi_2+\phi_3)} & 0 \\ 0 & 0 & 0 & e^{i(\phi_1+\phi_2-\phi_3)} \end{pmatrix} \tag{58}$$

である．これが与えられた位相 φ と，何かしらの共通の位相因子 $e^{i\theta}$ で

$$e^{i\theta}\begin{pmatrix} 1 & 0 & 0 & 0 \\ 0 & 1 & 0 & 0 \\ 0 & 0 & 1 & 0 \\ 0 & 0 & 0 & e^{i\phi} \end{pmatrix} \tag{59}$$

に一致すればよい．両表現の位相を比べると

$$-\phi_1-\phi_2-\phi_3 = \theta, \tag{60a}$$
$$-\phi_1+\phi_2+\phi_3 = \theta, \tag{60b}$$
$$\phi_1-\phi_2+\phi_3 = \theta, \tag{60c}$$
$$\phi_1+\phi_2-\phi_3 = \theta+\phi \tag{60d}$$

を得る．方程式を二つずつ両辺足してみることから始めれば簡単に解けて，

$$\phi_1 = \phi_2 = \frac{\phi}{4}, \qquad \phi_3 = \theta = -\frac{\phi}{4} \tag{61}$$

を得る．したがって

$$e^{\frac{i\phi}{4}} \exp\left(-i\phi_1 Z_1\right) \exp\left(-i\phi_2 Z_2\right) \exp\left(-i\phi_3 Z_1 Z_2\right)$$

$$= \begin{pmatrix} 1 & 0 & 0 & 0 \\ 0 & 1 & 0 & 0 \\ 0 & 0 & 1 & 0 \\ 0 & 0 & 0 & e^{i\phi} \end{pmatrix} \tag{62}$$

特に演習問題 $\boxed{3}$(2) は $\phi = \pi$ の場合に相当する.

第10章

$\boxed{1}$ (1) (10.13) 式を (10.11) 式に代入して, θ の時間微分はゼロとして整理すると

$$\frac{d}{dt}\begin{pmatrix} \tilde{f} \\ \tilde{g} \end{pmatrix}$$

$$= -i \begin{pmatrix} \cos\theta & \sin\theta \\ -\sin\theta & \cos\theta \end{pmatrix} \begin{pmatrix} \omega_0 \frac{t}{T} & -\omega_1(1-\frac{t}{T}) \\ -\omega_1(1-\frac{t}{T}) & -\omega_0 \frac{t}{T} \end{pmatrix}$$

$$\times \begin{pmatrix} \cos\theta & -\sin\theta \\ \sin\theta & \cos\theta \end{pmatrix} \begin{pmatrix} \tilde{f} \\ \tilde{g} \end{pmatrix}$$

$$= -i \begin{pmatrix} \cos 2\theta\, \omega_0 \frac{t}{T} & -\sin 2\theta\, \omega_0 \frac{t}{T} \\ -\sin 2\theta\, \omega_1\left(1-\frac{t}{T}\right) & -\cos 2\theta\, \omega_1\left(1-\frac{t}{T}\right) \\ -\sin 2\theta\, \omega_0 \frac{t}{T} & -\cos 2\theta\, \omega_0 \frac{t}{T} \\ -\cos 2\theta\, \omega_1\left(1-\frac{t}{T}\right) & +\sin 2\theta\, \omega_1\left(1-\frac{t}{T}\right) \end{pmatrix}$$

$$\times \begin{pmatrix} \tilde{f} \\ \tilde{g} \end{pmatrix} \tag{63}$$

最右辺の行列の非対角要素を消すように θ を決めると

$$\sin 2\theta = \frac{\omega_1\left(1-\frac{t}{T}\right)}{\sqrt{\omega_0{}^2 \left(\frac{t}{T}\right)^2 + \omega_1{}^2\left(1-\frac{t}{T}\right)^2}}, \tag{64}$$

$$\cos 2\theta = \frac{-\omega_0 \frac{t}{T}}{\sqrt{\omega_0{}^2 \left(\frac{t}{T}\right)^2 + \omega_1{}^2 \left(1-\frac{t}{T}\right)^2}} \tag{65}$$

したがって

$$\sin\theta = \sqrt{\frac{1}{2}\left(1 + \frac{\omega_0 \frac{t}{T}}{\sqrt{\omega_0{}^2 \left(\frac{t}{T}\right)^2 + \omega_1{}^2 \left(1-\frac{t}{T}\right)^2}}\right)}, \tag{66}$$

$$\cos\theta = \sqrt{\frac{1}{2}\left(1 - \frac{\omega_0 \frac{t}{T}}{\sqrt{\omega_0{}^2 \left(\frac{t}{T}\right)^2 + \omega_1{}^2 \left(1-\frac{t}{T}\right)^2}}\right)} \tag{67}$$

とすればよい．

(2) (10.19) 式の右辺の $\sqrt{}$ の中身は

$$\frac{\omega_0{}^2\omega_1{}^2}{\omega_0{}^2+\omega_1{}^2}\left[\left(\frac{\omega_0{}^2+\omega_1{}^2}{\omega_0\omega_1 T}\left(t-\frac{\omega_1{}^2 T}{\omega_0{}^2+\omega_1{}^2}\right)\right)^2+1\right] \tag{68}$$

変数を t から $u = (\omega_0{}^2+\omega_1{}^2)/(\omega_0\omega_1 T)(t-(\omega_1{}^2 T)/(\omega_0{}^2+\omega_1{}^2))$ に変換すると，$\exp(\ )$ の中は

$$\frac{i\,\omega_0{}^2\omega_1{}^2 T}{(\omega_0{}^2+\omega_1{}^2)^{3/2}}\int \sqrt{u^2+1}\,du \tag{69}$$

となる．さらに置換 $u=\sinh\varphi$ により積分すれば

$$\frac{i\,\omega_0{}^2\omega_1{}^2 T}{(\omega_0{}^2+\omega_1{}^2)^{3/2}}\frac{1}{2}\left(\sinh 2\varphi + \varphi - \sinh 2\varphi_0 - \varphi_0\right) \tag{70}$$

ここで φ_0 は $t=0$ のときの値で定数となる．一方 φ は t に依存し，

$$\varphi = \log\left(u+\sqrt{u^2+1}\right), \quad u = \frac{\omega_0{}^2+\omega_1{}^2}{\omega_0\omega_1 T}\left(t-\frac{\omega_1{}^2 T}{\omega_0{}^2+\omega_1{}^2}\right) \tag{71}$$

と関係づけられる．(10.20) 式も同様．

2 (10.52) 式を (10.53) 式右辺に代入した式と (10.54) 式右辺とが一致するから

$$Ea|\psi_0\rangle + Eb|m\rangle = \left(sa - \frac{1-s}{\sqrt{N}}b\right)|\psi_0\rangle + \left((1-s)b - \frac{s}{\sqrt{N}}a\right)|m\rangle \tag{72}$$

二つのベクトル $|\psi_0\rangle$, $|m\rangle$ は独立であるから，両辺が一致するとき各係数が等しい：

$$Ea = sa - \frac{1-s}{\sqrt{N}}b, \qquad Eb = (1-s)b - \frac{s}{\sqrt{N}}a \tag{73}$$

すなわち

$$(E-s)a + \frac{1-s}{\sqrt{N}}b = 0, \qquad \frac{s}{\sqrt{N}}a + (E+s-1)b = 0 \tag{74}$$

これを a と b についての連立一次方程式と見るとき $a = b = 0$ 以外の解が存在する条件は，係数行列の行列式が 0 だから

$$(E-s)(E+s-1) - \frac{s}{\sqrt{N}}\frac{1-s}{\sqrt{N}} = E^2 - E + \left(1 - \frac{1}{N}\right)s(1-s) = 0 \tag{75}$$

これを解いて

$$E = \frac{1}{2} \pm \frac{1}{2}\sqrt{1 - 4\left(1 - \frac{1}{N}\right)s(1-s)} \tag{76}$$

参考文献

 この本を書く際に参考にした教科書，文献をあげておく．量子情報関係の出版物は近年とみに数多くなっているが，その中でも著者が個人的に啓蒙を受け，強く読むことをすすめたいと思ったもののみ挙げてある．量子情報理論全般にわたる教科書としては

- M. Nielsen and I. Chuang, "Quantum Computation and Quantum Information" (Cambridge University Press, 2000)

が，際立った名著として評価が高い．

- Colin P. Williams and Scott H. Clearwater "Explorations in Quantum Computing" (Springer, New York, 1997)

には，Mathematica を使っての例題がたくさんのっている．

- Dirk Bouwmeester, Artur Ekert and Anton Zeilinger (eds.), "The Physics of Quantum Information" (Springer, 2000)

には量子コンピュータの物理実験の結果が詳しく解説されている．

- 細谷暁夫『量子コンピュータの基礎』(サイエンス社，1999)
- 西野哲朗『量子コンピュータ入門』(東京電機大学出版局，1997)

も参考にした．ショアのアルゴリズムは

- A. Ekert and R. Joza, *Reviews of Modern Physics* **68**, pp.733-753 (1996)

のレヴュー論文が丁寧な記述でわかりやすい．これ以外はテーマ毎に原論文にあたるのが最も賢明であろう．ロス・アラモスのプレプリント・ライブラリー (https://arxiv.org/) 内の Quantum Physics (quant-ph) のウェブサイ

トには，広範囲の文献が年毎に掲載されている．

量子力学の教科書は数多いが，EPR 対や観測理論を記述したものは少なく

- J. J. Sakurai, "Modern Quantum Mechanics (2nd Edition)" (Cambridge University Press, 2017)〔第 1 版の邦訳『現代の量子力学 上,下』（吉岡書店, 2014, 2015)〕
- J. J. Sakurai, "Modern Quantum Mechanics" (Addison-Wesley Inc., 1967)
- A. Peres, "Quantum Theory: Concept and Methods" (Kluser Academic Press, 1998)

等が参考になる．量子力学一般の教科書としては，上記 2 つの J. J. Sakurai の著書と共に

- メシア (A. Messiah),『量子力学 1, 2, 3』（田村二郎, 小出昭一郎 訳, 東京図書, 1971, 1972)

が実用書としてもすぐれている．スーパーラーニングシリーズ

- 佐川弘幸・清水克多郎,『量子力学 第 2 版』（丸善出版, 2012)

も参考にした．

整数論の教科書としては

- 高木貞治,『初等整数論講義（第 2 版)』（共立出版, 1972)

が，特に参考になった．暗号の歴史の興味深い側面を教えてくれる本として

- Simon Singh, "The Code Book" (Doubleday, 1999)〔青木薫 訳『暗号解読』（新潮社, 2001)〕

は一読の価値がある．

量子アニーリングについては

- 西森秀稔『量子アニーリングの基礎』（基本法則から読み解く物理学最前線 18)（共立出版, 2018)
- 西森秀稔『量子アニーリングと D-Wave』情報処理学会論文誌 Vol. 55, No.7, 1-6（2014)

巡回セールスマン問題への応用については

- 太田満久「物理のいらない量子アニーリング入門」(http://blog.brainpad.co.jp/entry/2017/04/20/160000)

も参考にした．

索　引

■ A～Z
AND, 53

Bell state, 29

computational complexity, 72
congruence, 124
controlled-controlled-NOT, 91
controlled-exchange, 89
controlled-NOT, 84

D-Wave, 223
D-Wave 2000Q, 246, 250

entangled, 27

fast Fourier transform（FFT）, 96
Fredkin gate, 89
full adder, 58

Google, 223
gyromagnetic ratio, 184

half adder, 58
hidden variable, 32

integrated circuit, 53

modulus, 124, 251
multiplexer, 56

NMR, 138
non-cloning theorem, 150
nondeterministic Turing machine, 69
NOT, 53

NP（nondeterministic polynomial）time problems, 73
NP-complete problems, 75

OR, 53
oracle, 168

quantum Fourier transform（QFT）, 94
quantum Stark effect, 211
quantum teleportation, 29
qubit, 16

simulated annealing method, 221

Toffoli gate, 91
Turing machine, 65

universal Turing machine, 69

XOR, 57

■ ア行
RSA 暗号, 141, 145
アインシュタイン（A. Einstein）, 1, 27
アダマール（J. Hadamard）, 81
アダマール変換, 81, 125

E91 プロトコル, 159
EPR 対, 27
イオントラップ, 197
イオントラップコンピュータ, 198
イジングモデル, 235
位数検索, 129
位相ゲート, 81

異類, 252
因数分解, 72, 117, 123

エイドルマン（L. Adleman）, 145
エカート（A. K. Ekert）, 159
NMR コンピュータ（核磁気共鳴コンピュータ）, 183
NP 完全問題（NP-complete problems）, 75
NP 問題（NP time problems, non-deterministic polynomial time problems）, 73
エルミート演算子, 4
エルミート共役, 4
エントロピー, 101
円偏光状態, 45

オイラー関数, 149, 252, 255
オイラーの定理（フェルマーの小定理）, 147, 255
オラクル（oracle）, 168
オラクル演算子, 119

■カ行
カウンタ, 60
可換, 8
核磁気共鳴コンピュータ（NMR コンピュータ）, 183
核分裂, 41
確率振幅, 2
確率的解釈, 1
隠れた変数（hidden variable）, 32
隠れた変数理論, 1, 31, 164
重ね合わせ, 79
重ね合わせの状態, 2

規格化条件, 3
擬似焼きなまし法, 221
基底状態, 6, 79
軌道角運動量, 21
軌道角運動量演算子, 20
既約剰余系, 252
既約類, 252
共鳴, 187

Greenburger-Horne-Zeilinger （GHZ）状態, 49
グローバー（L. K. Grover）, 167
グローバーのアルゴリズム（量子検索アルゴリズム）, 167, 233

計算可能性, 69
計算量（computational complexity）, 70, 72
ゲート（論理ゲート）, 55
決定問題, 70
ケット・ベクトル, 2

公開鍵暗号, 117, 145
交換, 88
交換関係, 8, 84
光子コンピュータ, 216
光子対による EPR 実験, 44
高速フーリエ変換（fast Fourier transform）, 96
合同, 251
合同式（congruence）, 124, 251
合同式の乗法定理, 139
恒等変換, 81
古典的コンピュータ, 53, 117
コペンハーゲン解釈, 1

■サ行
CHSH 不等式, 37, 161
シーザー暗号, 141
磁気回転比（gyromagnetic ratio）, 184
指数時間, 73
シミュレーテッド・アニーリング, 222
シャノン（C. E. Shannon）, 102
シャノンの第 1 定理（情報源符号化定理）, 106
シャノンの第 2 定理（通信路符号化定理）, 111
シャミル（A. Shamir）, 145
集積回路（integrated circuit, IC）, 53
シュテルン–ゲルラッハ（Stern–Gerlach）の実験, 119
シュレディンガー方程式, 4
巡回セールスマン問題, 75, 240
順序回路, 55
ショア（P. W. Shor）, 117, 124
ショアのアルゴリズム, 124
情報源符号化定理（シャノンの第 1 定理）, 106
情報量, 101
剰余系, 252
ジョザ（R. Josza）, 121
真理値表, 54

スピン, 10
スピン角運動量, 21
スピン行列, 11

制御演算ゲート, 86
制御・制御 NOT（controlled-controlled-NOT）, 91
制御 NOT（controlled-NOT）, 84
整数論, 72, 145, 251
ゼーマン（Zeeman）効果, 183
全加算器（full adder）, 58

双極子モーメント, 211
素数判定, 72
孫子剰余定理（中国式剰余定理）, 262

索引 **299**

■タ行
多項式時間, 72, 73
縦偏光, 17
断熱条件, 231

中国式剰余定理（孫子剰余定理）, 262
チューリング（A. Turing）, 117
チューリング機械（Turing machine）, 65, 117
超微細構造, 184
調和振動子, 203

通信路符号化定理（シャノンの第2定理）, 111

ディオファントス（Diophantus）, 260
ディオファントス方程式（不定方程式）, 148, 260
ディフィー（W. Diffie）, 145
ディラック（P. A. M. Dirac）, 2
デコヒーレンス, 182
テンソル積, 3

ドイチュ（D. Deutsch）, 93, 121
同類, 252
トッフォリゲート（Toffoli gate）, 91

■ナ行
2重性, 1, 27

ノイマン型コンピュータ, 63

■ハ行
ハイゼンベルク（J. Heisenberg）, 9
排他的論理和（XOR）, 57
パウリ（W. Pauli）, 11
波束の収縮, 141
波動関数, 1
ハフマン符号, 108
ハミルトニアン, 4
ハミング距離, 110
半加算器（half adder）, 58
反交換関係, 84
半導体, 53
万能チューリング機械（universal Turing machine）, 69

B92 プロトコル, 157
BB84 プロトコル, 151
P 問題, 72
非クローン定理（non-cloning theorem）, 150
非決定性チューリング機械（nondeterministic Turing machine）, 69
左手系の状態, 45
左偏光状態, 45
左回り円偏光状態, 17

否定ゲート, 81
秘密鍵暗号, 142, 144

ファインマン（R. P. Feynman）, 93
ブール代数, 53
ブール値, 53
フェルマーの小定理（オイラーの定理）, 147, 255
不確定性関係, 9
不定方程式（ディオファントス方程式）, 148, 260
ブラサール（G. Brassard）, 151
ブラックボックス, 119, 168
ブラ・ベクトル, 3
プランク定数, 4, 10
フレドキンゲート（Fredkin gate）, 89

ベニオフ（P. Benioff）, 93
ベネット（C. H. Bennett）, 93, 151, 157
ヘリシティー, 17, 45
ベル（J. S. Bell）, 29
ベル状態（Bell state）, 29
ベルの不等式, 1, 35
ヘルマン（M. Hellman）, 145
偏光, 17

法（modulus）, 124, 251
ボーア（N. Bohr）, 1, 27
ボーム（D. Bohm）, 27

■マ行
マルチプレクサ（multiplexer）, 56

右手系の状態, 45
右偏光状態, 45
右回り円偏光状態, 17

命題, 54
メモリ, 55, 60, 68

■ヤ行
焼きなまし法, 221

ユークリッドの互除法, 148, 258
ユニタリ演算子, 5, 80
ユニタリ変換, 181

横偏光, 17

■ラ行
ラビフロッピング, 205

離散フーリエ変換, 93
リベスト（R. Rivest）, 145

量子アニーリング, 221, 238
量子暗号, 27, 149
量子オラクル, 168
量子鍵分配, 150
量子ゲート, 80
量子検索アルゴリズム（グローバーのアルゴリズム）, 167, 233
量子コンピュータ, 16, 117
量子シュタルク効果（quantum Stark effect）, 211
量子瞬間輸送（quantum teleportation）, 29, 30
量子スワッピング（entanglement swapping）, 50
量子チューリング機械, 93
量子通信, 27, 29
量子テレポーテーション, 29, 30
量子ドット, 209
量子ドットコンピュータ, 209
量子ビット, 7, 16
量子フーリエ変換（quantum Fourier transform）, 86, 94, 127
量子並列化, 119

励起状態, 6, 79
レジスタ, 59, 118
連分数, 133, 137, 264

論理演算, 53
論理回路, 53, 55
論理ゲート（ゲート）, 55

■ワ行
ワンタイム・パッド暗号, 143

【著作者】
佐川　弘幸（さがわ　ひろゆき）
1946 年福島県生まれ．1969 年早稲田大学理工学部物理学科卒業．1975 年東北大学大学院原子核理学専攻博士課程修了．ニールス・ボーア研究所研究員，パリ南大学オルセイ研究所研究員，東京大学助手等を経て，2012 年まで会津大学コンピュータ理工学部教授．その間，1995 年パリ南大学客員教授，1999 年ルント大学客員教授，2007 年ミラノ大学客員教授．現在は，会津大学名誉教授および理化学研究所客員主管研究員．理学博士．

吉田　宣章（よしだ　のぶあき）
1955 年東京都生まれ．1978 年東京大学理学部物理学科卒業．1983 年東京大学大学院理学系研究科物理学専門課程博士課程修了．東京大学助手，理化学研究所研究員等を経て，現在は関西大学総合情報学部教授．理学博士．

量子情報理論　第 3 版

　　　　　　　　令和元年 10 月 25 日　　発　　　行
　　　　　　　　令和 6 年 6 月 30 日　　第 5 刷発行

著作者　　佐　川　弘　幸
　　　　　吉　田　宣　章

発行者　　池　田　和　博

発行所　　丸善出版株式会社
〒101-0051　東京都千代田区神田神保町二丁目17番
編　集：電話（03）3512-3266／FAX（03）3512-3272
営　業：電話（03）3512-3256／FAX（03）3512-3270
https://www.maruzen-publishing.co.jp

Ⓒ Hiroyuki Sagawa, Nobuaki Yoshida, 2019

組版印刷・三美印刷株式会社／製本・株式会社 松岳社

ISBN 978-4-621-30416-7 C 3042　　　　　　Printed in Japan

JCOPY 〈（一社）出版者著作権管理機構　委託出版物〉

本書の無断複写は著作権法上での例外を除き禁じられています．複写される場合は，そのつど事前に，（一社）出版者著作権管理機構（電話 03-5244-5088, FAX 03-5244-5089, e-mail：info@jcopy.or.jp）の許諾を得てください．